FREIBERGER LAND

Akademie der Wissenschaften der DDR
Institut für Geographie und Geoökologie
Arbeitsgruppe Heimatforschung

Werte unserer Heimat

Heimatkundliche Bestandsaufnahme
in der Deutschen Demokratischen Republik

Band 47

Freiberger Land

**Ergebnisse
der heimatkundlichen Bestandsaufnahme
im Gebiet um Langhennersdorf,
Freiberg, Oederan, Brand-Erbisdorf
und Weißenborn**

Von einem Autorenkollektiv
unter Leitung von
Günter Freyer

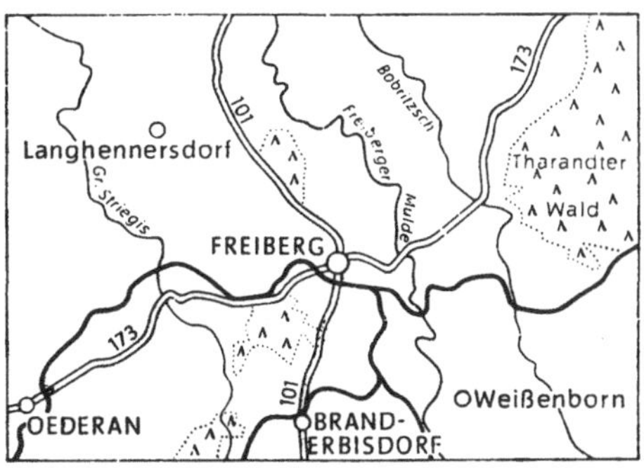

**Mit 43 Abbildungen,
24 Kunstdrucktafeln,
1 Übersichtskarte**

Akademie-Verlag Berlin
1988

Leitung der wissenschaftlichen Bearbeitung und Redaktion:
Dr. sc. Dietrich Zühlke †, Akademie der Wissenschaften der DDR,
Institut für Geographie und Geoökologie, Arbeitsgruppe Heimatforschung, 8010 Dresden, Augustusstraße 2

ISBN 3-05-000377-4
ISSN 0138-3213

Erschienen im Akademie-Verlag Berlin, DDR-1086 Berlin, Leipziger Straße 3–4

Lizenznummer: 202 · 100/82/88 · P 8/3/86
Printed in the German Democratic Republic
Gesamtherstellung: VEB Druckhaus „Maxim Gorki" Altenburg, DDR - 7400 Altenburg
LSV 5235
Bestellnummer: 754 728 1 (2084/47)
01250

INHALTSVERZEICHNIS

VORWORT

Dieser Band schließt sich westwärts an den 1973 erschienenen Band 21 — Zwischen Tharandter Wald, Freital und dem Lockwitztal — an. Erste Überlegungen zu seiner Erarbeitung gehen auf das Jahr 1979 zurück, die Fertigstellung der Beiträge durch die Autoren erfolgte bis 1982. Mit der Drucklegung des Bandes soll ein Beitrag zur 800-Jahr-Feier der Stadtgründung Freibergs vorgelegt werden.
Es ist das besondere Verdienst von Herrn Dr. Günter Freyer, Freiberg, die organisatorischen Fäden geknüpft sowie die erste redaktionelle Zusammenstellung und wissenschaftliche Bearbeitung der Texte vorgenommen zu haben. Dabei konnte er sich auf ausgezeichnete Kenner der örtlichen Gegebenheiten sowie der natur- und gesellschaftswissenschaftlichen Problematik des Freiberger Raumes stützen. Ihnen allen sei an dieser Stelle für ihre Bemühungen gedankt, wie auch der Fachgruppe Ornithologie Freiberg in der Gesellschaft für Natur und Umwelt im Kulturbund der DDR sowie Herrn Klaus Richter, Freiberg, für Hinweise zur Bergbau-Einzeldarstellung. Besonderer Dank gilt den Gutachtern, Herrn Prof. Dr. sc. Günter Möbus, Greifswald, sowie Herrn Dr. Peter Langhof, Staatsarchiv Rudolstadt, die die Mühe der Gesamtdurchsicht auf sich nahmen.
An der Konzeption und wissenschaftlichen Bearbeitung des Bandes hat der langjährige Leiter der Arbeitsgruppe Heimatforschung, Herr Dr. sc. Dietrich Zühlke, großen Anteil. Es ist sein letztes verdienstvolles Werk vor seinem plötzlichen Ableben Ende 1983. Die abschließenden redaktionellen Arbeiten übernahm dankenswerterweise Frau Susanne Zühlke

Prof. Dr. sc. H. Lüdemann   Prof. Dr. habil. Dr. eh. E. Lehmann   Dr. L. Grundmann

AUTORENVERZEICHNIS

Dr. Paul Arnold, Staatliche Kunstsammlungen Dresden, Münzkabinett (Freiberger Münze)

Helmut Bähr, Freiberg (Tierwelt)

Dr. Ernst Barth, Karl-Marx-Stadt (Ortsbeschreibungen Frankenstein, Goßberg, Kirchbach, Memmendorf, Mobendorf, Oberschöna, Oederan, Pappendorf, Riechberg einschließlich Ortsteile)

Andreas Becke, VEB Gebäudewirtschaft Freiberg, Meisterbereich Denkmalpflege, unter Mitarbeit von Wolfgang Jobst (Bergbau Einzeldarstellung)

Dr. Arnd Bernhardt, Sächsische Akademie der Wissenschaften, Arbeitsgruppe Naturhaushalt und Gebietscharakter (Physische Geographie)

Heinz Braun, Naturkundemuseum Freiberg, und Studienrat i. R. Johannes Uhlig, Oederan (Botanik)

Dr. Heinrich Douffet, Bezirkskunstzentrum Karl-Marx-Stadt (Bau- und Kunstdenkmale; Besiedlungsgeschichte und Schmelzhütten Überschau; Ortsbeschreibungen Bräunsdorf, Burkersdorf, Freiberg, Groß- und Kleinvoigtsberg, Großschirma, Halsbrücke, Hilbersdorf, Hohentanne, Kleinwaltersdorf, Krummenhennersdorf, Langhennersdorf, Reichenbach, Weißenborn einschließlich Ortsteile)

Dr. Günter Freyer, VEB Geologische Forschung und Erkundung Freiberg (Geologie)

Dipl.-Phil. Arndt Gühne, Landesmuseum für Vorgeschichte Dresden (Ur- und Frühgeschichte; Ortsbeschreibungen Colmnitz, Conradsdorf, Hetzdorf, Naundorf, Nieder- und Oberbobritzsch, Niederschöna, Seifersdorf einschließlich Ortsteile)

Dipl.-Geogr. Thomas Hecker, Büro für Territorialplanung Karl-Marx-Stadt (Territorialstruktur)

Heinz Lorenz, VEB Geologische Forschung und Erkundung Freiberg (Ortsbeschreibungen Berthelsdorf, Brand-Erbisdorf, Kleinschirma, Langenrinne, Linda, Oberreichenbach, St. Michaelis, Zug einschließlich Ortsteile; Anhang D, E, F)

Dr. Heinrich Magirius, Institut für Denkmalpflege, Arbeitsstelle Dresden (Dom Freiberg)

Oberstudienrat Annelies Schlüter, EOS Geschwister Scholl, Freiberg (Geschichte der Arbeiterbewegung)

Dr. Otfried Wagenbreth, Technische Universität Dresden, Sektion Philosophie und Kulturwissenschaften (Bergbau Überschau, Bergakademie)

Prof. Dr. sc. Hans Walther, Karl-Marx-Universität Leipzig, Sektion Sprachwissenschaft, Forschungskollektiv Namenkunde (Namenkunde)

Dr. sc. Dietrich Zühlke, Akademie der Wissenschaften der DDR, Institut für Geographie und Geoökologie, Arbeitsgruppe Heimatforschung (Stadtbeschreibung Freiberg)

Wissenschaftliche und redaktionelle Bearbeitung: Dr. Günter Freyer und Dr. sc. Dietrich Zühlke

Manuskript abgeschlossen am 31. 12. 1984

VERZEICHNIS DER SUCHPUNKTE

Die Nummern entsprechen denen am Rande des Textes sowie denen auf der Übersichtskarte

Überschau

Das Gebiet um Freiberg im Übergangsbereich zwischen dem allmählich nach N hin abfallenden Erzgebirge und dem Mittelsächsischen Hügelland wird im O vom Tharandter Wald, im W etwa vom Talzug der Großen Striegis begrenzt. Vorwiegend aus verschiedenartigen Gneisen aufgebaut, weist die meist leicht gewellte Hochfläche keine größeren Erhebungen auf. Dagegen bieten die zum Teil tief eingeschnittenen Täler der Bobritzsch, der Freiberger Mulde und der Großen Striegis mit ihren bewaldeten und oft felsigen Hängen ein reizvolles Landschaftsbild.

Die das Freiberger Land etwa in Nord-Süd- und Ost-West-Richtung durchziehenden Erzgänge führten zur Entwicklung eines Bergbaureviers von europäischem Rang, dessen Spuren auch heute noch, nach der Stillegung der Gruben, vielerorts als Schachtanlagen, Huthäuser oder Halden zu sehen sind. Die durch den Silberbergbau rasch aufblühende Stadt Freiberg erreichte im Mittelalter eine wirtschaftliche Bedeutung, die zeitweise weit über die Grenzen Sachsens reichte. Zeugen dieser Zeit sind die Kunstdenkmäler, vor allem der Dom mit seiner reichen Ausstattung, aber auch die stattlichen Bürgerhäuser, von denen viele im Zentrum der Stadt einen der schönsten alten Marktplätze unseres Landes umgrenzen, und die technischen Denkmäler der Stadt.

Heute gilt Freiberg mit seiner Hüttenindustrie, seiner Bergakademie und seinen zahlreichen anderen Instituten als das Zentrum des Montanwesens der DDR, doch entwickelten sich hier, wie auch in den Nachbarstädten Brand-Erbisdorf und Oederan, zahlreiche weitere Industriezweige, die das vielfältige ökonomische Profil dieses Gebietes bestimmen.

Natur

In der Naturraumgliederung (Abb. 1 und Anhang A) stellt die Grenze zwischen Berg- und Hügelland eine wichtige Leitlinie dar. Diese ist morphologisch nur am Landberg (Tharandter Wald) erkennbar (s. Bd. 21, A 3) und dann erst von Seifersdorf über Langenstriegis südwestwärts, wo sie sich am Südrand von Karl-Marx-Stadt immer deutlicher als Erzgebirgsnordrandstufe heraushebt. Da zwischen Seifersdorf und dem Landberg eine solche Reliefgrenze fehlt, muß der Erzgebirgsnordrand dort gezogen werden, wo außerhalb der Täler eine ziemlich geschlossene Decke von Lößlehmen und Lößderivaten (lößartigen Sedimenten) das Grundgebirge verhüllt. So erfolgt in etwa 370 m ü. NN entlang der Linie Landberg—Herrndorf—Oberschaar—Sand—Großschirma—

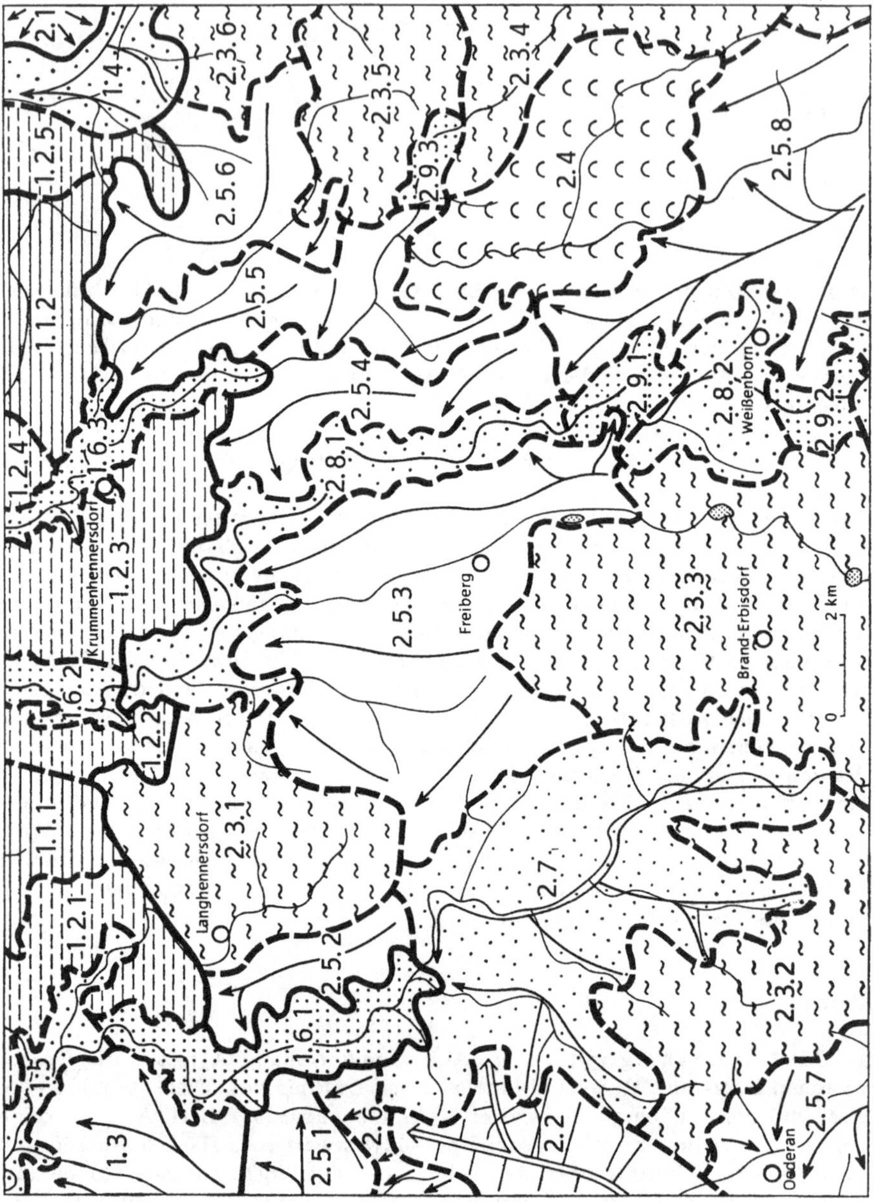
Krummenhennersdorf
Langhennersdorf
Freiberg
Brand-Erbisdorf
Weißenborn
Oederan
0
2 km
1.1.1
1.1.2
1.2.1
1.2.2
1.2.3
1.2.4
1.2.5
1.3
1.4
1.5
1.6.1
1.6.2
1.6.3
2.1
2.2
2.3.1
2.3.2
2.3.3
2.3.4
2.3.5
2.3.6
2.4
2.5.1
2.5.2
2.5.3
2.5.4
2.5.5
2.5.6
2.5.7
2.5.8
2.6
2.7
2.8.1
2.8.2
2.9.1
2.9.2
2.9.3

Seifersdorf der geoökologische Qualitätsumschlag vom Hügelland zum Bergland, in dem die südwärts angrenzenden Böden aus verwitterten Gesteinen des Grundgebirges bald dominant werden.
Nördlich dieser Linie, im Bereich der Muldelößprovinz, sind die Haupttäler – Triebisch, Bobritzsch, Freiberger Mulde, Striegis – kaum mehr als 50 m eingetieft. Da, wo sie weiter auseinandertreten, liegen staunasse Lößlehm- und Lößlehmderivatplateaus (Dittmannsdorfer und Zellwaldplateau). Zwischen ihnen und den Haupttälern sowie im Bereich größerer Talzwickel bilden stark von Lößlehm und Lößderivat bestimmte Plateauränder eine dritte Gruppe von Naturraumeinheiten des Hügellandes. Südlich des Erzgebirgsnordrandes sind die Haupttäler etwa 80–100 m eingetieft. Die nicht mehr geschlossene Lößüberdeckung konzentriert sich hauptsächlich auf die nordexponierten Hänge, wobei mit zunehmender Höhe die Lößmächtigkeiten abnehmen und die Lößlehme generell durch Lößderivate – besonders Solifluktionslösse – abgelöst werden. Letztere lassen sich – für das Erzgebirge ungewöhnlich – noch bis etwa 500 m ü. NN finden.
Mit Ausnahme des Muldetales wird der Erzgebirgsanteil des Freiberger Raumes morphologisch hauptsächlich von Riedelgebieten und Hochflächen bestimmt. Sie sind bei mittleren bis geringen Hangneigungen und dem Vorherrschen günstiger Gneisverwitterungsböden (Sandlehm-Braunerden) überwiegend gerodet und stellen wertvolles Ackerland dar. Nur auf den Hochflächen treten Anteile staunasser Böden hinzu, besonders auf den stärker von Lößderivaten beeinflußten Bereichen bei Langhennersdorf und im Tharandter Wald. Abweichende Bedingungen bei etwas weniger günstigen sandigen Böden hat das Bobritzscher Granitgebiet mit seinen blockig-steinigen Kleinkuppen und den oft breiten wasserreichen Hohlformen. Durchweg mäßige und oft auch steinige Böden, die unter Waldbedeckung bis zu Podsolen (Bleicherden) übergehen, liefern die Sandsteinareale sowie die Glimmerschiefer und Phyllite des Börnichen-Harthaer Rückens. Hinzu kommen noch einige Porphyrgebiete des Tharandter Waldes.

Abb. 1. Kleinlandschaften (Entwurf A. BERNHARDT; Erklärung der Ziffern s. Anhang A)

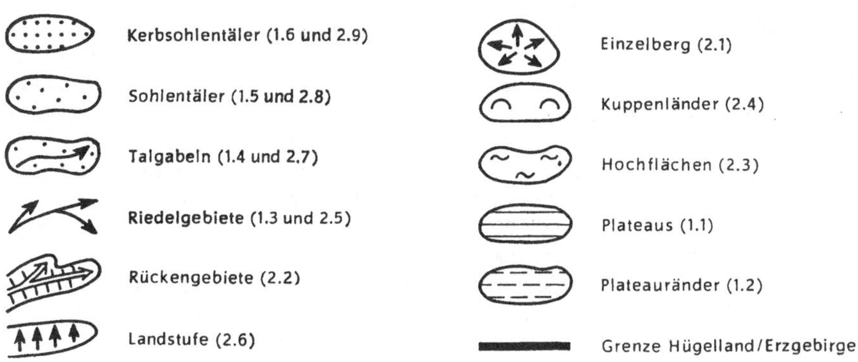

Seinem Klima nach gehört der gesamte Erzgebirgsanteil des Freiberger Landes dem unteren Bergland an (Anhang B). Erst im Freiwald und südlich von Langenau beginnen die mittleren Lagen des Berglandes. Daß das untere Osterzgebirge etwas kontinentaler geprägt ist als das untere Westerzgebirge, belegen eine etwas längere Vegetationsperiode und frühere Erntetermine. Klima, Boden und Reliefgunst schaffen somit hier die besten Feldbaubedingungen des gesamten Erzgebirges. Das nördlich angrenzende Lößhügelland, die Muldelößprovinz, gehört zu den feuchtesten Lößgebieten der DDR überhaupt. Die weithin vorhandene Stauvernässung resultiert sowohl aus dem reichlichen Niederschlagsdargebot als auch aus primären Verdichtungen aus der Zeit der Lößsedimentation.

Östlich des Erzgebirgsbeckens besteht zwischen Hainichen und Oederan ein lokales Luvgebiet, das zu positiven Niederschlagsanomalien führt. Demgegenüber befinden sich von Freiberg an ost- und nordostwärts sowie bei Großhartmannsdorf lokale Leegebiete.

Geländeklimatisch unterscheiden wir die geschützten, aber oft frostgefährdeten Tallagen und die freien Hochflächen und Rücken. In ungünstigen Fällen, so in der Triebischaue oberhalb von Mohorn, sind selbst im Sommer noch nächtliche Bodenfröste möglich. Die vernäßten Hochflächen erwärmen sich im Frühjahr nur langsam und haben dann, besonders bei nasser Witterung, eine stark verzögerte phänologische Entwicklung. Sie unterliegen auch zusätzlicher Spätfrostgefahr. Die fast ständige und oft heftige Bewindung der freien Hochflächen und Rücken wird in starken winterlichen Schneeverwehungen sichtbar. Korrosionserscheinungen (Windschliff) an der Wintersaat und erhöhte Wärmeverluste in Wohn- und Industriebauten sind weitere damit verbundene Auswirkungen.

Das Freiberger Hüttenwesen ist ein schon seit langem bekanntes Emissionsgebiet von Verbrennungsrückständen und Spuren von Schwermetallen (s. Seite 27). Die unmittelbar östlich angrenzenden Areale leiden darunter sehr stark. Die Fernwirkung dieser Luftbelastung reicht bei den vorherrschenden Westwinden bis in den westlichen Tharandter Wald. Durch die Erhöhung der Schornsteine in den zurückliegenden Jahren, die einen frühen Vorläufer in der Halsbrücker Esse (s. B 20) haben, konnte eine spürbare Verdünnung der Abgaskonzentration erreicht werden.

Die Hydrologie des Freiberger Raumes ist durch einen Mangel an nennenswerten Grundwasserkörpern gekennzeichnet, da es im Festgestein nur lokale Kluft- und Spaltenwässer gibt. Lediglich in den meist schmalen Alluvionen der Auen kommt flachsitzendes Grundwasser vor, das mit dem Wasserspiegel der Fließgewässer in Verbindung steht. Das in die Böden und Verwitterungsdecken einsickernde Niederschlagswasser fließt an deren Basis ab und tritt hauptsächlich in den Quellmulden, meist in Form von Sickerquellen, wieder zutage. Damit bestehen durchweg nur Wasserreserven von begrenzter Ergiebigkeit, die wegen ihrer Oberflächennähe leicht verunreinigt werden können. Schon von etwa 1560 an war deshalb der Freiberger Bergbau auf Wasserhaltungen und Zuschlagwasser aus anderen Einzugsgebieten angewiesen (s. Seite 24). So entstand 1524 der Großhartmannsdorfer Teich, als Kunstteich ausgebaut nach 1562, und seit 1882 ist die Freiberger Revierwasserlaufanstalt in der Lage, über 54 km Gräben und 24 km Stolln sogar Flöhawasser aus dem Bereich der heutigen Rauschenbachtalsperre einzuspeisen, was heute für die Brauch- und Trinkwasserversorgung von Freiberg und Brand-Erbisdorf bedeutsam ist. Größere Kunstteiche als sichtbare Zeugen dieser Wasserhaltung beleben besonders das obere Münzbachtal (s. D 4 und 6). Außerhalb des Bergbaugebietes bestehen nur im Erzgebirgsanteil südlich von Freiberg noch einzelne Klein- und Kleinstteiche, während im Hügellandbereich Stillgewässer nahezu völlig fehlen.

Die Lößlehmdecken des Hügellandes erhöhen das Speichervermögen von Niederschlagswasser und reduzieren den Abfluß. Wegen ihrer dichten Lagerung wird dieser Effekt in der Muldelößprovinz aber nicht so wirksam wie in anderen Lößgebieten. Die oft stauvernäßten Lößlehme besitzen außerdem eine hohe Krumenlabilität, so daß auf übernäßten Äckern schon bei geringer Hangneigung Bodenerosion einsetzt. Die mittlere jährliche Gebietsabflußhöhe von 250 bis 300 mm, was etwa einem Drittel des Jahresniederschlags entspricht, ist für das Hügelland somit auch recht hoch. Im Erzgebirgsanteil betragen diese Werte 300—350 mm, wobei das Luvgebiet um Schönerstadt und Oederan mit 390 mm die höchsten Werte erreicht. Negative Abweichungen verzeichnet das örtliche Leegebiet östlich und nordöstlich von Freiberg, wo bis zum Tharandter Wald nur 250—300 mm und im nördlich angrenzenden Hügelland 200—250 mm als mittlerer jährlicher Gebietsabfluß angegeben werden.

A. Bernhardt

Der größte Teil des in diesem Band behandelten Gebietes des Freiberger Landes gehört, von der Geologie her gesehen (Abb. 2 und Anhang C), zur Fichtelgebirgisch-Erzgebirgischen Antiklinalzone. Sie baut sich aus metamorphen präkambrischen bis altpaläozoischen Gesteinsserien — meist Gneisen — auf. Der nordwestliche Bereich von Riechberg bis nordöstlich von Reichenbach gehört zum Frankenberger Zwischengebirge, das hier vor allem kristalline Gesteine (s. A 9) und vorwiegend nichtmetamorphe Serien des älteren Paläozoikums aufweist (s. A 10). Im nordöstlichen Bereich herrschen dagegen die vulkanischen oberkarbonen Deckenergüsse des Tharandter Waldes (s. B 17) vor. Besonders bei Niederschöna greifen terrestrische und fluviatile Ablagerungen der Kreide auf die Gneise über (s. B 10).

Die Gneise und die mit ihnen auftretenden Gesteine gehören dem oberen Proterozoikum an und lassen eine deutliche Zweiteilung erkennen. Eine tiefere, etwa 4000 m mächtige Osterzgebirgische Serie besteht aus Biotit-Kalifeldspatgneis, auch Freiberger Kerngneis genannt (s. B 26), und Muskovit-Biotitgneisen mit sauren und basischen, durch Metamorphose veränderten Metavulkaniten, -grauwacken, -konglomeraten und -karbonaten.

Nahe der Obergrenze der Osterzgebirgischen Serie ist in weiten Teilen des Erzgebirges ein Quarzithorizont ausgebildet (s. C 4). Er spricht für tektonische Bewegungen mit lokaler Abtragung im Grenzbereich beider Serien. Im höheren Teil der Preßnitzer Serie ist eine Wechselfolge von Rotgneisen, durch Gebirgsfaltung metamorph veränderten Porphyroiden, Karbonaten und gelegentlich Glimmerschiefern einzustufen, welche als Felsithorizont bezeichnet wird. Die Mineralisation des Felsithorizontes (Zinnminerale, Flußspat, Quarz) erfolgte

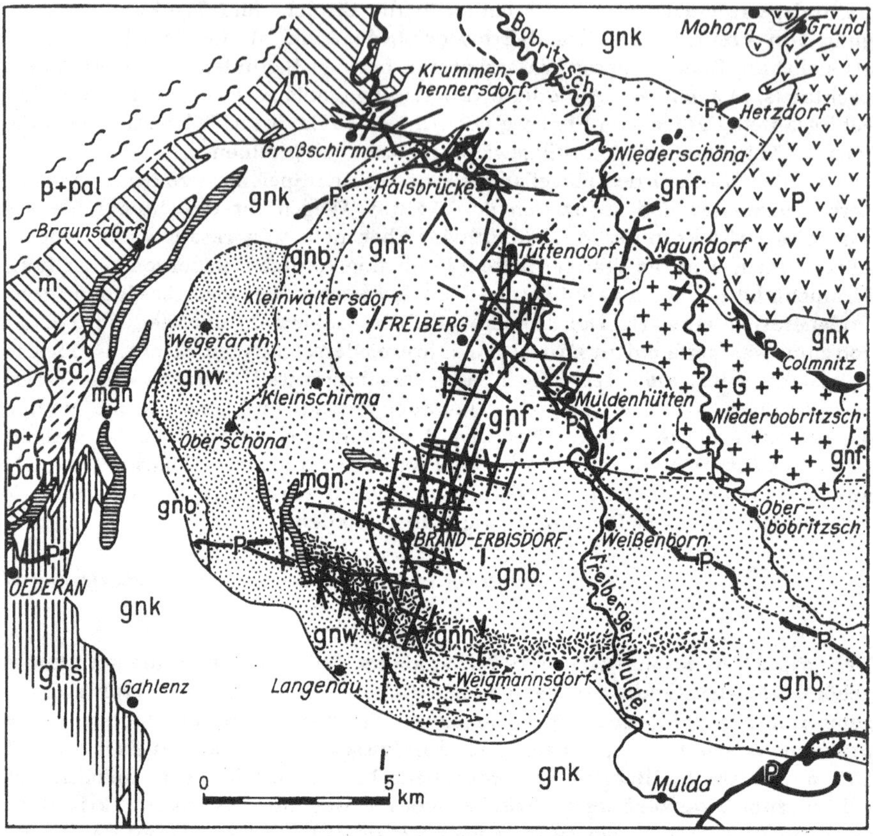

Abb. 2. Geologische Übersicht (aus PIETZSCH 1963; Legende ergänzt nach HOTH und LORENZ 1979)

p + pal	Phyllit und Altpaläozoikum
m	Glimmerschieferzug von Langenstriegis-Obergruna (unteres Kambrium?)
mgn	Roter Gneis (Mědĕnec-/Kupferberger Folge, Preßnitzer Serie)
gns	Schiefergneis (Mědĕnec-/Kupferberger Folge, Preßnitzer Serie)
gnk	Marienberger Gneis [Rusová-/Reischdorfer Folge, Preßnitzer Serie)
gnw	Wegefarther Gneis (Annaberg-Wegefarther Folge, Osterzgebirgische Serie)
gnh	Himmelsfürster Gneis (Brander Folge, Osterzgebirgische Serie)
gnb	Brander Gneis (Brander Folge, Osterzgebirgische Serie)
gnf	Freiberger Kerngneis (Freiberger Folge, Osterzgebirgische Serie)
G	Naundorf-Niederbobritzscher Granit
Ga	Zweiglimmer-Biotit-Orthogneis
P	Quarzporphyr (Rhyolith)
dicke schwarze Linie	Erzgänge

nach W. LORENZ und R. SCHIRN (1981) am Ende eines Intrusivkomplexes, dessen Alter bei etwa 305 bis 275 Millionen Jahren anzusetzen ist (Anhang C). Darüber schließt sich eine etwa 1 000 m mächtige Wechselfolge von Muskovit- und Biotitgneisen sowie von Glimmerschiefern an, die sogenannte Niederschlager Serie. Noch etwas höher finden wir das Schwarze Gebirge, eine Wechselfolge von kieseligen und graphitischen Schiefern sowie Glimmerschiefern, vor. Es bildet den tiefsten Teil des mehrere 100 m mächtigen Glimmerschieferzuges von Langenstriegis—Obergruna (s. A 17), welcher als tieferes Kambrium angesehen werden kann. Es wird nach SW hin von Phylliten überlagert und im NW tektonisch gegen die dortige Synklinalzone begrenzt.

Die genannten Gesteine, zu denen im Gebiet von Frankenstein noch ein in Glimmerschiefer und Phyllite eingedrungener grobkörniger Orthogneis gehört, bildeten nach der bis vor wenigen Jahrzehnten gültigen Anschauung die relativ einfach gebaute Freiberger Gneiskuppel. Durch neuere Untersuchungen (GOTTE 1956 u. a.) wurde jedoch eine Faltentektonik größeren Stils erkannt. So läßt sich im Gebiet von Brand-Erbisdorf eine aus Gesteinen der Osterzgebirgischen Serie gebildete Falte über mehrere Kilometer hin verfolgen, und zwischen Langenau und Oberschöna ist eine mehrfache Aufeinanderfolge von NNW—SSO bis W—O streichender Sättel und Mulden zu erkennen.

Im Bereich des Gneisgebietes liegt der größte Teil des Freiberger Erzreviers mit seinen etwa 1 100 Gängen (Abb. 2), das zu den größten hydrothermalen Ganglagerstätten Europas gehört. Die Erzgänge, heute nicht mehr im Abbau befindlich, schwanken in ihrer Mächtigkeit, die meist unter 1 m liegt. Sie sind vorwiegend an ungefähr N—S und W—O streichende Spaltensysteme gebunden. Auf ihnen wurden bisher etwa 100 Minerale nachgewiesen, als Spurenelemente treten besonders Cadmium und Germanium auf. Die Bildungstemperatur der Mineralgemeinschaften lag zwischen 100 °C und 375 °C.

Die ersten Darstellungen der Mineralisationsverhältnisse gehen auf JOHANN FRIEDRICH WILHELM VON CHARPENTIER (1778) und vor allem auf ABRAHAM GOTTLOB WERNER (1791) zurück und wurden später durch JOHANN CARL FREIESLEBEN (1843, 1847), FRIEDRICH AUGUST BREITHAUPT (1849) und HERMANN MÜLLER (1901) verbessert und erweitert. Neuere lagerstättenkundliche Arbeiten wurden vor allem von OELSNER (1952), TISCHENDORF (1955) und BAUMANN (1958, 1960, 1964) ausgeführt. Danach sind 5 Erzformationen zu unterscheiden, von deren Vertretern die Mineralogische Sammlung der Bergakademie (Bild 22) zahlreiche Belegstücke bewahrt:

1. Kiesig-blendige Bleierzformation (kb), vorwiegend auf N—S streichenden Gängen im Zentrum des Freiberger Erzreviers zu finden. Sie führt vor allem Quarz, Arsen-, Schwefel-, Kupferkies, Zinkblende und Bleiglanz.
2. Eisen-Barytformation (eba), im Freiberger Raum nur sehr untergeordnet vertreten, mit Quarz und Schwerspat, Manganoxyden und Uranpechblende.
3. Edle Braunspatformation (eb) mit Karbonspäten, früher z. T. als Braunspat bezeichnet, sowie mit Silbererzen, besonders Silberfahlerz (= Freibergit), Silberglanz, gediegen Silber (Bild 23), und mit Rotgültigerzen wie dem dunkelroten (Antimon) Pyargyrit und hellrotem (Arsen) Proustit. Diese wichtigste Erzformation, die vorwiegend auf den oberen Gangbereichen der Gruben von Freiberg und Brand sowie an den Randgebieten des Reviers auftritt, bildete

die Grundlage für Freibergs ehemaligen Reichtum und für die beherrschende Rolle, welche die Stadt im sächsischen Silberbergbau einnahm.

Die genannten drei Erzformationen bilden den ersten Mineralisationszyklus des Freiberger Erzreviers. Neben ihm existiert ein jüngerer zweiter Zyklus, welcher vor allem auf W—O streichenden Erzgängen auftritt. Dazu gehören:

4. Fluorbarytische Bleierzformation (fba) mit Flußspat, Schwerspat, Quarz, Bleiglanz sowie Schwefelkies und Zinkblende (Bild 24).
5. BiCoNiAg-Formation (Edle Geschicke), welche als jüngste Freiberger Erzformation sporadisch auf Gangkreuzen vorkommt. Sie führt Schwerspat, Flußspat, Quarz und Karbonspäte sowie an Erzen gediegen Wismut, gediegen Silber, Kobalt- und Nickelarsenide, Uranpechblende und Silbermineralien.

Die in der älteren Literatur oft genannte Edle Quarzformation (eq) erwies sich nach Untersuchungen von BAUMANN (1964) als ein besonderer Gangstrukturtyp der kb-eb-Formationen.

Als Erzbringer der Freiberger Lagerstätten gilt ein hypothetischer, wahrscheinlich oberkarbonischer Granit. Er wurde bisher noch nicht aufgeschlossen, obwohl mehrere Untersuchungsbohrungen niedergebracht wurden, eine davon bis 1826 m unter die Hängebank — Raum am Schachtkopf, in dem die Schachtförderung endet und das Fördergestell betreten bzw. verlassen wird — des Glück-auf-Schachtes in Brand (KRAFT u. TISCHENDORF 1960). HOFMANN (1965) zufolge sind die höchsten Teile des Freiberger Granits im Feld der ehemaligen Grube Beihilfe in Halsbrücke in einer Teufe von nicht mehr als 2500 m unter der Oberfläche zu erwarten. Ein weiterer Granitkörper, der zu den im Anschluß an die erzgebirgische Phase der varistischen Gebirgsbildung aufgedrungenen sauren Magmen gehört, ist der im Bobritzschtal gut aufgeschlossene Granit von Naundorf—Niederbobritzsch (s. B 33).

Gesteine des Altpaläozoikums kommen im Frankenberger Zwischengebirge vor, so silurische Kieselschiefer bei Riechberg (s. A 16). Das Devon ist durch Grünschiefer bei Goßberg (s. A 3) und durch Schalsteine, Brockentuffe und geringmächtige Karbonate vertreten. Unterkarbonische Sedimente präsudetischen Alters, besonders Tonschiefer, Grauwacken und Konglomerate, treten vor allem im Bereich des Striegistales auf. Es handelt sich um typische Flyschablagerungen (s. A 10), die in der sudetischen Phase der varistischen Gebirgsbildung tektonisch beansprucht wurden. Von diesen paläozoischen Sedimenten allseitig durch Störungszonen getrennt, tritt ein von Frankenberg bis Mobendorf reichender Gneiszug auf (s. A 9), der nach neuerer Ansicht keilförmig aus dem Untergrund hochgetrieben und fächerförmig auf die dadurch intensiv verschuppten paläozoischen Serien geschoben wurde. Über diesen Einheiten lagern die jüngstunterkarbonischen Hainichener Schichten, welche die Frühmolasse, Abtragungsprodukte des varistischen Gebirges, darstellen und deren Grundkonglomerate vor allem zwischen der Heumühle und Goßberg gut aufgeschlossen sind (s. A 9).

Die Gneise werden östlich von Freiberg von Quarzporphyren in Form von Deckenergüssen überlagert, welche einem starken sauren Vulkanismus am Ende der varistischen Gebirgsbildung angehören. Die Quarzporphyre durchziehen auch als Eruptivgänge weite Bereiche des Gneiskomplexes (s. A 19). Nach Ausklingen dieses Vulkanismus lassen sich Sedimente erst am Ende des Mesozoikums (Erdmittelalters) zu Beginn der Oberkreide nach einer zum Teil intensiven Rotlehmverwitterung der Landoberfläche in der Umgebung von Freiberg nachweisen. Es handelt sich um terrestrische bis fluviatile und marine Schotter und Sandsteine des tiefsten Cenomans, die der Oberkreidetransgression angehören und als marine Sandsteine bis an die Wende Cenoman—Turon vorkommen. Sie sind als Niederschönaer Schichten bekannt (s. B 10).

Nach Rückzug des Meeres in der Oberkreide blieb das Freiberger Gebiet Festland. Der tertiäre Basaltvulkanismus hinterließ lediglich im äußersten NO im Deckenerguß des Landberges seine Spuren.

Im Pleistozän wurde das Freiberger Land vom nordischen Inlandeis nicht erreicht, die Südgrenze des Mindel-(Elster-)eises, das am weitesten nach S vorstieß, lag bei Nossen. Als Zeugen der Kaltzeiten mit ihrer tundraähnlichen Landschaft sind Frostspalten oder Eiskeile, durch Bodenfließen entstandene Solifluktionsdecken sowie Lößlehmdecken zu nennen. Die Hebung des Erzgebirges äußerte sich auch im Pleistozän mit der Bildung von Talterrassen in den größeren Tälern, doch liegen keine neueren Untersuchungen darüber vor.

G. Freyer

Der Übergangscharakter des zwischen dem Osterzgebirge und dem Mittelsächsischen Hügelland gelegenen Freiberger Landes kommt auch in der Flora deutlich zum Ausdruck. Montane Arten und eine Gruppe typischer Bergwaldpflanzen konzentrieren sich auf der Hochfläche östlich von Oederan und im Tal der Freiberger Mulde südlich von Weißenborn in einer Höhe von 450 bis 500 m. Die Bärwurz (*Meum athamanticum*), deren geschlossenes Verbreitungsgebiet etwa mit der 500-m-Höhenlinie abschließt, befindet sich hier an der unteren Grenze ihres erzgebirgischen Areals. Die starke landwirtschaftliche Nutzung der Hochfläche schränkte die Standorte dieser Pflanze erheblich ein, so daß sie heute fast nur noch Zufluchtsorte an grasigen Feld- und Gehölzrändern besiedelt.

Die Verbreitung der Alantdistel (*Cirsium heterophyllum*) zeigt viele Übereinstimmungen mit der montanen Bärwurz. Die Massierung der Vorkommen im Erzgebirge und die Auflockerung der Fundorte im nördlichen Gebirgsvorland sind bei beiden Arten etwa gleich. Im Freiberger Raum steigen sie weit in die Wälder und Flußtäler des Hügellandes hinab mit einzelnen Fundorten im Hospitalwald, im Forstrevier Loßnitz und im Bobritzschtal unterhalb von Krummenhennersdorf. Bemerkenswert ist das Vordringen der Alantdistel bis an die Nordgrenze des Freiberger Landes, wo sie im Zellwald nordwestlich von Großvoigtsberg teilweise blühende Massenbestände bildet.

Den beiden genannten montanen Arten ist eine kleine Gruppe typischer Berglandpflanzen anzuschließen, die mit zerstreuten Vorkommen neben der montanen auch die submontane Zone besiedeln, aber bereits wenig nördlich zu Seltenheiten werden. Dies betrifft z. B. den Roten Hasenlattich (*Prenanthes purpurea*), die Weiße Pestwurz (*Petasites albus*), die Quirlweißwurz (*Polygonatum verticillatum*), den Bunten Eisenhut (*Aconitum variegatum*) und schließlich die Akeleiblättrige Wiesenraute (*Thalictrum aquilegifolium*), deren Vorposten noch im Bobritzschtal bei Krummenhennersdorf zu finden sind. Weitgehend an die schattigen Bergtäler gebunden ist der Waldgeißbart (*Aruncus sylvestris*), der im Oberreichenbacher Tal (s. C 2) größere Bestände bildet, aber noch bis weit in die feuchten Flußtäler des Hügellandes vordringt. Auch der Hainfelberich (*Lysimachia nemorum*) und das weniger häufige Gegenblättrige Milzkraut (*Chrysosplenium oppositifolium*), beide an beschatteten Naßstellen zu finden, gehören zu dieser Gruppe von Pflanzen. Aus der Reihe von Arten, die im Bergland und im oberen Hügelland sehr häufig und demgemäß im Raum von Oederan und Brand-Erbisdorf so allgemein verbreitete Erscheinungen sind, daß man ihre Aussagekraft für die montane Lage oft erst würdigt, wenn man sie nach der Niederung zu vermißt, sind der Hirschholunder (*Sambucus racemosa*) und das Weidenblättrige Haingreiskraut (*Senecio fuchsii*) zu nennen, die beide für Waldsäume und lichte Waldstellen charakteristisch sind. Nicht minder bezeichnend ist für die Bachstaudenfluren und als Anzeiger quelliger Orte der Rauhhaarige Kälberkropf (*Chaerophyllum hirsutum*), während der Wiesenknöterich (*Polygonum bistorta*), oft Otternzunge genannt, die feuchten Ausbildungsformen verschiedener Wirtschaftswiesengesellschaften kenntlich macht, leider aber infolge der Umbildung der Wiesen zu Weideflächen seinen rosafarbenen Schimmer immer weniger zur Geltung bringt. Der Wiesenknöterich wird auch als Spinat verspeist.

Wärmeliebende Pflanzen des Sächsischen Hügellandes erreichen das Freiberger Gebiet nur relativ selten. Die meisten Vorkommen befinden sich an den felsigen Hängen und der Talsohle des Striegistales nördlich von Bräunsdorf (s. A 10). Die giftige Schwalbenwurz (*Cynanchum vincetoxicum*), Nickendes Leimkraut (*Silene nutans*) und die Pechnelke (*Viscaria vulgaris*) besiedeln hier in kleinen Trupps die wärmebegünstigten Felsbereiche. Als Seltenheit soll auch die Felsnelke (*Petrorhagia prolifera*) genannt werden. In der Talsohle sind häufig Bärenschote (*Astragalus glycyphyllus*) und die Färberhundskamille (*Anthemis tinctoria*), früher zum Gelbfärben benutzt, anzutreffen. Bemerkenswert ist das massenhafte Auftreten von Hallers Schaumkresse (*Cardaminopsis halleri*) in den Freiberger Parkanlagen, in Gärten, im Münzbachtal und in unmittelbarer Umgebung von Bergbauanlagen und Halden.

Botanisch interessant sind die Halden (Abb. 3) im Freiberger Bergrevier. Dem ärmlichen Bewuchs der im N und O von Freiberg gelegenen Bergwerksanlagen steht die üppige Ansiedlung verschiedenster Pflanzenarten auf den Halden bei Brand-Erbisdorf sowie auf einigen Halden des Himmelsfürster Reviers gegenüber. Als Ursache dieser unterschiedlichen Vegetationsverhältnisse ist der verschiedenartige Chemismus der Gangformationen anzusehen, und auch der Zeitpunkt der letzten Haldenschüttung muß in Betracht gezogen werden. So gehört z. B. das Haldenmaterial der Grube Alte Elisabeth der kiesig-blendigen Bleierzformation an (s. Seite 7), die reich an Sulfiden und Arsenmineralien ist und im gewissen Sinne als lebensfeindlich betrachtet werden kann. In der dürftigen Vegetation solcher Halden herrschen anspruchslose Gräser vor, wie Gemeines Straußgras (*Agrostis tenuis*) und Drahtschmiele (*Deschampsia flexuosa*). Kleine Gruppen von Hängebirken (*Betula pendula*), als Pflanzenpionier auf allen Halden des Freiberger Raumes anzusehen, vervollständigen das Vegetationsbild.

Auf den Halden des Brander Reviers, die im wesentlichen der Edlen Braunspat-

Abb. 3. Pflanzenarten auf Freiberger Bergwerkshalden (nach Freiberger Bilder 5, 1966)

Kleines Habichtskraut (oben links)
Gemeines Ruchgras (oben rechts)
Spitzwegerich (unten links)
Zweihäusiges Katzenpfötchen

formation zugerechnet werden und einen hohen Anteil an Karbonspäten aufweisen, bildete sich, durch menschliche Einflüsse gefördert, eine geschlossene Vegetationsdecke. Bemerkenswert ist das exklavenartige Vorkommen wärmeliebender Arten, die auch Trockenheitsperioden überstehen. Sie kennzeichnen wärmebegünstigte Halbtrockenrasen-Standorte. In der Krautschicht sind besonders häufig Schafschwingel (*Festuca ovina*), Golddistel (*Carlina vulgaris*), Zweihäusiges Katzenpfötchen (*Antennaria dioica*) und Wiesenlein (*Linum catharticum*). An besonders warmen Stellen befindet sich nicht selten der Braunrote Sitter (*Epipactis atrorubens*). Als kleine botanische Kostbarkeit ist auch der Mondrautenfarn (*Botrychium lunaria*) anzusehen.

H. Braun/J. Uhlig

Die Fauna im Freiberger Gebiet wird von der Bergbaulandschaft und von der Großraumbewirtschaftung in Land- und Forstwirtschaft beeinflußt, und auch das nahe Elbtal mit Dresden blieb nicht ohne Einwirkung auf das Vorkommen und die Verbreitung der Tiere im Bereich der Freiberger Hochfläche. Die Zahl der Arten wie die der Individuen wechselt im Bereich der ökologischen Grenzen. Das Besondere liegt darin, daß man hier, im Übergangsbereich vom Mittelsächsischen Hügelland zum Osterzgebirge, die Vertikalverbreitung mancher Art gut beobachten kann. So gilt das Gebiet um Freiberg sowohl als Berührungszone von östlichen und westlichen Arten (Ährenmaus, Feuersalamander) als auch als Nordgrenze mancher südlichen Art (Sumpfspitzmaus).

Unter den Vogelarten sind Eisvogel, Habicht und Sperber nur gering, Wendehals und Grünspecht sehr selten vertreten. Seit dem Frühjahr 1982 kann auch der Kolkrabe im Hospitalwald (s. C 5) beobachtet werden. Gut paßte sich der Flußregenpfeifer den veränderten Bedingungen an, indem er heute auch auf Flachdächern von Industrieanlagen, an Schuttplätzen, Zechenteichen und Klärbecken brütet, während der Zwergtaucher in den letzten Jahren wegen zu geringer Ufervegetation an Teichen und Bächen, Wasserverunreinigung und der zunehmenden Unruhe das Brüten aufgegeben hat. Die Elster, die noch 1937 in Freiberg fehlte, ist heute hier und bei Oederan häufig. Die erste Brut der eingewanderten Türkentaube wurde für Freiberg 1953 auf dem Donatsfriedhof nachgewiesen. Die Verstädterung des Eichelhähers ist rückläufig, während sie beim Gimpel anhält. Eine Bestandszunahme trifft für den Kernbeißer zu, auch für die Turteltaube, die in Richtung Erzgebirge wandert, während ein starker Rückgang bei der Grau- und der Goldammer eintrat. Die Flußläufe (Große Striegis, Freiberger Mulde, Bobritzsch) geben noch der Wasseramsel mit insgesamt 4 bis 5 Brutpaaren eine Lebensmöglichkeit.

Von den Amphibien werden in Freiberg und seiner Umgebung häufig noch der Berg- und der Kammolch angetroffen. An Insekten seien vor allem erwähnt die Käferart Puppenräuber, Großer Schillerfalter, Kleiner Schillerfalter, Lindenschwärmer, Kleines Nachtpfauenauge, Großer Gabelschwanz, Windenschwärmer, Riesenschlupfwespe, Riesenholzwespe, Riesenköcherfliege und die Teufelsnadel, eine große Libelle. In den Bächen treten an Fischarten vor allem noch Schmerle, Gründling und Moderlieschen auf, im Kirchbach findet man auch den Edelkrebs.

Die zahlreichen Bergbauhalden bieten auch einer speziellen Fauna Lebensraum. Solange die Vegetation spärlich bleibt, ist der Steinschmätzer als Kenn- und Brutvogel hier zu finden. Im Geröll tritt die Zauneidechse auf, deren rotrückige Form bei Bräunsdorf festgestellt wurde. Wo Birke und Salweide eine Halde besiedeln, beherbergen sie die Raupen des Trauermantels, des Kleinen Weinschwärmers, des Mittleren Weinschwärmers, des Pappelschwärmers und des Abendpfauenauges. An warmen, steinigen Haldenhängen ist oft der Schwalbenschwanz zu finden, und die Weidenbäume auf den Halden bieten dem Moschusbockkäfer Unterkunft, der auch anderwärts, so im Stadtgebiet von Freiberg, zu finden ist.

H. Bähr

Geschichte

Die ersten Zeugen der Ur- und Frühgeschichte im Freiberger Gebiet stellen die vereinzelt in den Ortsfluren gefundenen Felsgesteingeräte dar (Abb. 4). So wurde in Memmendorf (s. C 1) ein Axthammer von fünfeckigem Umriß geborgen, und von Freiberg kennen wir ein kleines Flachbeil, das Bruchstück einer facettierten Axt (Abb. 35), ein weiteres Flachbeilbruchstück, einen Axthammer von fünfeckigem Umriß, der 1973 im Westgiebel des Hauses Donatsgasse 9 hängend aufgefunden wurde. An Steingeräte-Einzelfunden sind außerdem zu nennen: ein großes durchbohrtes Beil von Großschirma, ein kleines

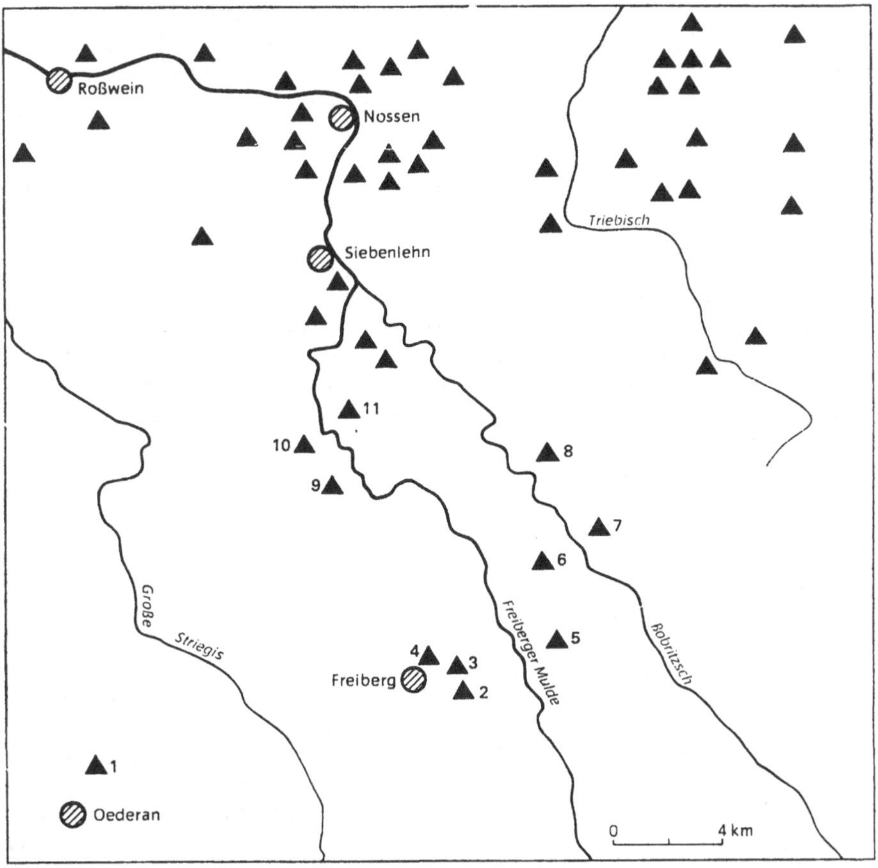

Abb. 4. Fundorte steinzeitlicher Geräte zwischen Freiberg und Nossen (Entwurf A. Gühne)

1–11 liegen im inventarisierten Gebietsausschnitt
1 — Memmendorf, Kr. Flöha
2–4 Freiberg, Kr. Freiberg
5 — Halsbach, Kr. Freiberg
6–7 Naundorf, Kr. Freiberg
8 — Niederschöna, Kr. Freiberg
9 — 10 Großschirma, Kr. Freiberg
11 — Hohentanne, Kr. Freiberg

Flachbeil von Halsbach (s. B 28), ein spitznackiges Steinbeil von Hohentanne, ein stark verwitterter, durchbohrter sogenannter Schuhleistenkeil und das Bruchstück eines durchbohrten Beils von Naundorf sowie eine sorgfältig gearbeitete Spitzhaue von Niederschöna (Abb. 35). Zu erwähnen ist schließlich der Fund einer breitnackigen Axt in der Ortsflur Mohorn unmittelbar nordöstlich der Flurgrenze von Herrndorf.

Als ältestes Stück gehört die Spitzhaue von Niederschöna in die Mittelsteinzeit (Mesolithikum, etwa 8000 bis 4500 v. u. Z.). Die Masse der Steingeräte ist in die Jungsteinzeit (Neolithikum, etwa 4500 bis 1800 v. u. Z.) zu stellen, während die Axthämmer von fünfeckigem Umriß aus der Bronze- bis frühen Eisenzeit (1800 bis etwa 500 v. u. Z.) stammen. Ihr spätes und verstärktes Auftreten kann damit erklärt werden, daß Stein auch in den Metallzeiten nach wie vor ein viel gebrauchter Werkstoff geblieben ist, daß die traditionellen Kupfererzlagerstätten in Südosteuropa nicht mehr ausgebeutet wurden und es somit zu einer Bronzeverknappung kam. Das Eisen hatte dagegen in Mitteleuropa seinen Siegeszug noch nicht angetreten.

Die genannten Funde sind nicht eindeutig als Anzeichen einer Besiedlung des Mittelgebirgsraumes in urgeschichtlicher Zeit anzusehen. Sie sind eher ein Beweis, daß der Mensch den Wald saisonweise als Jagdgebiet, zur Zeidlerei oder zur Waldweide nutzte. Diese Ansicht geht darauf zurück, daß alle Geräte weitab von ihrem ursprünglichen, durch Siedlungs- und Grabfunde belegten Verbreitungsgebiet geborgen wurden. Es ist außerdem bekannt, daß sie bisweilen als „Donnerkeile" bis in die jüngste Vergangenheit gesammelt wurden, um dann, aus der abergläubischen Vorstellung heraus, daß sie Unheil abwehren können, in Gebäuden deponiert zu werden. Der genannte hängende Axthammer von Freiberg könnte das belegen. Eindeutige Besiedlungsspuren finden wir im Gebiet von Freiberg erst mit dem Beginn der bäuerlichen Kolonisation während der zweiten Etappe der feudalen deutschen Ostexpansion.

A. Gühne

Besiedlungsgeschichtlich haben wir das Freiberger Gebiet um 1000 u. Z. zu dem sich zwischen den sorbischen Altsiedelgebieten nördlich Nossen sowie dem Elbtal und Böhmen erstreckenden Miriquidi, d. h. schwarzer Wald, einzuordnen. Nur der Westteil wurde von dem über die späteren Orte Hainichen und Oederan (s. C 15.2) nach Sayda verlaufenden Alten Böhmischen Steig, einer der wenigen großen Paßstraßen aus dem Leipziger Raum, durchzogen, an der sich damals aber offensichtlich noch keine Siedlungen befanden. Politisch wurden die sorbischen Gebiete nach der Eroberung durch HEINRICH I. (929) teilweise der neu gegründeten Markgrafschaft Meißen zugeordnet (s. Bd. 32, M 8.2). 981 schenkte Kaiser OTTO II. dem Kloster Memleben außerhalb der Mark Meißen gelegene Orte bei Döbeln, die 1015 dem Kloster Hersfeld a. d. Fulda als Lehen übereignet wurden. Gegen Mitte des 12. Jh. setzten, ausgehend von den Altsiedelgebieten, umfangreiche Rodungen ein.

Die in der Mitte des 12. Jh. erfolgte Grenzbeschreibung des sogenannten Hersfelder Lehens, das auch Rodungsflächen südlich Döbelns umfaßte, gibt die Große Striegis als dessen Ostgrenze an (KÄSTNER u. SCHILLER 1928). Zentrale Achse dieses streifenförmigen Bereiches war der über Oederan verlaufende Böhmische

Steig, von dem aus um 1150 unter Führung der von Hersfeld weiterbelehnten, in Minkwitz bei Döbeln ansässigen Mildensteiner (Billig 1981) die ersten Dorfgründungen unseres Gebietes erfolgten. Das Hersfelder Lehen befand sich nach Eroberung der Mildensteiner Burg, die man im Raum Frankenberg vermutet, 1232 in den Händen der Wettiner, die es sicher 1292 von Hersfeld zu Lehen besaßen. Im Gegensatz zu Billig deutet Schwabenicky (1981) die Dörfer im östlichen Teil des Hersfelder Lehens als von Döbeln aus erfolgte Gründungen.
Parallel zu der im Hersfelder Lehen vorgenommenen Landerschließung erfolgte eine solche auch von den Altsiedelgebieten der Mark Meißen aus. Hier muß die Wirksamkeit der Herren von Nossen, Bieberstein und Reinsberg genannt werden, die als Edelfreie in zunächst nur bedingter Abhängigkeit vom Markgrafen die Dörfer nördlich von Kleinvoigtsberg sowie östlich der Mulde anlegten. Für Weißenborn gilt der Einfluß der Burggrafen von Dohna (s. D 7).
Die Rodung der Restfläche zwischen Mulde und Großer Striegis ließ zwischen 1156 und 1162 der wettinische Markgraf Otto vornehmen, der bisher in der Mark Meißen kaum über eigenen Grundbesitz verfügte. Indem er 1162 die besiedelten 800 Hufen mit kaiserlicher Zustimmung — es handelte sich rechtlich um Reichsland — dem von ihm im Mittelpunkt seines Herrschaftsbereiches gegründeten Zisterzienserkloster, dem späteren Altzella bei Nossen, übertrug (Herrmann 1953), sicherte er sich und seiner Familie den ständigen Machteinfluß, da er weiterhin Schutzherr des Klosters blieb. Die 1185 gegebene Beurkundung des Klosterbesitzes (Krenkel 1955) läßt den Schluß zu, daß 1152 die Dorfgründungen im Hersfelder Lehen östlich der Großen Striegis, die nun die Westgrenze der Mark Meißen gegen das pleißenländische Reichsterritorium darstellte, schon abgeschlossen waren. Der Blick auf die Eckardschen Dörfer aus dem Hersfelder Lehen, die von Bönhoff (1923) als Oberschöna (s. C 3), Linda (s. C 8) und Wegefarth gedeutet wurden, von Tippmann (1980) zusätzlich in St. Michaelis (s. C 10) und Erbisdorf gesehen werden, zeigt die Grenze als eine links und rechts der Großen Striegis pendelnde Linie (Abb. 5). Nach der Klosterschenkung kam es im markgräflichen Rodungsgebiet zunächst zu nur noch wenigen (s. A 1) neuen Dorfanlagen, da die Zisterzienser selbst nicht kolonisatorisch tätig waren.
Detaillierte Aussagen zum Rodungsablauf ermöglichen nach den Forschungen Langers (1931, 1934, 1935, 1936) die Fluranlagen der Dörfer. Die für das Freiberger Gebiet typischen Waldhufenfluren, bei denen die zu einem Gehöft gehörenden Flächen sich hinter diesem streifenförmig senkrecht zur Dorfanlage erstreckten, waren das Ergebnis eines Mitte des 12. Jh. vollzogenen Entwicklungsprozesses. Den Übergang einer Gelängeflur zur Breitstreifenflur zeigte Goßberg (Abb. 9). Hier verteilten sich Flächen eines Besitzes auf 4 Schläge. Die mehrstreifigen Waldhufenfluren von Reichenbach und Riechberg (Abb. 12) stellten einen Fortschritt dar, indem die jeweiligen Bodenanteile nur noch an einen schmaleren Streifen hinter dem Gehöft und einen abseits befindlichen Breitstreifen gebunden waren. Eine weitere Entwicklungsetappe waren Dorffluren mit hinter den Gehöften liegenden, aber noch geraden, die Geländemorphologie nur wenig berücksichtigenden, rechteckigen Waldhufen wie in Kleinschirma oder Kleinwaltersdorf (s. A 20). Eine vollendete Waldhufenflur besaß Oberschöna (s. C 3, Abb. 36), wo sich gleichartige, regelmäßige Hufenstreifen vollkommen der Ge-

Abb. 5. Klosterschenkung Markgraf OTTOS 1162 und Eckardsche Dörfer (Entwurf H. DOUFFET)

1 Klosterschenkung nach BÖNHOFF (1923) und SCHWABENICKY (1981)
2 Eckardsche Dörfer nach BÖNHOFF (1923)
3 Den Eckardschen Dörfern zuzurechnen nach TIPPMANN (1980)
4 Um 1170 aus Klosterschenkung ausgegliedert

ländeform anpaßten. Blockartige Fluren wiesen Rittergüter, die beispielsweise in Wegefarth oder Wingendorf 50% der zugehörigen Dorfflur einnahmen, und Großhöfe auf.

Einschneidende Veränderungen der Siedlungsstruktur brachte die Auffindung der Freiberger Silbererze 1168 (s. Seite 7) im damaligen Christiansdorf (s. B 27.3). Zur Realisierung des ihm vom Kaiser verliehenen Bergregals mußte der

Markgraf Grundherr der bergbaulich interessierenden Flächen werden. Gegen Entschädigung gliederte er um 1170 die Fluren von Christiansdorf, Tuttendorf und Berthelsdorf aus der Klosterschenkung aus. In der Folge entstanden die Bergstadt Freiberg und, mit der Erweiterung des Wegenetzes, die Marktsiedlung Oederan (s. C 15.2). Die Anlage der Freiberg umgebenden Großhöfe bei Halsbrücke (s. B 20), in Halsbach (s. B 28) sowie unmittelbar neben Freiberg (s. B 27.1) muß als Sicherung der Ernährungsgrundlage der explosionsartig wachsenden Bergmannssiedlung gesehen werden. Es handelte sich um Flächen, die anscheinend vor 1168 kaum oder gar nicht gerodet waren.
Im Anschluß an die Hauptbesiedlung erfolgte noch die Nutzbarmachung von Restflächen, wie etwa in Süßenbach (s. D 8). Echte, im späteren Mittelalter zu Wüstungen gewordene Dörfer sind aus dem Freiberger Gebiet kaum bekannt. Zu nennen wären nur Naundorf bei Memmendorf und vielleicht Wüsthetzdorf (s. B 11). Andere Wüstungen, so Kühren bei Wingendorf, betrafen nur Niederlassungen im Bereich von Großhöfen. Der starke Bedarf des Bergbaus an landwirtschaftlichen Produkten wirkte sich offenbar stabilisierend auf die vollzogenen Dorfgründungen aus.
Erweiterungen vorhandener Siedlungen, aber auch Neugründungen brachte die besonders seit Anfang des 16. Jh. einsetzende Belebung des Bergbaus. Zu nennen ist vor allem die Bergmannssiedlung „auf dem Brand" bei Erbisdorf (s. C 12.2), die 1542 als Flecken bezeichnet wurde, aber erst 1834 Stadtrechte erhielt. Bereits vor 1450 wurde im Zusammenhang mit dem Mohorner Bergbau Hetzdorf neu angelegt (s. B 11), 1538 wird das benachbarte Erlicht genannt. Damals setzte auch, wie ein Vergleich der Einwohnerzahlen, so für Großvoigtsberg, zeigt (Anhang D), die Anlage von Häusler- und Gärtneranwesen im Bereich der Dorfauen sowie auf parzellierten Hufenstreifen ein, die im 18. und Anfang des 19. Jh. ihren Höhepunkt erreichte.
Erhebliche Veränderungen der grundherrschaftlichen Zuordnungen brachten die im Zuge der Reformation 1540 erfolgte Säkularisierung des Klosters Altzella und die Aufteilung seiner Dörfer. Entsprechend der herrschaftlichen Zugehörigkeit und der Gerichtsbarkeit müssen nun (Täschner 1925) bis in das 19. Jh. unterschieden werden: dem Freiberger Rat (z. B. Berthelsdorf, Hilbersdorf, Tuttendorf) oder dem Hospital (Oberbobritzsch, Sohra) untertane Stadtdörfer, herrschaftliche Dörfer mit einem Adligen oder vermögenden Bürger als Grundherrn und Amtsdörfer, die dem 1548 genannten Amt Freiberg als Verwaltungseinheit unterstanden. Herrschaftliche Dörfer wiesen Bindungen an ein Rittergut (Wegefarth, Weißenborn, Wingendorf) oder an ein Freigut (Niederschöna) auf. Vor der Reformation war die Zahl der Amtsdörfer gering (Erbisdorf, St. Michaelis, Niederbobritzsch). Mit der Auflösung Altzellas kam der größte Teil der Siedlungen des Freiberger Landes zum Amt, viele erst 1575 und 1587, nachdem sie, meist 1555, zunächst in die Hände des kurfürstlichen Kanzlers Ulrich Mordeisen gelangt waren.
Kirchlich gehörten die Siedlungen des behandelten Gebietes bis zur Reformation zum Archidiakonat der Dompropstei Meißen, speziell zu den Erzpriesterbezirken von Freiberg und Roßwein (Großschirma, Langhennersdorf, Pappendorf), ferner, was von siedlungsgeschichtlichem Interesse ist, zu dem von Wilsdruff (Krummenhennersdorf, Niederschöna). 1539 wurden sie alle der neugegründeten

Superintendentur Freiberg eingegliedert, eine Situation, die erst im 19. Jh. Veränderungen erfuhr.

Der Dreißigjährige Krieg führte zu umfangreichen Verwüstungen, denen die Freiberger Vorstädte, aber auch ganze Bauerndörfer, wie Bräunsdorf und Kleinvoigtsberg, zum Opfer fielen. In der Folge wurde Bauernland zu neugegründeten Rittergütern zusammengelegt (1651 Bräunsdorf, 1705 Friedeburg bei Freiberg) oder vorhandenen Großgütern, so dem in Oberschöna, zugeschlagen. Die Neubesiedlung nach 1646 ließ Kleinvoigtsberg zu einem Bauern- und Bergarbeiterdorf werden. Das 17. und 18. Jh. brachte die für die Freiberger Umgebung typischen Berg- und Hüttenarbeitersiedlungen hervor: Gotthelffriedrichsgrund (s. B 2), Neudörfel bei Großvoigtsberg (s. A 5), Wolfsgrün bei Reinsberg (s. B 4), die Kohlung und die Zellhäuser bei Reichenbach (s. A 4), später noch Neu-Wüsthetzdorf (s. B 11).

Obzwar es in unserem Gebiet bis auf eine Ausnahme (s. C 3) zu keinem eigentlichen Bauernlegen oder einer Leibeigenschaft gekommen war, stiegen im 17. und 18. Jh. bei vielen Grundherrschaften die Fronlasten der dörflichen Bevölkerung ins ungemessene. Erst die bürgerliche Agrarreform brachte ab 1832 Veränderungen, wobei im Gegensatz zu Preußen keine Verringerung von Bauernland eintrat.

Sieht man von Weißenborn (s. D 7) ab, so kam es im 19. Jh. bei Freiberg zu keiner Ausbildung ausgesprochener Industriedörfer. Hilbersdorf erhielt infolge seiner Nachbarschaft zu Freiberg und Muldenhütten einen fast vorstädtischen Charakter. Die industrielle Entwicklung Brands, Freibergs und Oederans führte schließlich in diesem Jahrhundert zur Eingemeindung von Nachbarorten.

Den wohl eingreifendsten Wandel in der Besiedlungsstruktur bewirkten die mit der Befreiung vom Faschismus seit 1945 eingetretenen gesellschaftlichen Veränderungen, indem die praktisch seit dem 12. Jh. unverändert bestehenden Flureinteilungen schrittweise überwunden und den neuen gesellschaftlichen und ökonomischen Erfordernissen angepaßt wurden. Die Demokratische Bodenreform 1945/46 führte zur Aufteilung des Großgrundbesitzes und zur Anlage von Neubauerngehöften, oft in der Nähe der einstigen Großhöfe, aber auch als Streusiedlungen im Bereich der zugehörigen Felder, wie in Kleinwaltersdorf (s. A 20) oder in Krummenhennersdorf (s. B 5), seltener als geschlossene Straßenbebauung, wie in Wegefarth (s. A 25). Mit dem Aufbau einer sozialistischen Landwirtschaft traten an die Stelle der mittelalterlichen Hufeneinteilung große, über ganze Dorffluren reichende Schläge.

Ein beachtliches Wachstum zeigten nach 1945 die Städte Freiberg und Brand-Erbisdorf, wobei Brand durch die Verwaltungsreform 1952 zur Kreisstadt eines aus dem südlichen Teil der einstigen Amtshauptmannschaft Freiberg neugebildeten Kreises geworden war. Der Ausbau Freibergs als montanwissenschaftliches Zentrum der DDR, der Aufbau neuer Hütten und anderer industrieller Großanlagen (s. Seite 31) bewirkten in beiden Orten eine bedeutende Bevölkerungszunahme und damit die Errichtung auch flächenmäßig umfangreicher Wohnkomplexe. Wahrzeichen der Landschaft zwischen Brand-Erbisdorf, Freiberg und Muldenhütten wurde eine Reihe von bis 200 m hohen Betonschornsteinen.

H. Douffet

Entscheidend für die Herausbildung der Arbeiterbewegung war, daß sich im Gefolge der industriellen Revolution das Proletariat zur Klasse konstituierte. In der ersten Hälfte des 19. Jh. begann es sich auch im Freiberger Raum zunehmend gegen Ausbeutung und Unterdrückung zur Wehr zu setzen und zu organisieren. Bereits während der bürgerlich-demokratischen Revolution 1848/49 kam es zu selbständigen politischen Aktionen der Arbeiter. Allerorts entstanden politische Ausschüsse, wie der nach der Anzahl der Vertreter benannte „25er Ausschuß der Berg- und Hüttenarbeiter". Am 23. 6. 1848 hatte er in einer zahlreich besuchten Versammlung seine bescheidenen Vorschläge für die Verbesserung der Lage der Bergarbeiter in „Wünschen und Bitten der Bergarbeiter in dem Freibergischen Bergamtsrevier" zum Ausdruck gebracht. Am 17. 8. 1848 wurde der Freiberger Arbeiterverein gegründet, eine Organisation, die STEFAN BORNS Arbeiterverbrüderung nahestand, und am 11. 2. 1849 wurde mit der Gründung des Bergarbeitervereins in Brand-Erbisdorf die Entwicklung der organisierten Arbeiterbewegung im Gebiet von Freiberg fortgesetzt. Mit dem raschen Anwachsen der Arbeiterklasse zu Beginn der sechziger Jahre des vorigen Jahrhunderts wuchs auch deren Wunsch nach Zusammenschluß und Organisiertheit. Diesem Bedürfnis kam FERDINAND LASSALLE mit dem 1863 gegründeten Allgemeinen Deutschen Arbeiterverein entgegen, dessen Ortsgruppen auch im Raum Freiberg—Brand-Erbisdorf—Oederan entstanden.

1873 wurde eine Freiberger Ortsgruppe der von AUGUST BEBEL und WILHELM LIEBKNECHT 1869 in Eisenach gegründeten Sozialdemokratischen Partei ins Leben gerufen. Oederaner Arbeiter waren seit 1872 in ihr organisiert. In Brand entstand im Jahre 1903 eine Ortsgruppe der SPD. Im Kampf gegen BISMARCKS Sozialistengesetz (1878—1890) erstarkte die SPD. Der Gleichstein, im Tal der Großen Striegis zwischen Wingendorf und Bräunsdorf gelegen, war in den Jahren des Sozialistengesetzes eine der geheimen, meist nächtlichen Versammlungsstätten der Genossen aus Freiberg, Oederan und Hainichen. Schon während dieser Jahre, besonders aber nach dem Sieg über das Sozialistengesetz, errangen die Sozialdemokraten zahlreiche Wahlerfolge. Am 9. 1. 1907 sprach AUGUST BEBEL auf einer Wahlkundgebung in Freiberg im Gasthaus Union (s. B 27.2). Waren auch während des ersten Weltkrieges die rechten Führer der SPD in die Front der Klassenverräter eingeschwenkt, wurden dennoch auch im Freiberger Gebiet gegen den Krieg gerichtete Flugblätter verteilt.

Die Große Sozialistische Oktoberrevolution leitete 1917 ein neues Kapitel Weltgeschichte ein. In ihrem Gefolge brach 1918 in Deutschland die Novemberrevolution aus, deren wichtigstes Ergebnis die Gründung der KPD war. Ortsgruppen der KPD entstanden Anfang 1919 in Freiberg, am 26. 4. 1919 in Oederan und 1921 in Brand-Erbisdorf. Ausdruck der Aktivität der Freiberger Arbeiter in den zwanziger Jahren waren der Metallarbeiterstreik im Oktober 1919, an dem sich 1061 Arbeiter aus 16 Betrieben beteiligten, und ein Hüttenarbeiterstreik im Herbst 1925. Gemeinsam gingen die Arbeiter aus Freiberg und Brand-Erbisdorf während des Kapp-Putsches gegen den reaktionären „Freiberger Anzeiger" vor und erwirkten die vorläufige Einstellung des Druckes. Im Zuge der von der Reichsregierung 1923 gegen Sachsen verhängten Reichsexekutive erschoß die Reichswehr am 27. 10. 1923 in Freiberg 29 Arbeiter und verletzte etwa 60. Es

war das größte Blutbad, welches damals von der Reichswehr in Deutschland angerichtet wurde.
In Freiberg hatte es die Kommunistische Partei schwer, sich der ständigen Angriffe der reaktionären Kräfte zu erwehren, in Brand-Erbisdorf und Oederan konnte sie stärker Fuß fassen. In Oederan gelang es ihr, mit dem Kommunisten Johannes Mosch einen Stadtverordneten ins Rathaus zu bringen, der von 1927 bis 1933 die Interessen der Oederaner Arbeiter konsequent wahrnahm. Am 7. und 8. 5. 1927 fand in Oederan ein Roter Tag des Rotfrontkämpferbundes mit Teilnehmern aus Chemnitz, Flöha, Pockau und Lengefeld statt.
Zahlreiche Kommunisten und Sozialdemokraten wurden 1933 nach der Machtergreifung durch die Faschisten auch im Gebiet von Freiberg verhaftet, terrorisiert, in Zuchthäuser, Gefängnisse und Konzentrationslager geworfen. Allein in Brand-Erbisdorf betraf es etwa 40 Genossen. Auf vielfältige Weise wurde dem Faschismus Widerstand geleistet. In Oederan war es die Widerstandsgruppe Kämpfe/Helbig, der 16 Antifaschisten angehörten, davon 2 Mitglieder der SPD und 1 Parteiloser. 1935 wurden die Mitglieder dieser Gruppe verhaftet, wegen Vorbereitung zum Hochverrat angeklagt und verurteilt. Genosse Ernst Dudel aus Brand-Erbisdorf und Genosse Johannes Mosch aus Oederan leisteten in den Reihen der Interbrigadisten in Spanien aktiven Widerstand gegen den Faschismus.
Nach der Befreiung durch die Sowjetarmee begann ein neuer Abschnitt in der Geschichte der Arbeiterbewegung, der mit der Gründung der SED seinen Höhepunkt fand. Am 8. 4. 1946 vereinigten sich mit einer machtvollen Kundgebung auf dem Freiberger Obermarkt die Ortsgruppen der KPD und SPD zur Sozialistischen Einheitspartei Deutschlands.

A. Schlüter

Bergbau

Das Freiberger Land weist eine reiche Bergbaugeschichte auf, ist doch sein Silberabbau der älteste Bergbau des Erzgebirges. Von 1168 bis 1968 wurde im Freiberger Revier Erz gefördert. Das Freiberger Berg- und Hüttenwesen hat mit der Gewinnung von Währungs- und Gebrauchsmetallen nicht nur jahrhundertelang größten Einfluß auf die Geschichte Mitteleuropas ausgeübt, sondern auch das Land um Freiberg und Brand-Erbisdorf geformt. Diese Landschaft ist uns besonders wertvoll, weil in ihr eine achthundertjährige Bergbaugeschichte mit ihrer Entwicklung der Produktivkräfte und Produktionsverhältnisse ablesbar ist.
Abgebaut wurden im Freiberger Revier Erzgänge. Das sind mit Erz und metallfreien (tauben) Mineralen gefüllte, mehr oder weniger steil stehende Spalten im Gestein des Grundgebirges (Abb. 6). Die Erzgänge haben 1 mm bis 6 m, meist etwa 10—50 cm Stärke (Mächtigkeit), einige hundert Meter bis maximal 10 km Länge und sind bisher bis in etwa 900 m Tiefe nachgewiesen. Sie werden nach ihrer Richtung unterschieden in

— Flache Gänge: N—S bis NW—SO gerichtet (also um NNW—SSO)
— Stehende Gänge: N—S bis NO—SW gerichtet (also um NNO—SSW)

— Morgengänge: O—W bis NO—SW gerichtet (also um ONO—WSW)
— Spatgänge: O—W bis SO—NW gerichtet (also um OSO—WNW)

und sind alle mit Eigennamen belegt.

In den 800 Jahren Freiberger Bergbaugeschichte haben u. a. folgende Erzgänge besondere Bedeutung gehabt: Hauptstollngang-Stehender (etwa 10 km lang von Tuttendorf bis Zug), Turmhof-Stehender (im Raum Freiberg—Zug), Hohe-Birke-Stehender (ebendort), Halsbrücker Spatgang (Großschirma—Halsbrücke), Lade-des-Bundes-Flacher (Grube Himmelsfürst bei Brand-Erbisdorf), Neue-Hoffnung-Flacher (Grube Himmelfahrt bei Freiberg), Kirschbaum-Stehender (Grube Himmelfahrt), Gottlob-Morgengang (Grube Himmelfahrt).

Nach der Entdeckung von Silbererz im Jahre 1168, vermutlich am Osthang des Münzbachtales im heutigen Freiberger Stadtgebiet, und zwar dort, wo der Hauptstollngang an der heutigen Wasserturmstraße das Münzbachtal überquert, setzte im ganzen Umkreis eine rege Schürftätigkeit ein.

Für die Entwicklung des Bergbaus wurde die Rechtssituation entscheidend. Markgraf OTTO als der Regalherr der Erze hatte das Schürfen und den Bergbau an jedermann gegen Entrichtung von Anteilen des geförderten Erzes freigegeben. Die Phase des wilden Bergbaus in unvermessenen Gruben, bei der der Markgraf den Fronteil, d. h. $^{1}/_{3}$ des gewonnenen Erzes, als Abgabe erhielt, war sicher nur kurz. Bald wurde der vermessene Gang in Lehen (1 Lehen = 14 m mal 14 m)

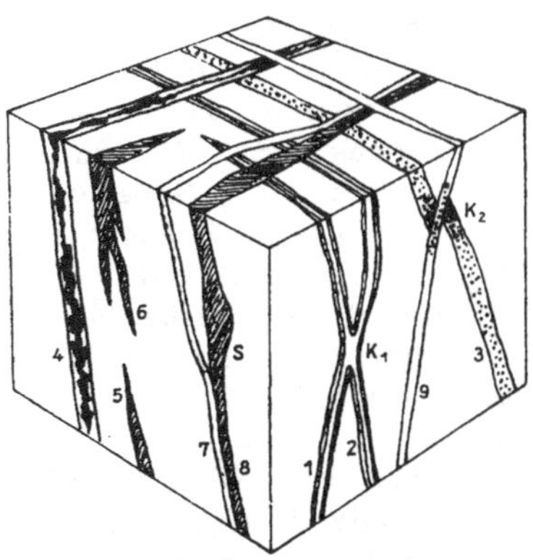

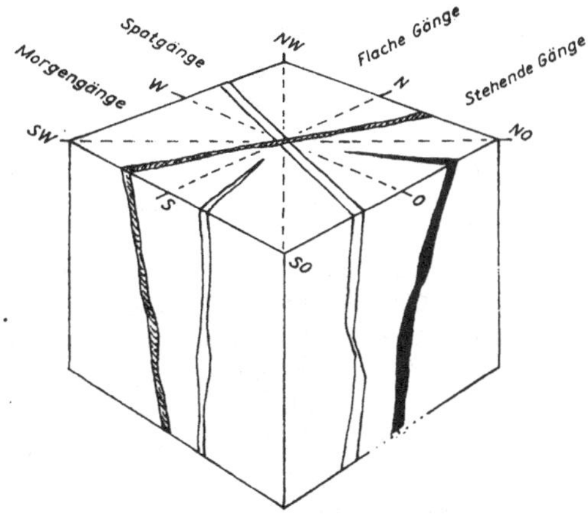

Abb. 6. Erzgänge und ihre Lagerungsverhältnisse (Entwurf O. WAGENBRETH)

links: Ausbildung und Lagerungsverhältnisse von Erzgängen.

1—9 Erzgänge und ihre Altersfolge,

4 gleichmäßig mächtiger, stark, aber unregelmäßig mit Erz (schwarz) gefüllter Gang,

5 nach oben auskeilender Gang,

6 nach unten sich zertrümernder (zerschlagender) Gang,

7 gleichmäßig geringmächtiger, tauber Gang (ohne Erzmineralien), der sich bei S mit dem Gang 8 schart,

1, 2 gleichalte Gänge, bilden das Gangkreuz K 1,

3, 9 verschieden alte Gänge, bilden das Gangkreuz K 2 mit reicher Vererzung.

rechts: Die Einteilung der Gänge nach ihrer Streichrichtung in Morgengänge, Spatgänge, Flache Gänge und Stehende Gänge.

aufgeteilt, wobei der Finder das Grubenfeld mit einer Länge von 7 Lehen, der Regalherr, seine Beamten und die Stadt Freiberg Nebenlehen bekamen. Erst im 15. Jh. traten an die Stelle der Lehenfelder die größeren Fundgrubenfelder. Sie besaßen in Freiberg (Müller 1901) 120 m Länge. Die anschließenden, separat zu mutenden Maßen hatten 80 m Länge und 14 m Breite.

Jeder, der in der ersten Bergbauperiode Freibergs ein Grubenfeld verliehen bekommen hatte, legte zunächst den Gang frei und gewann das unmittelbar unter der Erdoberfläche anstehende Erz im Tagebau. Dabei schüttete er mit den Aushubmassen die abgebauten Teile wieder zu, wobei in Richtung des Ganges ein Ödlandstreifen mit unregelmäßigem Relief entstand. Wollte er dann den Gang in etwa 10 bis 50 m Tiefe abbauen, so teufte er im Gang einen, meist aber drei Schächte ab, legte von diesen aus ebenfalls im Gang in beiden Richtungen Strecken an und förderte mit einem Handhaspel das Erz, das taube Gestein und oft auch das Wasser. Das taube Gestein wurde rings um den Handhaspel zu einer Halde aufgeschüttet. Haspelschachthalden sind meist etwa 1 bis 3 m hoch und etwa 10 bis 30 m breit. Da jedes Grubenfeld mindestens einen Schacht hatte, markieren heute in der Landschaft die alten Halden nicht nur die Richtung des Ganges, sondern auch die Größe der Grubenfelder (Abb. 7; Bilder 20 und 29).

Infolge reicher Ausbeuten bei nur oberflächennahem Abbau herrschte im 12./13. Jh. der Eigenlehnerbergbau vor. Ein Bergmann betrieb allein oder nur mit Familienangehörigen seine Grube. Beim Vordringen in größere Tiefen und für die Bewältigung von Wasserzuflüssen schlossen sich mehrere selbst arbeitende Bergleute zu genossenschaftlichen Gewerkschaften zusammen.

Das Hauptproblem, das zu einer fast 100 Jahre währenden Krise im Freiberger Bergbau führte, wurde mit zunehmender Teufe die Wasserhaltung. Schon im 12./14. Jh. versuchte man von den benachbarten Talsohlen aus Stolln zu den Gruben vorzutreiben, um aus diesen das Wasser abzuleiten. Die stollnbauenden Unternehmer erhielten besondere Vorrechte, die Erbrechte, welche mit dem Vorgang des Erbbereitens, einem besonderen Vermessungsvorgang, auch zu erschließende Grubenfelder mit einbezogen. In Abbauvorrechten, erblicher Weitergabe verliehener Grubenfelder und Stolln, besonders aber Feldern von 21 Lehen Länge, denen die Nebenlehen zugeschlagen worden waren, bestanden die Vergünstigungen. Ebenfalls verzichtete der Markgraf auf den Fronteil. Als Abgabe wurde nur noch der Zehnte verlangt, der später bei armen Gruben auch in Wegfall kommen konnte, da ja der Landesherr sich letztlich durch seine Münzstätte immer einen Gewinn sicherte. Ein Erbstolln, ein Begriff, mit dem man später manche Grube belegte, wurde enterbt, wenn ein neuer Stolln etwa 20 m tiefer als der vorige in das Grubenfeld einkam. Enthalten sind die Rechtsvorgänge in dem zwischen 1310 und 1327 kodifizierten Freiberger Bergrecht, während ursprünglich ein „Ius Freibergense" schon 1233 in der Kulmer Handfeste des Deutschordensstaates genannt wird.

Der älteste bedeutende Stolln im Freiberger Revier wurde vom Muldetal bei Tuttendorf auf dem Hauptstollngang in Richtung Freiberg vorgetrieben. Die Markgrafen von Meißen übernahmen 1384 den Stolln wegen Kapitalmangels der Unternehmer und setzten den Stollnbau fort, seitdem heißt er Fürstenstolln. Mit der Übernahme des Stollnbetriebes wollten die Markgrafen den Freiberger

Bergbau retten, der damals nach Abbau der oberflächennahen, reichen Silbererze einen Niedergang erlebte. Aus dieser ersten Blütezeit des Freiberger Bergbaus von 1168 bis etwa 1380 ist an originalen Sachzeugen in der Landschaft außer den Haldenzügen der Fürstenstolln erhalten (s. B 27.3).
Eine zweite Blütezeit des erzgebirgischen Silberbergbaus trat im 15./16. Jh. in der Zeit des Frühkapitalismus ein. Erneute Schürftätigkeit und reiche Silberfunde führten 1470 bis 1520 zur Gründung der Bergstädte Schneeberg, Annaberg und Marienberg. Aus den reichen Gewinnen in diesen obererzgebirgischen Bergbauzentren floß Handelskapital in den Freiberger Bergbau ein, die Gewerkschaften wurden nun zu reinen Kapitalgesellschaften. Deren Anteile, die Kuxe, berechtigten den Käufer zur Beteiligung am Gewinn einer Grube, verpflichteten aber auch zu Zubuße bei Arbeit mit Verlust. Von der Betriebsplanung, die in immer

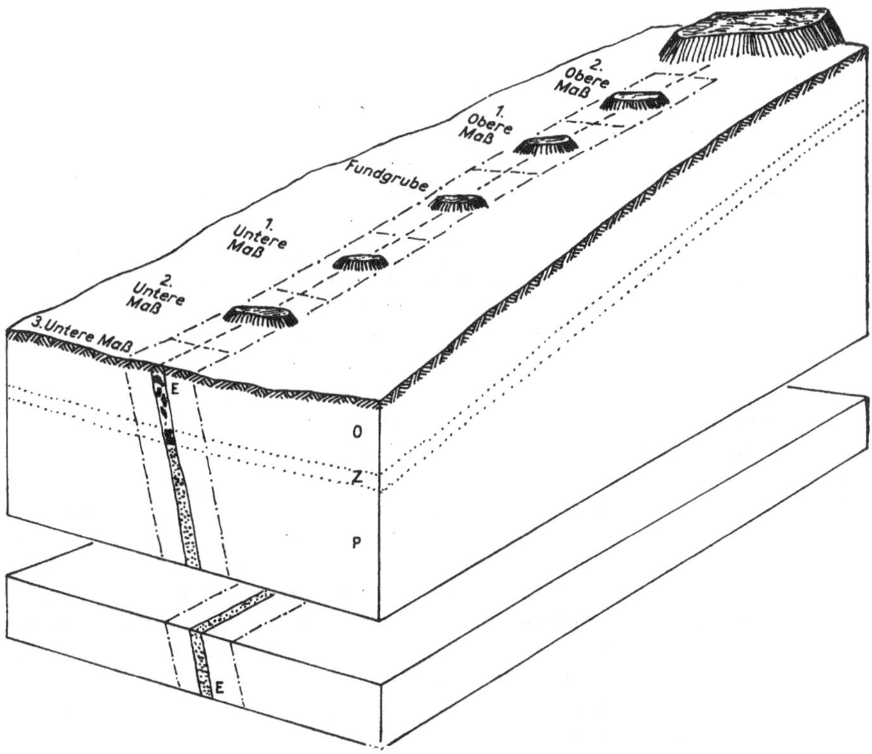

Abb. 7. Schematisches Blockbild eines Erzganges (Entwurf O. Wagenbreth)

Der Erzgang (E – E) wird im Gelände durch einen Haldenzug markiert. Die kleinen Halden stammen von Handhaspelschächten des 12. – 18. Jahrhunderts, die große (hinten) von einem Schacht mit maschineller Förderung aus dem 19. Jahrhundert.
Strichpunktiert: Prinzip der Grubenfeldfestlegung im Mittelalter bis 1869.
Zur geologischen Tiefengliederung des Ganges: O Oxidationszone (reiches Silbererz), Z Zementationszone (reiches Silbererz), P Primäre Ausbildung des Erzganges (ärmere, fein verteilte Erze).

stärkerem Maße der Regalherr vornehmen ließ, waren die Kuxbesitzer ausgeschlossen. Kuxe konnten von Beauftragten der Gewerkschaft gehandelt, aber nicht frei verkauft werden. Anfänglich teilten die Gewerkschaften 32 Kuxe aus, später erfolgte eine Stückelung bis auf 128, um die Kapitalstreuung zu vergrößern und das Risiko der Einzelgewerken zu verringern. In und um Freiberg erlebte der Bergbau insbesondere auf dem Turmhofer Gangzug und auf dem Hohbirker Gangzug südlich von Freiberg sowie bei Brand einen Aufschwung. Während die Silberproduktion 1524 nur 5624 Mark (ca. 1310 kg, 1 Mark = ca. 233 g) betrug, steigerte sie sich um 1550 auf über 30000 Mark (ca. 6990 kg), um 1572 mit 33650 Mark (ca. 7840 kg) einen Höchstwert zu erreichen.
Die meisten Schächte waren zwar auch in dieser Zeit nur mit Handhaspeln ausgerüstet, aber in einigen Gruben begann man, komplizierte Bergbaumaschinen einzusetzen. Die nun mitunter schon 200 bis 300 m tiefen Gruben und die ärmeren Erze der tieferen Gangbereiche erforderten zwecks Rentabilität des Betriebes eine höhere Förderleistung der einzelnen Schächte, die nur mit Maschinen zu realisieren war. Die stärkeren Wasserzuflüsse größerer und tieferer Gruben bedurften ebenfalls des Einsatzes von Pumpenanlagen. Auch die Aufbereitung der ärmeren Erze war nur noch maschinell zu bewerkstelligen. So wurden die Pferdegöpel, Kehrräder, Kunstgezeuge und Pochwerke eingeführt, die wir aus Agricolas Darstellung kennen. Um im Bergrevier das für die Räder erforderliche Aufschlagwasser bereitzustellen, legten 1562 bis 1590 der Freiberger Bergmeister Martin Planer und seine Nachfolger ein erstes System von Kunstgräben und Kunstteichen an (Abb. 28; Bild 27). Daneben setzte der Bau bzw. Weiterbau neuer Stolln, insbesondere unter Bergvogt Simon Bogner († 1568) ein: um 1540 das Nachreißen des Fürstenstollns zum Tiefen Fürstenstolln, 1526 des Thelersberger Stollns, 1550 des Annastollns, 1612 des Johann-Georg-Stollns als eine Fortsetzung des Tiefen Fürstenstollns.
Der Systemcharakter der Gesamtheit aller Gruben, vor allem aber die für das gesamte Revier angelegten Kunstgräben und -teiche, dazu das Streben des Landesherrn nach Sicherheit des Gewinns veranlaßten den Kurfürsten, eine einheitliche Leitung des Bergwesens zu schaffen. Seit dem 14./15. Jh. hat sich im Gefolge der Bergbaukrise das Direktionsprinzip im sächsischen Bergbau entwickelt. Im 16. Jh. waren mit der Annaberger Bergordnung (1509) und der auf ihr fußenden Freiberger (1529) die wesentlichen Merkmale voll ausgebildet. Die technische und ökonomische Leitung war nun nicht mehr Sache der Eigentümer, sondern Aufgabe der staatlichen Bergbeamten. Damit hinderte das Direktionsprinzip im Erzbergbau in der Folgezeit zwar die Herausbildung eines freien Kapitalismus, förderte aber durch die so erzwungene Kapitalkonzentration den technischen Fortschritt im Erzbergbau bis zum Beginn des 19. Jh. Institutioneller Ausdruck des Direktionsprinzips war seit 1529 die Herausgabe gedruckter amtlicher Ausbeutbögen, 1542 die Gründung des Freiberger Bergamts bzw. Oberbergamts und 1555 die des Oberhüttenamts, 1710 die Verstaatlichung der drei damals noch arbeitenden Schmelzhütten und ebenfalls 1710 die Gründung der Generalschmelzadministration.
Nach einem Niedergang des Bergbaus durch den Dreißigjährigen Krieg ist um 1680/1720 ein lokaler Aufschwung der Gruben bei Halsbrücke festzustellen. Das Silberausbringen war auf 10000 bis 15000 Mark (2330–3495 kg), 1643

sogar auf 4791 Mark (ca. 1116 kg) gefallen, erreichte aber 1712 wieder über 20000 Mark (= 4660 kg).

Eine dritte Blütezeit des Freiberger Bergbaus umfaßt die Jahre von 1765 bis etwa 1885. Als 1765 im Kurfürstentum Sachsen eine Restaurationskommission, deren Mitglieder Adlige und geadelte Bürgerliche waren, die ökonomischen Folgen der vorangegangenen feudalabsolutistischen Mißwirtschaft und des Siebenjährigen Krieges überwinden sollte, sah man eine wesentliche Aufgabe in der Produktionssteigerung des Bergbaus und berief dazu F. A. v. Heynitz als Generalbergkommissar. Dieser und der Freiberger Oberberghauptmann F. W. v. Oppel erkannten die Notwendigkeit, die Wissenschaft für das Montanwesen zu nutzen und, wo nötig, die Montanwissenschaften zu entwickeln. Sie veranlaßten 1765 die Gründung der Bergakademie Freiberg (s. B 27.4). Beide, aber auch die späteren Oberberghauptleute F. W. H. v. Trebra, S. A. W. v. Herder und F. C. v. Beust führten neue Technik, insbesondere neue Maschinentypen, wie Wassersäulenmaschinen, Turbinen und Dampfmaschinen, in den Freiberger Bergbau ein und verstärkten dazu dessen Maschinenpersonal.

Für diese Entwicklung, die in der ersten Hälfte des 19. Jh. zu einem jährlichen Silberausbringen von 9320 bis 12815 kg führte, nutzten sie das noch bestehende Direktionsprinzip und entwickelten es bis zur letzten Konsequenz einer staatlichen Planung und Leitung des Bergbaus. Damit gerieten die Produktionsverhältnisse des sächsischen Erzbergbaus in einen Rückstand gegenüber dem Kapitalismus der freien Konkurrenz, der sich z. B. im sächsischen Steinkohlenbergbau des 19. Jh. herausbildete. Die Gewinnchancen im Erzbergbau waren auch wesentlich geringer als im Steinkohlenbergbau und lockten deshalb kein großes Kapital an. So blieb der sächsische Erzbergbau bis zur neuen Berggesetzgebung 1851/1869 dem Direktionsprinzip verhaftet und ließ deshalb auch kein typisches Proletariat und keine kräftige Arbeiterbewegung entstehen. Als 1851/1869 die Erzbergwerke juristisch freie kapitalistische Unternehmen wurden, entwickelten sich diese dann so schwach, daß der Staat sie 1885 selbst übernehmen mußte.

Nachdem im Deutschen Reich 1873 die Silberwährung durch die Goldwährung ersetzt und damit der Silberpreis den Schwankungen des Weltmarktes unterworfen wurde, sank der Ertrag der Freiberger Gruben durch den Rückgang des Silberpreises so erheblich, daß der Bergbau im gesamten Freiberger Revier 1899/1913 stillgelegt werden mußte. Trotzdem erreichte 1884 der Freiberger Bergbau mit 35057 kg Feinsilber seine überhaupt höchste Produktion. Bis 1928 wurde noch in Kleinvoigtsberg die Grube Alte Hoffnung Gottes betrieben.

Auch technisch unterschied sich der Freiberger Bergbau in seiner dritten Blütezeit wesentlich von den damaligen Steinkohlengruben. Bestimmten dort die Dampfmaschinen das technische Niveau, so nutzte man im Freiberger Bergbau noch bis 1913 in starkem Maße die Wasserkraft und baute dazu im 19. Jh. das System der bergmännischen Wasserversorgung weiter aus (Abb. 28). Dampfmaschinen wurden im Freiberger Revier sehr spät, erst 1844, eingesetzt. Das beruht allerdings nicht auf einer technischen Rückständigkeit des Maschinenpersonals, sondern auf einer technisch-ökonomischen Optimierung: Aufgrund der leistungsfähigen Wasserkraftanlagen des Freiberger Bergbaus und andererseits der hohen Transportkosten für Kohle waren die Kosten einer PS-Stunde noch um 1850 bei Wasserkraftanlagen geringer als bei Dampfmaschinen. So finden wir im Freiberger Bergbau des 19. Jh. vor allem Wasserräder zum Antrieb von Kunstgezeugen, Pochwerken und Erzwäschen, Kehrräder, d. h. umsteuerbare Wasserräder, als Fördermaschinen, Wassersäulenmaschinen und Turbinen vor. Dampfmaschinen wurden besonders zur Förderung dort eingesetzt, wo die verfügbare Wasserkraft nicht ausreichte.

Im 19. Jh. erreichten die Gruben meist 500 m und mehr an Tiefe. Sie benötigten daher leistungsfähige Schachtanlagen und tendierten deshalb zum Zusammenschluß mehrerer kleiner Gruben zu größeren. Solche bestanden aus sehr verschiedenen Baulichkeiten, die heute noch weithin die Landschaft prägen. Zu den wichtigsten dieser Gruben zählten: Himmelsfürst-Fundgrube bei Erbisdorf, Himmelfahrt-Fundgrube bei Freiberg, Beschert-Glück-Fundgrube in Zug, Mordgrube-Fundgrube in Zug und Kurprinz-Friedrich-August-Erbstolln in Großschirma (Abb. 10).

Das bedeutendste wasserwirtschaftliche Werk des Freiberger Bergbaus im 19. Jh. war der 1844 bis 1877 gebaute, mit seinen Verzweigungen über 50 km lange Rothschönberger Stolln (s. B 3; Abb. 16), der die Grubenwässer etwa 100 m tiefer ableitete als zuvor der Alte Tiefe Fürstenstolln. Als der Bergbau nach geplanter zehnjähriger Abrüstungszeit 1913 stillgelegt wurde, baute man in den Constantinschacht und den Dreibrüderschacht in Zug über dem Rothschönberger Stolln Turbinen ein, die man mit dem Kunstgrabenwasser betrieb. So dienten die bergmännischen Wasserkraftanlagen und der Rothschönberger Stolln 1914 bis 1968 einem damals epochemachenden Kavernenkraftwerk (s. D 1).

In der Zeit des Faschismus wurden im Zuge der damaligen Autarkiebestrebungen zur Rohstoffsicherung für die faschistische Kriegsvorbereitung seit 1935 die Gruben Beihilfe bei Halsbrücke und Himmelfahrt bei Freiberg wieder in Betrieb genommen. Den eigentlichen Ausbau erfuhren sie jedoch erst nach 1945 im Rahmen des Aufbaus der Grundstoffindustrie der Deutschen Demokratischen Republik. Im Jahre 1968 wurde der Freiberger Bergbau jedoch wieder stillgelegt.

O. Wagenbreth

Zugleich mit dem Bergbau entstanden Schmelzhütten. Die ältesten erwähnten Hütten, darunter die 1318 als erste genannte, befanden sich an der Hilbersdorfer Brücke und im Gebiet von Muldenhütten. Mitte des 16. Jh. sollen nach SCHIFFNER (1960) 46 Hütten in Betrieb gewesen sein, eine für das engere Freiberger Revier sicherlich zu hohe Zahl. Zu erwähnen wären die Obere und Untere Muldener Hütte, in Halsbach die beiden Turmhofer Hütten sowie unterhalb des Ortes die Martin Hilligersche Hütte, in Langenrinne die Münzbachhütten, unterhalb Weißenborns die Röhlingshütte, unweit von ihr die 1583 begründete staatliche Erzkauf- oder Teichhütte, unterhalb Berthelsdorfs die Herzog-Heinrich-Hütte, bei Brand der Brandstöllner Hüttenhof sowie die Lindaer Hütte. Im 17. Jh. werden ferner genannt die Lößnitzer Hütte sowie die 1612 gegründete Halsbrücker Hütte.

Da der Verhüttungsprozeß dem Kurfürsten unabhängig von der Ergiebigkeit der Bergwerke die Möglichkeit sicherer Gewinnaneignung bot, war es sein Ziel, das Hüttenwesen zum landesherrlichen Monopol auszubauen. Der Erlaß von

Hüttenordnungen (1556, 1585, 1589), ein allmählicher Erwerb der Betriebe sowie deren zahlenmäßige Reduzierung waren die hierzu getroffenen Maßnahmen.
Den Ausgangspunkt der staatlichen Erwerbspolitik bildete die Übernahme der Oberen Muldener Hütte Mitte des 16. Jh. 1600 befanden sich schon die Untere Muldener Hütte, die Turmhofer Hütten und die Mittlere Münzbachhütte in kurfürstlichem Besitz. Mit Erwerb der Halsbrücker Hütte 1663 und der übrigen Münzbachhütten 1690 war der Verstaatlichungsprozeß abgeschlossen. Die Schaffung der Generalschmelzadministration als zentrale Erzeinkaufsstelle 1710 durch August den Starken regelte die Beziehungen der Gruben zu den Hütten und förderte optimalere Schmelzprozesse, indem geregelte Probierverfahren eine Vermischung von Erzen und dadurch eine günstigere Verhüttung ermöglichten. Nach Schließung der Teichhütte (1710), der Unteren Münzbachhütte (1711) sowie der Turmhofer 3.-bis-4.-Maßhütte (1754) bestanden nur noch die Halsbrükker und die beiden, 1825 vereinigten Muldener Hütten, sieht man von der bis 1789 vor allem zur Durchführung von Versuchen genutzten Mittleren Münzbachhütte ab.
Der Schmelzprozeß war trotzdem noch lange primitiv. Man verhüttete mit viel Brennmaterial relativ reiche silberhaltige Erze unter Zuschlag von Bleierzen und sogenanntem Rohstein zu Werkblei. Der anschließende Treibeprozeß diente der Silbergewinnung, wobei sich das Blei fast vollständig verflüchtigte. Die aus jener Zeit stammenden Schlacken sind ausgesprochen metallarm. Einen Fortschritt, besonders bezüglich des Brennmaterialverbrauches, bedeutete die Einführung der Amalgamation. Das von Johann Friedrich Wilhelm Toussaint von Charpentier 1785 von der Slowakei nach Freiberg gebrachte Verfahren wurde von Christian Ehregott Gellert den hiesigen Erfordernissen angepaßt. Dadurch konnte mit höherer Effektivität als bei den bisherigen Schmelz- und Treibeprozessen den gerösteten Erzen mit Hilfe von Quecksilber das Silber entzogen werden. Insgesamt wurden von 1794 an in 50 Jahren 150000 t Erz mit 311,6 t Silber bei einem Quecksilberaufwand von 6,6 t verhüttet.
Obwohl schon 1625 Versuche zur Verwendung von Steinkohlen unternommen worden waren, wurde die Holzkohle endgültig erst 1823 von dieser verdrängt. Eine neue Periode in der Verhüttung begann 1852 mit dem Verschmelzen armer Erze (Dürrerze) im Flammofenprozeß, wodurch die Erzanlieferung von 1845 bis 1865 von 10000 t jährlich auf 23500 t stieg. Die durch die Verarbeitung solcher Erzmengen frei werdenden Abgase führten zu gewaltigen Rauchschäden. Gegenmaßnahmen waren Staubkondensationsanlagen, Schwefelsäurefabriken, eine Arsenik- und eine Zinkhütte. Erst die Einführung der Pilzschen Hochöfen seit 1865 sowie der Bau der hohen Essen in Halsbrücke und Muldenhütten brachten beträchtliche Verminderungen der Umweltbelastungen (Bilder 16 und 17). Weitere Fortschritte in der zweiten Hälfte des 19. Jh. bedeuteten die verbesserte Verarbeitung von Kupfererzen, die Gewinnung von Verkaufsblei (gereinigtes, d. h. durch verschiedene Prozesse von störenden Beimengungen befreites Blei) und Wismut. Die Errichtung einer Goldscheideanstalt in Halsbrücke erfolgte 1864. Nach Schließen der Freiberger Gruben 1913 waren die Hütten ausschließlich auf Importerze angewiesen, die schon seit Errichtung der Eisenbahn 1862 eine zunehmende Rolle gespielt hatten.
Seit 1949 gewannen die Freiberger Hütten für die Volkswirtschaft der DDR eine

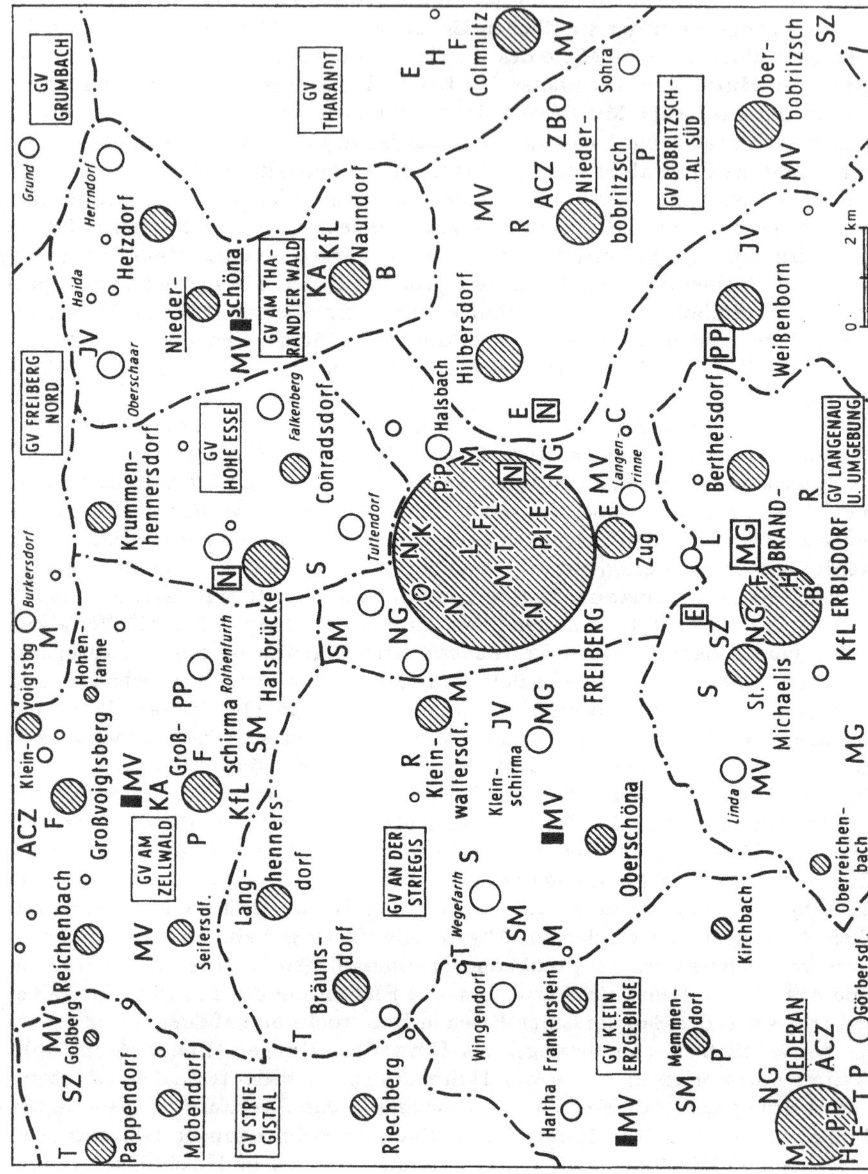
GV GRUMBACH
GV THARANDT
GV FREIBERG NORD
GV HOHE ESSE
GV AM THARANDTER WALD
GV BOBRITZSCHTAL SÜD
GV LANGENAU U. UMGEBUNG
GV AM ZELLWALD
GV AN DER STRIEGIS
GV STRIEGISTAL
GV KLEIN ERZGEBIRGE
FREIBERG
Colmnitz
Sohra
Niederbobritzsch
Oberbobritzsch
Naundorf
Niederschöna
Hetzdorf
Herrndorf
Haida
Grund
Oberschaar
Falkenberg
Conradsdorf
Halsbach
Hilbersdorf
Weißenborn
Berthelsdorf
Langenrinne
Zug
BRAND-ERBISDORF
St. Michaelis
Linda
Kirchbach
Oberreichenbach
Görbersdf.
OEDERAN
Memmendorf
Hartha
Frankenstein
Wingendorf
Wegefarth
Oberschöna
Kleinschirma
Kleinwaltersdf.
Tuttendorf
Halsbrücke
Rothenfurth
Krummenhennersdorf
Burkersdorf
Kleinvoigtsbg
Großvoigtsberg
Hohentanne
Großschirma
Reichenbach
Seifersdf.
Langhennersdorf
Bräunsdorf
Riechberg
Goßberg
Pappendorf
Mobendorf
2 km

Abb. 8. Siedlungs- und Produktionsstruktur (Entwurf T. HECKER)

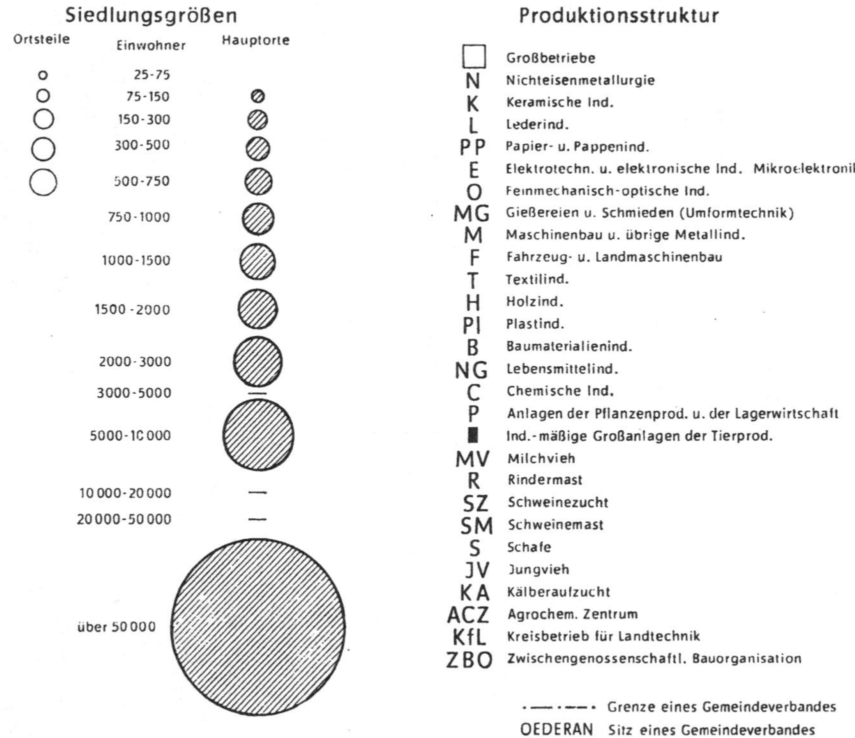

zentrale Bedeutung. Ausdruck dieser Entwicklung waren der Neubau sowie die Rekonstruktion von Produktionsstätten in Freiberg, Muldenhütten und Halsbrücke, ferner 1961 der Zusammenschluß aller Hütten und Gruben zum Bergbau- und Hüttenkombinat Albert Funk. Mit der neuen Bleihütte in Muldenhütten erhielt das Kombinat 1984 einen Betriebsteil, der den Welthöchststand in der Verarbeitung der gegenwärtig so wichtigen Sekundärrohstoffe repräsentiert.

H. Douffet

Territorialstruktur (Abb. 8)

Auf 370 km² Fläche wohnen im Freiberger Gebiet über 100000 Menschen, zwei Drittel davon allein im Raum Freiberg—Brand-Erbisdorf. Die Einwohnerdichte beträgt somit zwischen Halsbrücke und Brand-Erbisdorf (etwa 70 km²) durchschnittlich 1000 EW/km², was dem Dichteverhältnis eines kleinen Ballungskernes gleichkommt. Das übrige Territorium ist mit Ausnahme Oederans ländlich geprägt und weist nur eine Bevölkerungsdichte von etwa 100 EW/km² auf. Dieser Differenzierung entspricht weitgehend auch die Standortverteilung der Industrie, die sich zu mehr als 85% auf Freiberg und seine unmittelbare Umgebung konzentriert. Ungewöhnlich dünn besiedelt ist zum Vergleich mit dem bei Oederan beginnenden Ballungsgebiet von Karl-Marx-Stadt die Umgebung des Striegistales.

Das Siedlungsnetz bilden 3 Städte, 36 Landgemeinden und 35 Ortsteile, über 90 Wohnplätze und abgelegene Einzelgehöfte. Die größte Stadt des Gebietes, Freiberg, seiner Funktion nach Mittelstadt, hat weitreichende Umlandbeziehungen. Die Kreis- und Industriestadt Brand-Erbisdorf hebt sich bezüglich der volkswirtschaftlichen Stellung durch ihre dynamische Entwicklung in den letzten 20 Jahren deutlich von der bis dahin nach der Einwohnerzahl vergleichbaren Kleinstadt Oederan ab.

Die ländlichen Siedlungen weisen in der Mehrzahl die charakteristische Gehöftreihung des Waldhufendorfes auf. Neben vorwiegend nur 1—2 km langen Dörfern treten mit Langhennersdorf, Großschirma, Colmnitz und namentlich mit den Reihensiedlungen des Bobritzschtales (14 km zwischen Oberbobritzsch und Naundorf) große, ja sogar extreme Ortslängen auf. Die durchschnittliche Einwohnerzahl der dörflichen Siedlungen beträgt zwischen 500 und 1000 Einwohner, nur die längsten und die Industriedörfer der Freiberger Umgebung zählen zwischen 1500 und 2000 Bewohner. Eine siedlungsstrukturelle Besonderheit ist die große Zahl abseits gelegener Einzelgehöfte und Wohnplätze. Sie treten in den Tälern meist als ehemalige Mühlen- und Werksiedlungen auf, an Hängen und auf Hochflächen ist ein Zusammenhang mit dem Bergbau unverkennbar (Ursulahäuser, s. A 6; Siegfried, s. A 16). Gelegentlich kommen Streusiedlungen vor, die wie Zug (s. D 1) auf Wohnplätze an Schächten des historischen Bergbaus zurückgehen. Der hohe Holzbedarf des Bergbaus führte zu Nachrodungen, die wiederum Platz für die Anlage von Gehöften boten, so die Forsthäuser in Krummenhennersdorf (s. B 5) oder Lichtenstein (s. A 3).

Die ständige Weiterentwicklung der sozialistischen Gemeinschaftsarbeit zwischen den Gemeinden führte Mitte der siebziger Jahre zur Bildung von Gemeindeverbänden. Sechs Gemeindeverbände haben ihren Sitz im Gebiet

von Freiberg: Klein-Erzgebirge in Oederan, Am Tharandter Wald in Niederschöna, An der Striegis in Oberschöna, Bobritzschtal-Süd in Niederbobritzsch, Hohe Esse in Halsbrücke und Striegistal in Mobendorf. Hinzu kommen randlich weitere fünf Gemeindeverbände mit Sitz in Siebenlehn, Neukirchen, Langenau, Tharandt und Grumbach. 1981 waren lediglich die beiden Kreisstädte und die Freiberger Nahbereichsgemeinden Zug und Weißenborn nicht in Gemeindeverbänden organisiert.
Überragende Bedeutung für die Industriestruktur hat die im historischen Bergbau wurzelnde Montanindustrie. Das Bergbau- und Hüttenkombinat Albert Funk (s. B 27.6) ist der wichtigste Standort der Nichteisenmetallurgie der DDR für Zinn, Zink, Blei sowie für Edel- und seltene Metalle. Darüber hinaus wird Schwefelsäure in größerer Menge produziert. Neben den Hüttenbetrieben in Freiberg und Muldenhütten (s. B 30) sowie dem Verarbeitungsbetrieb Halsbrücke sind der Rationalisierungsbetrieb des Kombinates und der Wissenschaftliche Industriebetrieb Spurenmetalle Freiberg zu nennen. Zu diesem Montankomplex zählen auch Industrie-Forschungseinrichtungen, so das Forschungsinstitut für Nichteisenmetalle, das Brennstoffinstitut Freiberg und das Forschungsinstitut für Aufbereitung. Der VEB Geologische Forschung und Erkundung Freiberg befaßt sich besonders mit der Erkundung von Rohstoffvorräten. Die Bergakademie Freiberg (s. B 27.4) wirkt als einzige montanwissenschaftliche Hochschule der DDR.
Traditionelle Verbindung zum Bergbau besitzt auch die Lederindustrie, in Freiberg mit der Schuhfabrik Pionier, dem VEB Lefatex, dem VEB Lederbekleidung und -handschuhe, in Zug mit den Vereinigten Lederwerken vertreten. Freiberg ist deshalb mit Recht Sitz des 1889 gegründeten heutigen Forschungsinstituts für Leder- und Kunstledertechnologie. Auch eine Reihe von Klein- und Kleinstbetrieben, wie der 1693 gegründete, jetzige VEB Leonische Feindrähte, entstand im Zusammenhang mit dem Montanwesen.
Ein zweiter profilbestimmender Industriezweig des Raumes um Freiberg und Brand-Erbisdorf ist die Elektrotechnische Industrie. Als sozialistischer Großbetrieb entstand in den sechziger Jahren das Leuchten- und Leuchtstofflampenwerk Narva Rosa Luxemburg in Brand-Erbisdorf (s. C 12). Weitere Betriebe dieses Industriezweiges sind der VEB Kondensatorwerk Freiberg und der VEB Freiberger Präzisionsmechanik.
Den dritten industriellen Schwerpunkt bildet der Maschinenbau, wobei an erster Stelle der VEB Preß- und Schmiedewerke Einheit in Brand-Erbisdorf zu nennen ist. Neben kleineren Produktionsstätten in Brand (s. C 12), Großschirma (s. A 14) und Colmnitz (s. B 35) muß der VEB Papiermaschinenwerke (PAMA) in Freiberg erwähnt werden.
Als Großbetrieb gehört der VEB Freiberger Zellstoff- und Papierfabrik Weißenborn zu den bedeutendsten Werken der Papierindustrie der DDR (s. D 7). Betriebe dieses Industriezweiges sind auch die Pappenfabrik Großschirma und die Rohpappenfabrik Freiberg, die beide direkt an der standortbestimmenden Mulde liegen.
Rund ein Viertel der in der Industrie Beschäftigten arbeitet in der Leicht- und Textilindustrie, von der das Werk Freiberg des Porzellankombinates Colditz, der VEB Vereinigte Leinenindustrie und der VEB Strickmoden Freiberg

genannt werden sollen. Die Holzindustrie ist mit Betrieben der Sitzmöbelindustrie in Brand-Erbisdorf, Oederan und Colmnitz vertreten.
Außerhalb des engeren Freiberger Raumes kam es nur noch in Oederan (s. C 15.2) zu einer bemerkenswerten Verdichtung von Produktionsstätten der Textilindustrie. Der VEB Wäscheunion und der VEB Zwirnerei und Nähfadenfabrik Oederan sind dort die größten Betriebe. Hinzu tritt ein Plastwarenproduzent. Einige kleinere Betriebe produzieren in Orten des Striegistales (s. A 1, A 16, A 23). Die Lebensmittelindustrie ist mit Standorten der Fleisch- und Geflügelverarbeitung, der Getränke- und Backwarenherstellung sowie einer Molkerei vertreten.
Die Landwirtschaft des unteren Osterzgebirges gelangte aufgrund der günstigen naturräumlichen Verhältnisse (s. Seite 3) sowie der durch den Bergbau herbeigeführten Rodungen zu überdurchschnittlicher Bedeutung. Auf den weiträumigen waldarmen Hochflächen hat sich in beträchtlichen Höhenlagen eine umfangreiche Pflanzenproduktion mit einem hohen Getreideanteil entwickelt. Der Kartoffelanbau spielt keine erhebliche Rolle, und auch die Grünlandflächen werden außerhalb des Striegis- und des Bobritzschtales seltener. Den Feldbau westlich der Großen Striegis betreiben im wesentlichen die LPGs in Hainichen und Oederan (s. C 15.4), zwischen Großer Striegis und Freiberger Mulde die LPGs in Obergruna, Kleinschirma (s. A 27) und Brand-Erbisdorf (s. C 12). Vorwiegend östlich der Mulde arbeiten die Genossenschaften in Naundorf (s. B 25), Niederbobritzsch (s. B 33) sowie Colmnitz (s. B 35).
Größere, teils neugebaute Lagerkomplexe besitzt die Getreidewirtschaft in Großschirma (s. A 14) und Oederan. Agrochemische Zentren bestehen in Niederbobritzsch (s. B 33) mit Betriebsteilen in Großvoigtsberg und Oederan-Görbersdorf (s. C 16). Stark erweitert wurde der leistungsfähige Kreisbetrieb für Landtechnik in Großschirma, der eine Reihe von Technikstützpunkten besitzt.
In der vielfältigen Tierproduktion steht einer traditionell bedingten Milchviehhaltung eine hohe Mastrinder-, Schweine- und Schafhaltung zur Seite. Der Fleischproduktion dienen beträchtliche Verarbeitungskapazitäten im Raum Freiberg. Reichlich ein Dutzend LPGs, eine zwischenbetriebliche Einrichtung und zwei Volksgüter betreiben die Tierproduktion. Die größten industriemäßigen Milchviehanlagen stehen bei Großvoigtsberg (s. A 5) und Hartha (s. A 21) mit jeweils reichlich 2000 Tieren, in Niederschöna (s. B 10) und Oberschöna (s. C 3), größere Milchviehställe in Langenrinne, Linda und Niederbobritzsch. Schwerpunkte der Rindermast befinden sich in Kleinwaltersdorf, Berthelsdorf und Niederbobritzsch.
Neue Anlagen der Schweinezucht stehen in Pappendorf, St. Michaelis und Oberbobritzsch. Die größte Schweinemastanlage des Gebietes betreibt das VEG Freiberg in Loßnitz. Schafhaltung mit größeren Stalleinheiten gibt es in Halsbrücke, St. Michaelis und Wegefarth. Die Jungviehaufzucht, soweit sie nicht mit der Milchviehhaltung durch die LPGs betrieben wird, versieht eine zwischenbetriebliche Einrichtung Freiberg mit Ställen in Oberschaar, Weißenborn und Kleinschirma.
Rund ein Drittel der Berufstätigen ist außerhalb des Wohnortes beschäftigt. Der Raum um Freiberg und Brand-Erbisdorf einschließlich Halsbrücke, Muldenhütten und Weißenborn hat einen Pendlerüberschuß von weit mehr als

5000 Personen. Das Pendlereinzugsgebiet erstreckt sich über den gesamten Kreis Freiberg und einen großen Teil des Kreises Brand-Erbisdorf. Weitere nennenswerte Pendlerzielorte sind Hainichen, Falkenau, Flöha, Karl-Marx-Stadt sowie Freital.

Das Freiberger Gebiet wird verkehrsmäßig durch die Trassen der elektrifizierten Eisenbahnlinie Dresden—Karl-Marx-Stadt und der Fernverkehrsstraße (F) 173 erschlossen, zu denen senkrecht von N nach S die Fernverkehrsstraße 101 verläuft. Der öffentliche Personenverkehr wird in erheblichem Maße auch durch radial verlaufende Kraftomnibuslinien von und nach Freiberg durchgeführt, zum Teil noch durch den Schienenverkehr, durch den Berthelsdorf, Zug, Brand-Erbisdorf und Himmelsfürst erreicht werden, während der Personenverkehr auf der Strecke Freiberg—Nossen eingestellt wurde.

Die touristische Bedeutung des Gebietes leitet sich aus seinem historischen Bergbau und den Zeugen dieser Entwicklung sowie der heutigen Stellung der Bergstadt Freiberg als geistig-kulturelles Zentrum ab. Zahlreiche technische Denkmale, die Bergbaulandschaft, die denkmalgeschützte Freiberger Altstadt oder die Mineraliensammlung der Bergakademie Freiberg bilden wissenschaftliche und touristische Anziehungspunkte. Demgegenüber sind die natürlichen Bedingungen für Erholungsaufenthalte nur teilweise günstig. Dem Tharandter Wald kommt die größte Bevorzugung als Wandergebiet zu. Auch der Zellwald hat im Zusammenhang mit der zunehmenden Motorisierung Bedeutung für Wanderungen erlangt. Landschaftlich ausgesprochen reizvoll sind die in die Hochfläche eingetieften, steilhängigen und felsreichen Täler der Großen Striegis (s. A 10) zwischen Zec endorf und Pappendorf sowie der Bobritzsch (s. B 6), namentlich entlang der Grabentour (s. B 3). Im Raum Freiberg spielen Hospitalwald (s. C 5) und Freiwald mit ihren Badeteichen für die Wochenenderholung eine Rolle. Die meisten dieser Erholungsräume wurden zu Landschaftschutzgebieten erklärt.

T. Hecker

Einzeldarstellung

Pappendorf, Kreis Hainichen, A 1

erstreckt sich am Südhang des Striegistales in einer durchschnittlichen Höhenlage von 260—280 m ü. NN, wird von der Landstraße Hainichen—Nossen durchzogen und vom Hirschbach in einen westlichen und einen östlichen Teil geschieden. Es wurde 1230 als *Poppendorf* urkundlich erwähnt (1447 *Poppindorf*, 1495 *Pappendorf* = Dorf des Poppo, Koseform zu Robert, kaum altsorb. *pop* = Pfaffe, Priester) und ist als Waldhufendorf schon vor der Klosterschenkung 1162 gegründet worden. In Pappendorf war ursprünglich ein Klosterhof, in dem der Abt dreimal im Jahr Gerichtstag abhielt (Witzsch 1929). Von dem Erbgericht ist noch das Gebäude der einstigen Brauerei vorhanden. Im Anschluß an die Säkularisation des Klosters gelangte der Ort an den kurfürstlichen Kanzler Ulrich Mordeisen, 1587 aber zum Amt Nossen.

Die wirtschaftliche Entwicklung wird bis in die Gegenwart durch die landwirtschaftliche Produktion bestimmt. Zeitweise spielten die Textilproduktion, wie Flanellweberei und Wollspinnerei, auch mit den vorhandenen Kalkbrüchen verbundene Gewerbe eine Rolle. Vorhanden waren im ersten Viertel des 19. Jh. 6 Mühlen, davon 3 Sägemühlen, alle an der Großen Striegis gelegen.

Die Kirche von Pappendorf ist Mittelpunkt einer Parochie, welche auch die benachbarten Orte Goßberg und Mobendorf umfaßt, in der Vergangenheit zeitweise auch Riechberg einschloß. Es handelt sich bei ihr um einen 1839 errichteten Neubau von Christian Friedrich Uhlig. Am querrechteckigen Westturm mittelalterlichen Ursprungs wurde der obere Teil 1772 errichtet (Dehio 1965). Baugeschichtlich bemerkenswert ist eine über die Große Striegis führende Steinbrücke mit der Jahreszahl 1715. Das stattliche Pfarrhaus wurde Anfang des 18. Jh. erbaut.

Im Zuge der Herausbildung sozialistischer Produktionsverhältnisse auf dem Lande wurde in Pappendorf am 1. 6. 1955 die LPG Seid Bereit (Typ III) gegründet, der am 1. 4. 1959 die LPG Der Freie Bauer (Typ I) folgte. Seit dem 20. 5. 1971 besteht im Ort die LPG Hermann Matern (Typ III) mit Betriebsteilen in Riechberg, Mobendorf und dem Rinderstall Ottilienhof. Für den Feldbau ist die LPG Pflanzenproduktion Hainichen zuständig.

Mit seiner wirtschaftlichen und infrastrukturellen Substanz ist Pappendorf gegenwärtig die bedeutendste Gemeinde des Gebietes westlich der Großen Striegis. Am Ortsausgang in Richtung Mobendorf konzentrieren sich die neu errichteten Gebäude der LPG, der Schulneubau der zehnklassigen POS Artur Becker, eine größere neue Eigenheimsiedlung sowie unweit davon in exponierter Lage

A 1 die Kirche. Am Striegiszufluß Hirschbach befinden sich Freibad und Sportplatz.

Wohngebäude, Gärten und eine Arbeitsstätte des VEB Grobgarnwerke Kirschau bilden eine eigene Werksiedlung an der Großen Striegis. Westlich von Pappendorf liegt auf der Hochfläche der Ortsteil Kaltofen, dem in ähnlich isolierter Lage an der Großen Striegis eine Wattefabrik und der dazugehörige Wohnplatz zuzuordnen sind. Weitere Wohnplätze bilden Gehöftgruppen, wie das Goldene Rändchen (südlich), der Höpperich und das Schäfereivorwerk (nördlich), neben dem eine moderne Schweinezuchtanlage entstand. Pappendorf gehört dem Gemeindeverband Striegistal an.

A 2 Aschbach

Den stark stauvernäßten südlichen Zellwald entwässert der Aschbach. Kaum 20 m tief ist die breite und sehr flache Talmulde mit dem stark mäandrierenden Bachlauf in das Plateau eingesenkt. Der längste Quellarm entspringt am Südrand des Zellwaldes an der Straße Großvoigtsberg—Reichenbach, 348 m ü. NN, ein kürzerer im Erlicht, 353 m ü. NN. Mit dem Austritt aus dem Zellwald schneidet sich der Bach in einem 30 m tiefen Sohlentälchen mit ziemlich steilen Hängen in Unterkarbongrauwacken und -konglomerate ein. Der sehr saubere Wasserlauf mündet unterhalb von Goßberg 267 m ü. NN in die Große Striegis.

Der von Sachsenburg über Berbersdorf bis an den Zellwald nordöstlich von Goßberg reichende geschlossene Zug von Amphibol-Epidot-Schiefer, auch Grünschiefer oder Prasinit genannt, nimmt nur einen kleinen Teil der Nordwestecke des in diesem Band behandelten Gebietes ein. Ein auflässiger Bruch liegt in diesem Gestein in einem Seitentälchen des Aschbachtales, etwa 150 m westlich der Straße von Goßberg nach Berbersdorf. Die der südöstlichen Kontaktzone des Granulitgebirges angehörenden grauen bis grünen Schiefer sind feinkörnig bis dicht sowie schiefrig oder massig ausgebildet. Eine detaillierte petrographische Bearbeitung der Schiefer wurde von WEG (1931) vorgenommen. An wesentlichen Gemengteilen treten auf: Hornblenden, Epidot, albitreicher Plagioklas, Chlorit, Titanit und stellenweise auch Kalkspat. Als Ausgangsmaterial werden diabasische und porphyritische Gesteine (PIETZSCH 1963) oder metamorphe Schichten vermutet (CREDNER u. DANZIG 1905). Das Devonalter der Schiefer, bereits von den älteren Bearbeitern der geologischen Kartenblätter angenommen, läßt sich auch durch Mikrofossilien- (Conodonten-) Funde (KURZE 1966) in den an die metamorph veränderten Diabastuffe, sogenannte Prasinite von Sachsenburg, angrenzenden Quarzitschiefern in Betracht ziehen.

A 3 **Goßberg,** Kreis Hainichen,

steigt vom Prallhang östlich der Großen Striegis von 273 m ü. NN bis 320 m ü. NN an. Bei der Mündung des Berezbaches in die Große Striegis befindet sich die unter Denkmalschutz stehende 1865 errichtete Mühle mit der dekorativen gleich-

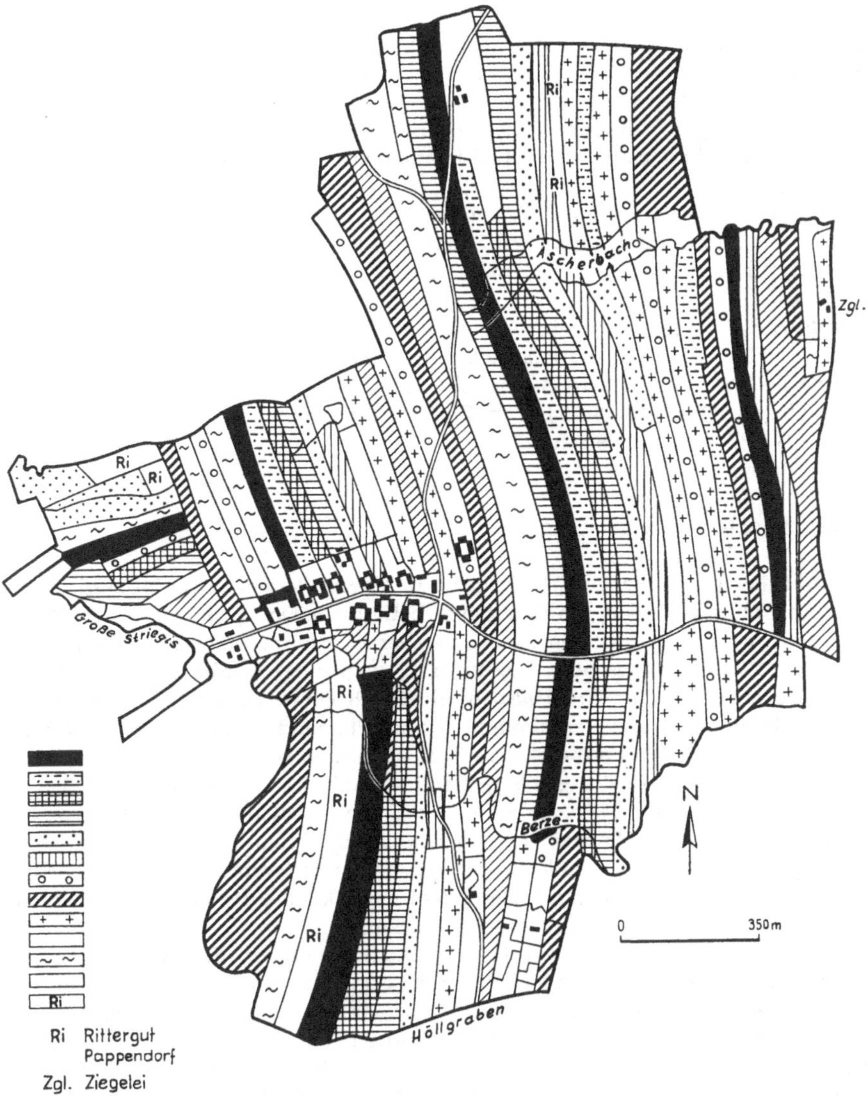

Abb. 9. Flur Goßberg (nach LANGER 1931)

Die verschiedenen Flächensignaturen bezeichnen die Besitzanteile der einzelnen Bauern und des Rittergutes.

alten Haustür und einem Seitengebäude von 1823. Goßberg gehört dem Gemeindeverband Striegistal an.

Das Dorf wurde in der Kolonisationszeit als Straßenangerdorf mit Gelängeflur (Abb. 9) gegründet und 1428 als *Gogisperg* urkundlich erwähnt (1470 *Cosperk*, 1539 *Goczbergk*, 1542 *Goßberg* = wohl Siedlung am Kuckucksberg, mundartl.

A 3 *Gaug, Gug* = Kuckuck). Es gehörte zum Besitz des Klosters Altzella und gelangte 1555 in die Hände von ULRICH MORDEISEN. 1587 wieder kurfürstlich, wurde es dem Amt Nossen zugeschlagen. Das verputzte klassizistische Fachwerkgebäude Nr. 18 war einst der „Gasthof zu Goßberg erbauet 1854". Nach weitgehender Umgestaltung der dörflichen Bausubstanz ist nur noch in Nr. 12 ein Vierseitgehöft in der ursprünglichen Fachwerkarchitektur erhalten (Bauernhaus von 1847).

Zu Goßberg gehört auch ein Teil der auf dem Höhenrücken zwischen Großer Striegis und Berezbach gelegenen Streusiedlung Lichtenstein, von der einzelne Gehöftgruppen den benachbarten Seifersdorf und Reichenbach angeschlossen sind.

Die Flur Goßbergs wird nach wie vor hauptsächlich landwirtschaftlich genutzt. Bei der Herausbildung sozialistischer Produktionsverhältnisse auf dem Dorf wurde im Ort am 30. 4. 1960 eine LPG Berg Auf (Typ I) gegründet. Für die Tierhaltung ist heute die LPG in Pappendorf zuständig. Den Feldbau führt die LPG (P) in Hainichen durch.

A 4 **Reichenbach,** Kreis Freiberg

Obwohl das am südlichen Zellwaldrand in einem kleinen Seitental zum Berezbach in Höhen zwischen 300 und 330 m befindliche Dorf (Bild 42) erst 1428 namentlich (*Rychenbach*) genannt wird, es aber im Rodungsgebiet des Markgrafen OTTO liegt, wird es zwischen 1156 und 1162 gegründet worden sein. Sein Name (1451 *Richinbach*, 1501 *Reichenbach*) leitet sich entweder von Ort am wasserreichen Bach ab oder ist symbolisch für wohlhabend aufzufassen. Es war als zweiseitiges Reihendorf mit mehrstreifiger Waldhufenflur ausgebildet. Ursprünglich zum Kloster Altzella gehörig, gelangte Reichenbach 1555 in den Besitz ULRICH MORDEISENS. 1587 war es wieder in den Händen des Kurfürsten.

Früher führte durch Reichenbach die Straße von Freiberg nach Roßwein und Leipzig. Durch sie war besonders im 17. Jh. das Dorf verstärkt Kriegseinwirkungen und Epidemien ausgesetzt. Besonders schrecklich wüteten 1632 kaiserliche Holksche Truppen, wobei 32 Menschen umkamen.

Neben der Landwirtschaft war für die Dorfentwicklung der Bergbau in den Nachbargemeinden Groß- und Kleinvoigtsberg (s. A 5 u. 6) sowie in Obergruna wichtig, der im 18. und 19. Jh. seine Blütezeit erlebte. Entsprechend verdreifachte sich seit 1700 die Einwohnerzahl, 1890 erreichte sie ihren höchsten Stand. In dieser Zeit entstanden innerhalb des Dorfes zahlreiche Gärtner- und Häusleranwesen, außerhalb im Bereich von Nebenfluren die Streusiedlung der Kohlung, die Zellhäuser und die Waldhäuser. Ein für Bergmannsfamilien typisches Nebengewerbe war im 19. Jh. die als Heimarbeit ausgeübte Zigarrendreherei.

Innerhalb der Reichenbacher Flur selbst besaß nur die Grube Michaelis-Erbstolln am Seitenberg zwischen 1761 und 1805 eine gewisse Bedeutung. Die Reste ihrer Halden liegen 1 km südöstlich des Ortes unweit der Straße nach Großschirma. Zwischen 1840 und 1860 ruhte der Bergbau. Ein erneuter Bergbauversuch scheiterte 1874.

Die Demokratische Bodenreform im März 1946 brachte im Dorf nur wenig

Veränderungen, da kein Großgrundbesitz bestanden hatte. Um den damaligen Forderungen zur Sicherung der Ernährungsgrundlage gerecht zu werden, rodete man 202 ha Staatsforst und stellte diese Flächen, von denen später wieder ein Teil aufgeforstet wurde, zehn Neubauern sowie landarmen Bauern zur Verfügung. Die zugehörigen Neubauernstellen befinden sich weit außerhalb der Ortsflur zu beiden Seiten der Autobahn Dresden—Karl-Marx-Stadt. Wichtig für die weitere gesellschaftliche Entwicklung wurde die Gründung der Landwirtschaftlichen Produktionsgenossenschaft Pionier (Typ III) am 27. 11. 1955, die zunächst 7 Mitglieder mit 28 ha Fläche, 1958 schon 19 Mitglieder mit 108 ha aufwies. Zu ihr gesellte sich 1972 die am 1. 4. 1960 gegründete LPG Silberblick (Typ I). Zu dieser Zeit hatte, nach Aufnahme der Seifersdorfer Genossenschaften, die LPG Pionier eine Größe von 980 ha erreicht. 1975 erfolgte ihr Zusammenschluß mit der LPG Albert Funk in Großschirma (2100 ha), die heute in Reichenbach Milchvieh und Schweine hält. 1976 wurde die Pflanzenproduktion an die LPG Am Zellwald in Obergruna abgegeben, die nun über 4000 ha landwirtschaftliche Nutzfläche verfügt. Reichenbach ist Mitglied des Gemeindeverbandes Am Zellwald. A 4

Kirchlich gehört Reichenbach zu Langhennersdorf. Der Bau einer eigenen Kirche, eigentlich eines Bethauses, in dem einst nur viermal im Jahr Gottesdienst abgehalten wurde, erfolgte 1727/28 auf Bemühen des aus Reichenbach stammenden Pfarrers Christoph Heym. Der kleine, dreiachsige, mit einem Krüppelwalmdach und einem einfachen Dachreiter versehene Saal weist im Inneren eine durchlaufende Empore und einen Kanzelaltar auf. Die jetzige Ausmalung mit der Gestaltung der Emporenfelder stammt von 1928/29. Auf dem Friedhof fanden KZ-Häftlinge ihre letzte Ruhestätte (s. A 12). Eine Schule besitzt Reichenbach seit 1660. 1834 weihte man eine neue Schule ein (1866 erweitert). Durch den anschließenden Neubau 1970/71 wurde Reichenbach auch Schulort für Groß- und Kleinvoigtsberg, Hohentanne und Seifersdorf.

Im Gegensatz zu anderen Dörfern der Umgebung bestimmen noch heute zahlreiche Fachwerkhäuser das Dorfbild, von denen viele unter Denkmalschutz stehen. Einige von ihnen wurden um 1700 erbaut, wie das Wohnhaus der ehemaligen Schmiede, welches S-förmige Andreaskreuze und eine Schwelle mit Libellenschnitt aufweist. Andere stammen aus dem 19. Jh. Zu ihnen gehören mit Krüppelwalmdächern das Erbgericht (1828) und Nr. 66, die alte Försterei (1802), wobei bei ihr diese Dachform im Kreisgebiet erstmalig ausgebildet worden ist. Eigenheime und Um- und Ausbauten älterer Gebäude prägen ebenfalls das Bild dieser Wohngemeinde. Wohnhäuser entstanden auch an dem großen Waldbad mit Parkplatz an der Autobahn.

Großvoigtsberg, Kreis Freiberg, A 5

als Waldhufendorf im oberen, flacheren Teil eines kurzen Seitentales der Freiberger Mulde in Höhen zwischen 300 und 360 m angelegt, wird erstmalig 1224 als *Vogilsberg* (1382 *Vogilsberge*, 1432/33 *Foilsberg*, 1530 *Groß Voytsbergk* = Bergsiedlung mit reichem Vogelflug, umgedeutet zu Bergsiedlung des Vogtes) in einem Rechtsstreit zwischen dem Kloster Altzella und den Rittern von Nossen

A 5 erwähnt. Der gefällte Schiedsspruch, wonach das Dorf dem Kloster zustand, läßt den Schluß zu, daß es schon vor 1170, dem Todesjahr des in der Urkunde erwähnten Bischofs, bestanden hat. Großvoigtsberg gehörte damit zu den Rodungsdörfern Markgraf OTTOS und war Teil seiner Klosterschenkung.

Mit Aufhebung des Klosters Altzella 1540 gelangte der Ort in den Besitz des Landesherrn, der ihn aber 1555 an ULRICH MORDEISEN verschrieb. 1590 wird er als zum Amt Nossen gehörig bezeichnet. Kirchlich war Großvoigtsberg stets Großschirma angeschlossen. Ein Bittgesuch zum Bau einer eigenen Kirche zugleich auch für Kleinvoigtsberg wurde 1784 abgelehnt. Anders war die Schulsituation. Hier verfügte der Ort mindestens seit 1664 über eine entsprechende Einrichtung, die 1802 im Haus Dorfstraße 56 ein neues stattliches Gebäude erhielt.

Im Bereich des Dorfes wurde 1714 die Grube Christbescherung an den Bergbauunternehmer JOHANN CHRISTOPH BORMANN verliehen. Ihre erste große Blütezeit lag zwischen 1731 und 1799. Im Jahre 1792 beschäftigte sie 98 Bergarbeiter. 1824 erfolgte der Zusammenschluß mit dem Ursula-Erbstolln, der nördlich des Dorfbaches lag. Durch die Einbringung des Treue-Sachsen-Stollns im Jahre 1834 konnte eine zweite Blütezeit eingeleitet werden, die bis 1908 andauerte. Nach 1923 fand nochmals ein kleiner Grubenbetrieb statt.

An der Einmündung des Dorfbaches in die Mulde arbeitete seit etwa 1745 ein Pochwerk mit Erzwäsche für die Grube Christbescherung. Etwas südlich davon erfolgte 1788 der Bau einer „Wasserhebe-Maschine". Sie hob mittels eines 11 m hohen Wasserrades einen Teil des Aufschlagwassers für das Kunstrad der Grube vom unteren bis auf den 30 m höher gelegenen Kunstgraben. Die Reste des etwa 3 km langen, sehr breiten, auch für den Erzkahntransport angelegten Kunstgrabens zwischen der ehemaligen Wäsche und Großschirma sind noch gut zu erkennen. Das Mundloch der Aufschlagrösche von 1825 zum Kunstschacht der Grube, die Halde des Treibeschachtes sowie der südlich des Ortes gelegene Christbescherunger Zechenteich blieben ebenfalls erhalten.

Die Einwohnerzahlen zeigen enge Beziehungen zum Bergbau und steigen mit dessen Intensivierung im 18. und 19. Jh. 1510 werden lediglich „43 besessen Mann" mit insgesamt 25 Hufen Land genannt. 1817 wies Großvoigtsberg 80 Häuser mit 590 Einwohnern, darunter 17 Bauern, 26 Gärtner und 37 Häusler, auf, 1834 schon 128 Häuser mit 919 Bewohnern. In den letzten Zeitraum fällt die Anlage des durch Gärtner- und Häusleranwesen gekennzeichneten Neudörfels auf Flächen nordöstlich des Dorfes sowie des zu Großvoigtsberg gehörenden Anteiles der Kohlung (s. A 4). Mit dem Häuslerzuzug in Zusammenhang steht eine weitgehende Zersplitterung des Grundbesitzes, so daß 1827 nur 6 Bauern zusammen 9,5 Hufen besaßen. Die restlichen fast 16 Hufen verteilten sich auf 63 Besitzer. Diesen Charakter eines Bauern- und Bergarbeiterdorfes behielt Großvoigtsberg auch nach Fertigstellung der Eisenbahn Freiberg—Nossen 1873. Versuche zur Ansiedlung von Industrie scheiterten an der ablehnenden Haltung des Gemeinderates. Erst in unserem Jahrhundert ließ sich in Bahnhofsnähe unweit der hier den obersten Ortsteil schneidenden F 101 eine bescheidene Industrie nieder: heute ein Fertigungsbereich des VEB Bodenbearbeitungsgeräte Leipzig und ein Betonwerk der PGH Hochbau Freiberg. Am früheren Bahnhof liegen auch die Bäuerliche Handelsgenossenschaft (BHG) und die Lagerhallen des Agrochemischen Zentrums. Großvoigtsberg ist Mitglied im Gemeindeverband Am Zellwald. A 5

Im Dorf zeigen einige Häuser noch ihre ursprüngliche Fachwerkarchitektur. Das durch eine Schwelle mit Schiffchenkehlenprofil und verputzten Andreaskreuzen ausgezeichnete Fachwerkhaus Dorfstraße 98 — um 1670 errichtet — gehört zu den ältesten Fachwerkgebäuden des Kreises. Von den anderen geschützten Objekten sollen das Torhaus der an der F 101 gelegenen Gaststätte Schwarzer Bär vom Ende des 18. Jh. und das kleine Häuslerhaus Dorfstraße 58, bezeichnet 1776, hervorgehoben werden.

Mit der Befreiung vom Faschismus, die am 7. 5. 1945 durch sowjetische Truppen erfolgte, begann auch in Großvoigtsberg eine Entwicklung, die 1960 zum vollgenossenschaftlichen Dorf führte. Durch die Aufteilung von 128 ha Boden des Erbgerichts wurden 1946 zehn Neubauernstellen geschaffen. Am 1. 4. 1955 schlossen sich fünf Neubauern zur LPG Rosa Luxemburg (Typ I, 1957 Typ III) zusammen, deren Mitgliederzahl sich bis 1959 verdreifachte. 1959 erfolgte die Gründung der LPG Zuchtgemeinschaft (Typ I). 1969 vereinigten sich diese LPGs; ab 1975 spezialisierte sich die Genossenschaft auf Tierproduktion, während die Pflanzenproduktion von der LPG Am Zellwald Obergruna übernommen wurde. Südlich des Ortes, in Nähe der F 101, entstand Ende der siebziger Jahre für das VEG Tierzucht Georgij Dimitroff in Hirschfeld bei Nossen der größte industriemäßige Standortkomplex der Tierproduktion des Freiberger Gebietes, eine Milchproduktionsanlage für rund 2500 Tiere sowie ein Jungviehstall.

Kleinvoigtsberg, Kreis Freiberg, A 6

als Bauerndorf um 1160 gegründet, entwickelte sich im 18. und 19. Jh. zu einer heute noch erkennbaren typischen Bergarbeitersiedlung. Benachbart zur hohen Halde mit den denkmalgeschützten Anlagen des Einigkeiter Treibeschachtes der Grube Alte Hoffnung Gottes liegen in einem nur 1 km langen, von 260 m auf 350 m ü. NN steil ansteigenden Seitental der Freiberger Mulde dicht gedrängt Gärtner- und Häuslergebäude neben einzelnen Bauernhöfen, zu denen sich neuerdings auf der Hochfläche zahlreiche Einfamilienhäuser gesellen. Teil von Kleinvoigtsberg sind auch die östlich Großvoigtsberg gelegenen Ursulahäuser an der gleichnamigen Grube, die seit 1737 aufgefahren wurde. Abseits jeder wichtigeren Straße wurde das Dorf in Ortsmitte vom Freiberger Fußsteig oder Siebenlehner Semmelweg gekreuzt, der weiter nach Hohentanne führte.

1224 als *minor Vogilsberg* in den auch Großvoigtsberg betreffenden Streitigkeiten (s. A 5) erwähnt, gehörte Kleinvoigtsberg (1501 *clein Voglsperg*, 1530 *Kleyn Voytsbergk*) zum primären Klosterbesitz Altzellas, wobei die Grenze der Ottoschen Schenkung vom Pietschbach zur Mulde nördlich des Dorfes durch den Emmerichgrund verlief; 1555—87 gehörte es zum Besitz von Ulrich Mordeisen, danach zum Amt Nossen. Die Abgaben und Frondienste mußten bis 1836 am Fürstenhof in Loßnitz (s. B 27.1) geleistet werden.

Durch den Dreißigjährigen Krieg wurde Kleinvoigtsberg das Wüste Dorf, das 1646 durch 7 Bauern eine Neubesiedlung erfuhr. Infolge des Bergbaus nahm die Einwohnerzahl rasch zu. Deshalb trennte sich Kleinvoigtsberg 1838

A 6 schulisch von Großvoigtsberg. Der damalige Schulbau ist in Nr. 29c erhalten. Seit 1967 erfolgt der Unterricht zentral in Großvoigtsberg bzw. in Reichenbach. Um 1885 hatte das Dorf mit 483 Personen seine höchste Bewohnerzahl. Bereits 1564 waren die Silbererzgruben Molchen (am Heinzenberg) und Kaphan in Gang. Anfang des 18. Jh. kam der Alte-Hoffnung-Gottes-Erbstolln in Aufnahme. Er stand von 1741 bis 1928 ununterbrochen in Betrieb. Sein Silberausbringen betrug in diesen Jahren etwa 6% von dem des gesamten Freiberger Bergbaus im gleichen Zeitraum. Die Abbaue reichen bis zur 15. Gezeugstrecke (560 m unter Tage). 1934/35 kam es zu einer erneuten Bebauung der oberen Sohlen, die allerdings keine wirtschaftlich wichtigen Ergebnisse erbrachte.
Im oberen Ortsteil stehen, zum Teil auf Haldenboden, das von der Gemeinde vor wenigen Jahren restaurierte Huthaus (1769), die Bergschmiede (1773), der Pulverturm (um 1770), das Treibehaus (um 1780, ehemals mit Baulichkeiten der Dampfförderanlage von 1879) und dazugehörigem Schornstein (1879, 26 m Höhe). Seit 1952 vorgenommene Untersuchungen der Erzlagerstätte, denen der Förderturm auf dem Treibehaus seine Entstehung verdankt, brachten keinen Erfolg und wurden 1959 eingestellt. Heute gehören die Gebäude der Grube einem Betriebsteil des Freiberger Kondensatorenwerkes.
An der Mulde befinden sich die ehemaligen Aufbereitungsgebäude, von denen die Setzwäsche und spätere Scheidebank (1853, jetzt Ruine) sowie die Stoßherdwäsche (1855) noch vorhanden sind. 1741 legte man von der Christbescherunger Wäsche her (s. A 5) einen 2,5 km langen Kunstgraben an, dessen Reste mit dem Röschenmundloch ebenfalls noch zu sehen sind. 1773 entstand zwischen dem an der Mulde hängenden Kunstrad und dem Kunstschacht ein etwa 400 m langes Feldgestänge. Es diente zur Kraftübertragung vom Kunstrad zu den Pumpen im Kunstschacht, blieb aber nicht mehr erhalten. Im Ort selbst steht noch eine Vielzahl kleiner Bergmannshäuser. Das um 1700 errichtete, durch eine Schwelle mit Libellenschnitt hervorgehobene Fachwerkhaus Nr. 22 ist das älteste Gebäude des Ortes.
Da in Kleinvoigtsberg kein Großgrundbesitz bestand, wirkte sich die Demokratische Bodenreform hier nicht aus. 1958 erfolgte die Gründung der LPG Glückauf (Typ I), in der zunächst 13 Mitglieder 66 ha bewirtschafteten. Bis 1960 schlossen sich alle Bauern dieser LPG an, die 1974 mit der LPG in Großvoigtsberg vereinigt wurde. Ihr obliegt jetzt ausschließlich die Tierproduktion, für die ein Milchvieh- und ein Jungviehstall genutzt werden. Die Pflanzenproduktion führt die LPG Am Zellwald in Obergruna durch. Kleinvoigtsberg gehört zum Gemeindeverband Am Zellwald.

A 7 **Hohentanne,** Kreis Freiberg

In einem kurzen, von 280 m auf 340 m ü. NN ansteigenden Seitental der Freiberger Mulde wurde wahrscheinlich schon um 1160 das erst 1343 als *Hotanne* (1349 *zcu der Hotanne*, 1478 *Hoentan*, 1555 *Hohe Tanne*, 1630 *Hohentanne* = Siedlung am hohen Tann) erwähnte, zunächst einseitige Waldhufendorf angelegt. Gleich Burkersdorf (s. B 1) ist seine feudale Geschichte eng mit der der Herrschaft Bieberstein verknüpft, von welcher aus seine Gründung erfolgte. Bindungen zum gleichen Ort bestanden stets auch kirchlich. Eine eigene Schule ist seit 1730 nachweisbar. A 7

Die bergmännischen Unternehmungen bei Hohentanne hatten für den Freiberger Bergbau keine übermäßige Bedeutung. Von der Freiberger Mulde aus trieb man 1556 den St.-Jakob-Stolln vor, der noch im vorigen Jahrhundert die Grube Gottvertrauter Daniel entwässerte. Nach 1700 entstanden mehrere kleine Zechen, die alle auf Silber bauten. Die bedeutendste Grube, der Gottvertraute Daniel, lag am nördlichen Ortsrand. 1786 erhielt sie einen Pferdegöpel, der besonders zur Wasserhaltung benutzt wurde. Das Bergbaurecht der Grube erlosch 1899 mit dem Eingehen der Zeche Gesegnete Bergmannshoffnung zu Obergruna, der sie zuletzt als Beilehn angehört hatte. Südlich des Ortes befindet sich an der Mulde das verbrochene Mundloch des Dresdner-und-Freiberger-Gesellschaft-Erbstollns. Wegen zu geringer Erze, Brunnenzäpfungsstreits (Streit um die Wassernutzung) und Betrugs durch den Grubenvorsteher mußte sie 1853 ihren Betrieb einstellen. Ein Kalkvorkommen im Bereich dieser Grube wurde um 1800 vom Erbrichter zu Hohentanne ausgebeutet. Um 1866 stand noch der dazugehörige Kalkofen zwischen Rothenfurth und Hohentanne an einem Feldweg.

Neben der bäuerlichen Bevölkerung ließen sich in Hohentanne zahlreiche Bergleute nieder, die im Ort oder in Nachbardörfern Arbeit fanden. 1764 wies das 16 $^3/_4$ Hufen umfassende Dorf entsprechend viele Häuslergrundstücke (Anhang D) parallel zur Bauernzeile auf. Das einzige wohlerhaltene Fachwerkgebäude dieser Zeit ist das um 1710 erbaute kleine Wohnhaus Nr. 29. Ausschließlich aus Häusler- und Gärtneranwesen bestehen der auf Hohentanner Flur gelegene Anteil der Teichhäuser (s. A 15) sowie die östlich anschließenden Haidehäuser, früher als *Haida* bezeichnet. Beide Streusiedlungen entstanden in der zweiten Hälfte des 18. Jh.

Als mit der Beseitigung der Grundherrschaft in Sachsen die Unterordnung unter das Rittergut Bieberstein hinfällig wurde, gelangte Hohentanne zunächst unter die Verwaltung des Amtes Freiberg, 1856 unter die des Gerichtsamtes Nossen und 1873 unter die der Amtshauptmannschaft Meißen, erst 1940 zu der von Freiberg. Da kein Großgrundbesitz bestand, die Nutzfläche des Erbgerichts betrug 58 ha, wirkte sich hier die Bodenreform 1945/46 nicht aus. Am 21. 5. 1960 begannen die Bauern Hohentannes sich in der LPG Grüne Tanne (Typ I) zusammenzuschließen. Bald erfolgte die Kooperation mit der LPG Vereinte Kraft in Bieberstein, später die Vereinigung mit der LPG Rosa Luxemburg in Großvoigtsberg. Hohentanne gehört zum Gemeindeverband Am Zellwald.

Mobendorf, Kreis Hainichen, **A 8**

zu dem einige Ausbauten, darunter das ehemalige Vorwerk Ottilienhof und die Streusiedlung an der Vorderen und Hinteren Ruth, gehören, ist ein Waldhufendorf in einer durchschnittlichen Höhenlage von 310 bis 350 m ü. NN. Es wurde vor der Gründung des Klosters Altzella, also vor 1160 angelegt und 1428 als *Obirndorff* (1442 *Moberndorf*, 1447 *Oberdorff*, 1542 *Mobendorff* = zum oberen Dorf) urkundlich erwähnt. Nach der Säkularisation des Klosters 1540 gelangte

A 8 Mobendorf 1555 in den Besitz von ULRICH MORDEISEN, 1587 als kurfürstliches Dorf zum Amt Nossen. Es besitzt keine Kirche und gehört zur Parochie Pappendorf. Das durch Andreaskreuze und Schiffchenkehlenprofilierung in der Schwelle ausgezeichnete Fachwerkhaus Mobendorf Nr. 9 ist das älteste Gebäude des Dorfes (um 1670).

Mehrere unbedeutende Gruben bauten besonders im 18. und 19. Jh. auf Silbererze. 1729 war der Grüne-Wiese-Erbstolln auf CASPAR HOFMANNS Gütern und 1815 der Glücksonne-Erbstolln gangbar. Der vorwiegend landwirtschaftliche Charakter des Ortes wurde in der Vergangenheit ergänzt durch die Produktion einiger an der Großen Striegis gelegenen Mühlen. So war die Wiesenmühle, heute Betriebsferienheim, im 19. Jh. zeitweise eine Spinnerei. Die flußabwärts folgende Neuheumühle, in der jetzt das Petrolchemische Kombinat Schwedt einen großen Ferienkomplex für Kinder aufgebaut hat, diente früher als Schafwollspinnerei, und nur die Heumühle, bei der eine der wenigen Straßenüberquerungen der Großen Striegis möglich ist, blieb ihrer ursprünglichen Bestimmung als Getreidemühle treu.

In Mobendorf zersplitterte sich anfänglich die genossenschaftliche Arbeit der Landwirtschaft. Nach der Entstehung der beiden LPGs vom Typ I (Vorwärts am 16. 12. 1957 und Frohe Zukunft am 24. 4. 60) folgte am 26. 4. 1960 die Gründung der LPG Große Striegis (Typ III). Diese drei Genossenschaften wurden vom 1. 1. 1968 an vorübergehend bis 1971 (s. A 1) von der inzwischen in Mobendorf außerdem gegründeten LPG Albrecht Thaer übernommen. Die Ackerflächen der Orte westlich der Großen Striegis von Pappendorf bis Riechberg bewirtschaftet jetzt die LPG Pflanzenproduktion Hainichen. Mobendorf ist Sitz des Gemeindeverbandes Striegistal.

A 9 Hölle

Im Striegistal (s. A 10) ist zwischen der Neuheumühle und der Heumühle der Mobendorfer Gneis gut aufgeschlossen. Er streicht von W nach O aus dem Frankenberger Gebiet bis etwa 1 km östlich des Striegistales. Gegen die altpaläozoischen Gesteine im N und S wird er durch Störungen begrenzt. Den Hauptteil des Gneiskörpers bilden grobkörnige, geflaserte Augengneise, die aus granitoiden Gesteinen hervorgegangen sind. Sie bilden 10—15 m hohe Klippen und führten zu der erheblichen Talverengung der Hölle. Nahe der Heumühle (s. A 8) ist eine bunte Folge von Paragneisen und Ortho- (aus Magmagestein hervorgegangenen) Amphiboliten aufgeschlossen, in denen SCHEUMANN (1924) Reste der ehemaligen Kontakthülle der granitoiden Gesteine sah. Die Entstehung des Gneises wurde in der geologischen Literatur mehrfach diskutiert. Die ersten kartierenden Geologen dieses Gebietes, wie ADOLF SAUER, AUGUST ROTHPLETZ, CARL GÄBERT, gelangten um die Jahrhundertwende zu der Auffassung, daß die kristallinen Gesteinszonen des Frankenberger Zwischengebirges ortsständig seien, aus dem tieferen Untergrund emporgepreßt und auf das benachbarte Altpaläozoikum fächerförmig aufgeschoben wurden. SCHEUMANN (1924) und BECKER (1928) vertraten die Ansicht, daß es sich bei diesen Gneisen um metamorphe Rotgneise des Erzgebirges handele, die als Deckscholle von S her über die ihrerseits selbst deckschollenartig verschobene altpaläozoische Schiefermasse nach N bewegt sein sollen. Neuerdings, so durch PIETZSCH (1963) und KURZE (1966), kehrte man jedoch zu der älteren Ansicht zurück, wobei die Emporpressung an das Ende der Sudetischen Phase der varistischen Gebirgsbildung gestellt wird (Anhang C). A 9

Von der Heumühle bis Goßberg schließen sich nördlich des Frankenberg-Mobendorfer Gneiszuges unterkarbonische Konglomerate an. Sie bilden vor allem im nördlichen Bereich der Hölle unterhalb der Heumühle markante Klippen und sind auch am südlichen Ortsrand von Goßberg gut aufgeschlossen. Die Konglomerate setzen sich aus meist groben Geröllen von verschieden gefärbten Quarziten, von Diabasen, Diabastuffen, Gneisen und Kalksteinen zusammen. Die Kalksteingerölle bilden etwa 10% des Gesamtbestandes und erreichen Durchmesser bis 40 cm.

In diesen meist dunkelgrauen Sedimenten wurde eine reiche devonische Korallen- und korallenähnliche Stromatoporenfauna nachgewiesen, wie *Amphipora ramosa*, *Aulocystis* cf. *alectiformis*, *Fasciphyllum* species, *Idiostroma* species (KURZE 1966). Diese Fauna deutet auf das Vorhandensein von Riffen im oberen Mitteldevon oder an der Wende Mittel-/Oberdevon hin, welche heute jedoch nirgends mehr anstehend nachgewiesen werden können.

Die meist gute Erhaltung der Gerölle schließt einen langen Transportweg aus. In einem Quarzgeröll fand HOFMANN (1962) röhrenartige Wohnbauten von wahrscheinlich anneliden (Ringel-, Glieder-) Würmern, welche für den Quarzit ein ordovizisches Alter als möglich erscheinen lassen. Als Liefergebiet der Gerölle kämen KURZE (1966) zufolge der südliche Schiefermantel des Granulitgebirges sowie Teile des Frankenberger Zwischengebirges in Betracht. Die Konglomerate sind auf jeden Fall als dem Unterkarbon zugehörig anzusehen. Während KURZE sie als Grundkonglomerate der jüngstunterkarbonischen Hainichener Schichten ansieht, trennt sie PAECH (1975) als präsudetisches Dinant (unterstes Karbon) von dieser Frühmolasse (s. Seite 8) des varistischen Gebirges ab.

Große Striegis A 10

Das 286 km² große Einzugsgebiet der 48 km langen Großen Striegis zwischen Zschopau und Flöha im W und der Freiberger Mulde im O ist um ungefähr 100 km² größer als das der ähnlich langen Bobritzsch (s. B 6). Nur etwa zwei Fünftel des Einzugsgebietes entfallen auf das untere Bergland des Erzgebirges. Damit unterscheidet sich das Abflußregime der Striegis erheblich von dem anderer Erzgebirgsflüsse; ihre Abflußspende ist mit 9—11 l/sec/km² merklich niedriger. Da es sich beim Hügellandanteil der Striegis um ein stärker beregnetes Luvgebiet handelt (s. Seite 4), lösen sommerliche Starkregen in dem großen Einzugsgebiet rasch Hochwasserwellen aus, die von den abtragungsanfälligen und teilweise stauvernäßten Lößen des Hügellandanteils zusätzlich beeinflußt werden.

Zusammen mit dem Erbisdorfer Wasser und dem Schirmbach (s. A 26, C 5) entwässern die Quellarme bei Langenau und im Bereich des Freiwaldes den westlichen Teil der Brand-Erbisdorfer Hochfläche. Flußabwärts durchmißt die

A 10 Große Striegis in markanten Kerbsohlen- und Sohlentalabschnitten, die kaum besiedelt sind, das Hügelland. Bei Berbersdorf mündet als größter Zufluß die Kleine Striegis ein, die bei Schönerstadt entspringt (s. Bd. 28, C 1) und aus einem Einzugsgebiet von 69 km² Größe einen mittleren Abfluß von 0,61 m³/sec einspeist. In Niederstriegis mündet die vereinigte Striegis, 181 m ü. NN, in die Freiberger Mulde, wobei der mittlere natürliche Abfluß am dortigen Pegel 2,6 m³/sec beträgt.

Von Wingendorf bis Böhrigen reicht das seit dem 12. 7. 1968 bestehende, 4233 ha große Landschaftsschutzgebiet Striegistäler, in dem Eisvogel und Wasseramsel vorkommen. Im nördlichen Abschnitt des LSG, besonders im Bereich des Frankenberg-Hainichener Zwischengebirges (s. Seite 8), treten vermehrt Pflanzenarten mit größerem Wärmebedürfnis auf. Es überwiegen Laubmischwälder, auf den weniger geneigten Flächen dagegen Fichtenforste. Südlich von Goßberg ist die Hügellandflora besonders ausgeprägt. Leinkraut (*Silene nutans*), Eisenkraut (*Verbena officinalis*), Schwarznessel (*Ballota nigra*), Felsennelke (*Petrorhagia prolifera*) und Pechnelke (*Viscaria vulgaris*) treten hier recht häufig auf. Im südlichen Abschnitt des LSG sind sie nur noch vereinzelt anzutreffen. Der Aronstab (*Arum maculatum*) hat in dem Mühlgraben der Hammermühle einen günstigen Standort gefunden. Die rötlich-violetten Kolben riechen nach Aas und locken Insekten an.

Das Tal der Großen Striegis zwischen Langenau und Oberschöna ist einschließlich der Seitentäler von St. Michaelis und Linda reich an Aromatischem Kälberkropf (*Chaerophyllum aromaticum*), der die Zugehörigkeit zum östlichen Teil des Erzgebirges bekräftigt. Der Geißbart (*Aruncus sylvestris*) ist hier im Gegensatz zum Oberreichenbacher Tal spärlich vorhanden und erreicht nur bei der Schrödermühle größere Anzahl. Doch wird das montane Element weiterhin durch den Hasenlattich (*Prenanthes purpurea*) im Talgrund bei der ehemaligen Barthelmühle vertreten, bei der Lochmühle auch durch die größere Anzahl der Verschiedenblättrigen Distel (*Cirsium heterophyllum*), und am Waldrand bei der ehemaligen Grube Sieben Planeten sehen wir die feingliedrigen Blätter der ursprünglich sicher viel weiter verbreiteten Bärwurz (*Meum athamanticum*). Erwähnenswert ist ferner das über die gesamte genannte Talstrecke zu beobachtende Vorkommen von Hallers Schaumkresse (*Cardaminopsis halleri*). An der rechten Seite des unzugänglichen Talstückes südlich vom Gut Linda ist ein Hanglaubwald anzutreffen, in dem man neben Schuppenwurz (*Lathraea squamaria*) auch reichlich Echtes Lungenkraut (*Pulmonaria officinalis*) und Süße Wolfsmilch (*Euphorbia dulcis*) vorfindet, Arten, die in diesem Gebiet nicht häufig sind. Ihnen schließt sich weiter oberhalb das wenig auffällige Moschusblümchen (*Adoxa moschatellina*) in beachtlicher Menge an.

Die am östlichen Talhang der Großen Striegis nahe der Straße Freiberg—Hainichen anstehenden Felsklippen gehören dem Glimmerschieferzug von Langenstriegis-Obergruna an. Dieser liegt lückenlos über den Gneisen der Niederschlager Serie (s. Seite 7) und wird nach oben von den Gesteinen des Frankenberger Zwischengebirges durch Störungen getrennt. Die mehrere 100 m mächtigen Glimmerschiefer stellen ein aus Quarz, Muskovit, Biotit und Granat bestehendes Paragestein (aus Sedimenten) dar, welches von Ton- und Schluffschiefern abgeleitet wird. Der Glimmerschieferzug trennt das Freiberger Gneisgebiet von dem nordwestlich davon gelegenen Zwischengebirgs-Paläozoikum. Sein Alter ist nach einigen Autoren (PIETZSCH 1963, HOFMANN u. LORENZ 1975) wahrscheinlich als kambrisch anzusehen, KURZE (1966) hält es zum großen Teil für tiefordovizisch. Exakte Belege zur Alterseinstufung fehlen bisher. A 10

Am östlichen Hang der Großen Striegis ist vor allem 200—300 m südöstlich der ehemaligen Hammermühle, des heutigen VEB Wattefabrik Riechberg, längs des Talweges eine unterkarbonische Wechsellagerung von Tonschiefern, Grauwacken und Konglomeraten von Flyschcharakter aufgeschlossen, worunter man fossilarme Sedimente versteht, abgelagert in den Vortiefen aufsteigender Faltengebirge. Im tieferen Teil der Abfolge herrschen dunkle Tonschiefer mit einzelnen Grauwackenlagen vor; nach oben hin nehmen Grauwackenbänke und gelegentlich Konglomerate zu. Das Geröllmaterial der Konglomerate setzt sich vorwiegend aus Grauwacken, Quarziten, Gangquarzen, Diabasen und Graniten zusammen, außerdem kommen Keratophyre (devonische Ergußgesteine), Kiesel- und Alaunschiefer, Gneise und Kalksteine vor. Im Bruch gegenüber der Hammermühle wurden vereinzelt in Kalksteingeröllen Korallen, Stromatoporen (s. A 9) und Schalenbruchstücke nachgewiesen, eine tabulate Koralle (verwachsene Kelche) wurde von HELMUT FLÜGEL als *Cyclochaetetes* bestimmt. Verfältelungen im Gestein deuten auf Sedimentgleitung hin, die gesamte Folge ist intensiv tektonisch verschuppt. Der tiefere Teil könnte oberdevonisch sein, im wesentlichen handelt es sich jedoch um Gesteine des tieferen Unterkarbons.

Quarzkeratophyr-Züge bilden vor allem an den Talhängen südöstlich der Wiesenmühle hoch aufragende Klippen (Teufelskanzel 342 m), die zu einem besonders reizvollen Landschaftsbild beitragen. Bei diesen Gesteinen handelt es sich um submarine saure Effusivgesteine. Sie sind massig ausgebildet und stark geklüftet. Ihr Alter ist nicht völlig sicher, da sie zwar stets zusammen mit unterkarbonischen Gesteinen auftreten, von diesen aber durch Störungsflächen getrennt sind. Vermutlich gehören sie dem Zeitraum Oberdevon bis Unterkarbon an. Von der Teufelskanzel aus bietet sich ein weiter Ausblick über das Striegistal aufwärts. Im Vorder- und Mittelgrund bilden unterkarbonische Schiefer und Grauwacken relativ flache Hänge, während der Hintergrund mit dem Bräunsdorfer Wasserturm durch morphologisch markante Höhenzüge des Glimmerschiefergebietes von Bräunsdorf und Riechberg beherrscht wird.

Heideberg A 11

Dicht nördlich der überackerten Anhöhe des Heideberges (355 m ü. NN) steht eine auffällige Linde; hier befinden wir uns auf dem Talzwickel zwischen dem unteren Berezbach und der Großen Striegis. Die Höhe ist Bestandteil jener etwa gleichhohen Plateauränder des Hügellandes, die sich nordwärts fortsetzen (Abb. 1) und starke Lößlehmüberdeckung aufweisen. Neben einem recht weiten Rundblick über das umgebende Hügelland sei das Augenmerk auf den hier morphologisch noch erkennbaren Erzgebirgsnordrand gerichtet: An einer Verwerfung entlang zieht eine von steinigen Verwitterungsböden aus Glimmerschiefern bestimmte, etwa 40 m hohe Landstufe nördlich vom Bräunsdorfer Wasserturm nach NO über den Waldhang des Huttenberges zum Galgenberg und bis ins

A 11 Quellgebiet des Herrenbaches. Der Herrenbach selbst und der Berezbach zwischen Langhennersdorf und Seifersdorf folgen exakt der Verwerfungslinie am Fuß der Landstufe (s. A 12).

A 12 Berezbach

Nahe dem oberen Ortsende von Langhennersdorf finden wir auf staunasser Hochfläche die beiden Quellarme des Berezbaches (387 und 390 m ü. NN), auch Berze genannt. Am unteren Ortsende biegt das sanfte Muldental rechtwinklig nach NO um und wird stark asymmetrisch. Von O kommt ihm in Seifersdorf der Herrenbach entgegen. Beide Täler folgen hier einer Verwerfungslinie, der geologischen und ökologischen Nordwestgrenze des Erzgebirges, wobei sich die markant steileren Talhänge aus widerstandsfähigen Glimmerschiefern aufbauen. Von Seifersdorf an richtet der Berezbach mit dem Eintritt in das Hügelland seinen Lauf wieder jäh nach NW. In einem etwa 30 m tieferen, mittel- bis steilhängigen Sohlentälchen, dessen rechte Flanke von Diabasen und dessen linke Seite vorwiegend von zum Teil lößlehmüberdeckten Unterkarbonkonglomeraten bestimmt ist, strebt er der Großen Striegis zu, in die er 272 m ü. NN bei Goßberg mündet. Dieser untere Abschnitt des etwa 10 km langen Tales ist Bestandteil des LSG Striegistäler (s. A 10). Der Wasserlauf verfügt infolge seines steinigen Bettes über ein hohes Selbstreinigungsvermögen, jedoch zeigte der 1981 schwache Fischbesatz, darunter mit Bachneunaugen, erhebliche Verschmutzungsschübe an.

Eine Gedenkstätte bei Goßberg im Tal des Berezbaches an der Straße nach Langhennersdorf erinnert an furchtbare Tage im Frühjahr 1945. Von Ende April bis zur Befreiung durch die sowjetische Armee kampierten in den Wäldern zwischen Goßberg und Reichenbach etwa 1000 jüdische Frauen verschiedener Nationalität eines Außenlagers des KZs Auschwitz. Nur mit dünner Kleidung und Decken versehen, waren sie schutzlos der Witterung ausgesetzt. Vollständig unterernährt gingen sie in die umliegenden Dörfer, um Nahrung zu erbitten, wobei einige von ihnen von Einwohnern versteckt wurden. 16 Häftlinge überstanden die Strapazen nicht oder wurden von der SS ermordet. Sie fanden in Reichenbach und in Hainichen ihre letzten Ruhestätten.

A 13 **Seifersdorf,** Kreis Freiberg

Das zweiseitige Waldhufendorf wird von dem von Langhennersdorf herkommenden Berezbach durchflossen, der im Ortsbereich 3 Mühlen trieb. Die Höhenlagen in der Flur schwanken zwischen 310 m ü. NN in Ortsmitte und 356 m am Heideberg (s. A 11) westlich des Dorfes.

Wohl um 1160 gegründet und der Klosterschenkung Markgraf Ottos zugehörig, wird *Sifirsdorf*, d. h. Dorf des Siegfried, 1248 erwähnt (1288 *Sivirtsdorph*, 1357 *Sifridesdorf*, 1428 *Syfirsdorff*, 1447/48 *Seiffritztorff*, 1500 *Seifferstorff*). Nach der Reformation gelangte der Ort 1544 an die kurfürstliche Ämterverwaltung, von 1555 bis 1572 vorübergehend an Ulrich Mordeisen. Einen erst im 18. Jh.

entstandenen Ortsteil stellen die Häuser am Lichtenstein dar. Errichtet auf Flächen verschiedener Güter, liegen sie unweit vom auf der Höhe von Langhennersdorf nach Goßberg führenden Freiberg—Roßweiner Steig. A 13
Wie in Reichenbach (s. A 4) waren früher unter den Einwohnern zahlreich Bergleute vertreten, deren Arbeitsstätten sich aber durchweg in den östlich benachbarten Orten befanden. Diese Situation verdeutlichen die 1764 im Dorf wohnenden 26 Häusler. Seine höchste Einwohnerzahl wies Seifersdorf um 1870 auf. Als Nebengewerbe war im 19. Jh. die Zigarrenmacherei vertreten.
Die wenigen Bergbauversuche auf der Ortsflur erbrachten nur unbedeutende Silbermengen. Östlich des Dorfes lag die Grube Seitenberg-Erbstolln. Ihre Grubenbaue erstreckten sich bis in die Reichenbacher Flur. Seit 1833 hob sie ihr Grubenwasser mit Hilfe einer Roßkunst, das heißt, der entsprechende Göpel wurde mit einem Pferd betrieben. Das Mundloch des Tiefen-Seitenberg-Erbstollns liegt in der Nähe der am unteren Ortsausgang von Seifersdorf stehenden Mühle. 1877 wurden nach Stillegung der Grube die Tagegebäude versteigert. Zu erwähnen ist der seit Beginn des 19. Jh. bis um 1955 in Betrieb befindliche Diabassteinbruch in der Ortsmitte, von dem 1925 bis 1934 eine Schwebebahn zum Bahnhof Großschirma führte.
Kirchlich war Seifersdorf stets Bestandteil der Parochie Langhennersdorf. Eine erste Schule wurde 1818 in dem von der Gemeinde angekauften und veränderten, aber schon 1775 erbauten Bauernhaus Nr. 45 eröffnet, dem man 1854 den überdimensionierten Dachreiter mit Glocke aufsetzte. Gegenwärtig erfolgt der Unterricht ausschließlich in Reichenbach.
Noch heute sind für das Dorfbild Fachwerkhäuser kennzeichnend, darunter zahlreiche Häuslergrundstücke in der Dorfaue. Die ältesten Gebäude finden wir im Hof Nr. 62 vom Ende des 17. Jh. vor. Hervorzuheben ist auch die noch geschlossen erhaltene Hofanlage Nr. 35 mit einem 1796 bezeichneten Torhaus und anderen, dem Ende des 18. Jh. zuzurechnenden Baulichkeiten. Von der im Erbgericht vorhandenen Gerichtsstube aus der zweiten Hälfte des 18. Jh. sind nur noch geringe Reste der Ausmalung erhalten, während der früher sich dort befindende Kachelofen in das Stadt- und Bergbaumuseum nach Freiberg übergegeführt wurde.
Seifersdorfer Bürger erhielten bei der Bodenreform 1945/46 Land der Nachbargemeinden Langhennersdorf und Reichenbach. Aus drei bäuerlichen Betrieben entstand 1955 die LPG Aufbau (Typ III) mit 115 ha, die sich bis 1960 auf 150 ha vergrößerte. 1959 kam es zur Bildung der LPG Neue Zeit (Typ I) mit 300 ha. 1966 bzw. 1970 vereinigten sich die beiden LPGs mit der in Reichenbach (s. A 4). Der an der Straße nach Reichenbach gelegene Milchviehstall gehört zur LPG Albert Funk Großschirma. Den Feldbau besorgt die LPG Am Zellwald in Obergruna. Seifersdorf gehört dem Gemeindeverband Am Zellwald an.

Großschirma, Kreis Freiberg **A 14**

Einen Höhenunterschied zwischen 290 m ü. NN im Tal der Freiberger Mulde und 390 m ü. NN beim Bahnhof der am 15. 7. 1873 eröffneten Strecke Freiberg—Nossen überwindet die 3,5 km lange Ortslage von Großschirma. Das Waldhufen-

A 14 dorf liegt innerhalb der Klosterschenkung Markgraf OTTOS. Der Ortsname (1224 *Scirmena*, 1300 *Schirma*, 1410 *Gros Schirme*, 1435 *zcur Grossen Schirme*, 1497 *Großschirma*) bedeutet, abgeleitet von dem slawischen *Čirmna*, Siedlung am roten Bach.

Die Erwähnung von 1224 erfolgte im Zusammenhang mit Besitzstreitigkeiten zwischen dem Kloster Altzella und den Herren von Nossen (s. A 5). Demzufolge hat Großschirma schon vor 1170 bestanden. Nach Aufhebung des Klosters gelangte das Dorf kurzzeitig an den Freiberger Rat, 1555 in den Besitz des Kanzlers MORDEISEN, 1587 in kurfürstliche Hände. Das Klostergut, um das Erbgericht und ein Nachbargut erweitert, war von nun an kurfürstliches Kammergut. 1636 wurde dieses zusammen mit dem Loßnitzer Fürstenhof (s. B 27.1) einem kurfürstlichen Amtsverwalter unterstellt. Zum Kammergut gehörten eine Schäferei, eine Schmiede mit Schankgerechtigkeit, der spätere Gasthof Ehrlich, und die Staubachmühle, wohin Mahlzwang für die umliegenden Ortschaften bestand. 1856 gelangte das Kammergut mit Umwandlung in ein Rittergut in Privatbesitz. Durch die Demokratische Bodenreform wurden am 5. 7. 1946 dessen 240 ha unter 15 Neubauern und weitere 84 Einwohner aufgeteilt.

Die relativ vielen Häusler, die Mitte des 16. Jh. gezählt wurden, sind mit dem Bergbau in Verbindung zu bringen. Als erster nachweisbarer Bergbauunternehmer besaß DANIEL MÜNZER 1513 die Rote-Grube-Fundgrube von heute unbekannter Lage. Im weiteren Verlauf des 16. Jh. wurden mehrere unbedeutende Gruben verliehen. 1701 machte eine Grube von sich reden, die Kurfürst FRIEDRICH AUGUST I. von Eigenlehnern kaufte, der Kurprinz-Friedrich-August-Erbstolln — kurz Grube Kurprinz genannt (Abb. 10). Die bis Ende des 19. Jh. guten Erzanbrüche auf dem Ludwig-Spat gestatteten den Bau umfangreicher Über- und Untertageanlagen. So entstand auch das Huthaus (Abb. 42), eines der schönsten und größten im sächsischen Bergbau, mit dem im Stil der frühen Neugotik gestalteten Unteren Wächter. Beide Gebäude sind typische architektonische Schöpfungen aus der Zeit der von Oberberghauptmann SIEGMUND AUGUST WOLFGANG VON HERDER geförderten Bergbauromantik, einer konservativen geistigen Strömung gegen die damals auch im Erzbergbau sichtbar werdenden Klassenauseinandersetzungen. Das Huthaus diente den Bergbehörden oft als Gästehaus. Das Morgengeläut seines Bergglöckchens hat MORITZ DÖRING 1831 angeregt, hier den Anfang des Bergmannsgrußes zu schreiben: „Das Glöcklein klingt, der Morgen graut ..." Auf dem oberhalb gelegenen Schreiberschacht entstand 1785 ein Pferdegöpel, der 1795 durch einen Wassergöpel ersetzt wurde. Unterhalb des Huthauses befand sich die Kurprinzer Pochwäsche an der Stelle des heutigen VEB Pappenwerk Großschirma. Am 1. 8. 1900 erfolgte die Einstellung des Bergbaus. Die Bleierzgruben Albert Funk betrieben nach 1945 noch einmal eine rege Erzförderung bis 1968.

Es folgt eine Auswahl bergmännischer Denkmale zwischen Großschirma, Kleinwaltersdorfer Bach und Münzbach:

1. Huthaus Kurprinz-Friedrich-August-Erbstolln (Großschirma Nr. 150): 1747 erbaut, Krüppelwalmdach, Holzfachwerk, Dachreiter mit Uhr um 1830.
2. Unterer Wächter (oberhalb des Huthauses): Erstes Drittel 19. Jh., neugotischer Holzbau auf Gneismauerung, früher mit Glocken für 2 Kunstgezeuge.
3. Pulverturm (ca. 200 m nördlich des Huthauses): zwischen 1795 und 1820.

4. Bergwerkskanal (vom Münzbach bis Großschirma am linken Muldeufer): A 14
1787—1808, in heutiger Form von 1823, ursprünglich über 5 km lang, zur Erzförderung mit Kähnen vom Kurprinz-Friedrich-August-Erbstolln zur Halsbrücker Hütte, gleichzeitig auch Kunstgraben für eine Wäsche und ein Hammerwerk am Kahnhebehaus (s. B 20), erhalten noch zwei Mundlöcher und die Schleusenkammern.
5. Zechenteich (in einem linken Seitental des Kleinwaltersdorfer Baches): 1749 angelegt, Teichdamm 1801—26 auf jetzige Höhe gebracht, Schützenhäuschen, Mundloch am Dammfuß mit Schlußstein CPFA 1801—26. Wasserlieferant (durch den oberen Kunstgraben) für den Schreiberschacht.
6. Mundloch des Vulkanusstollns (rechtes Ufer des Kleinwaltersdorfer Baches): um 1828, elliptisches Gneisgewölbe.
7. Münzbachkunstgraben und -rösche, oberer Kunstgraben: Röhrfahrt um 1785 angelegt, Münzbachwasser (für den Schreiberschacht) unterhalb der Neubaumühle abgezweigt und zum Tal des Kleinwaltersdorfer Baches gelei-

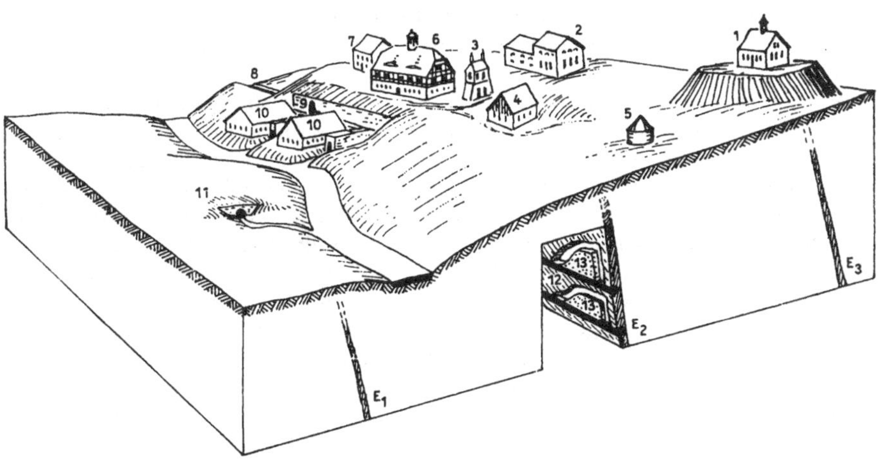

Abb. 10. Schematisches Blockbild der Grube Kurprinz in Großschirma im 19. Jahrhundert (Entwurf O. WAGENBRETH)

1 Schreiberschacht (Hauptförderschacht)
2 Constantinschacht
3 Kunstschacht
4 Bergschmiede
5 Pulverturm
6 Huthaus
7 Obersteiger-Wohnhaus
8 Bergwerkskanal (Aufschlagwasser für die Wasserräder über und unter Tage)
9 Mundloch für den Austritt des Wassers für die Erzwäschen
10 Pochwerke und Erzwäschen (seitlich die Radstuben für die Wasserräder als Antriebsmaschinen)
11 Mundloch des Annastollns

Unter Tage: E 1, E 2, E 3 Erzgänge,
E 2 durch Einschnitt in den Block flächenhaft freigelegt:
12 noch abzubauendes Erz
13 schon abgebaut und mit taubem Gestein verfüllt

 tet. Dort Anschluß zu dem seit 1749 bestehenden oberen Kunstgraben. 1827—35 die 560 m lange Münzbachrösche getrieben (unteres Mundloch am Nordrand des Fürstenbusches mit elliptischem Gneisgewölbe) und 1846 quer durch das Münzbachtal eine Röhrfahrt (Düker) gebaut, um Wasser aus dem Roten Graben in den Münzbachkunstgraben leiten zu können.

8. Kunstrad der Grube Kurprinz in Großschirma (im mittelschlägigen Kunstschacht erhalten): um 1860, 7 m Durchmesser, letztes eisernes Rad überhaupt.
9. Mundloch des Schwarzer-Mittag-Stollns (linkes Münzbachtal): vermutlich Anfang 19. Jh., Gneismauerung mit Korbbogen.

Die den oberen Ortsteil kreuzende F 101 verläuft wie die über Nossen gehende Leipziger Post- und Landstraße, so 1764 bezeichnet und um 1800 zur Chaussee ausgebaut. Vorrangige Bedeutung hatte bis ins 18. Jh. die über Reichenbach und Roßwein nach Leipzig verlaufende Straße, heute ein unbedeutender Weg. An sie erinnern nordwestlich des Ortes am Schindergraben zahlreiche Hohlweggleise. Als der im Mittelalter zwischen Freiberg und Nossen bestehende Weg ist die vom Unterdorf nach Freiberg führende Loßnitzer Straße zu bewerten, deren Nordfortsetzung, der Kirchweg, zum Erbgericht Großvoigtsberg weiterführte.

Bedeutendstes Architekturdenkmal Großschirmas ist die Kirche. Ihrem spätromanischen Ursprungsbau, vermutlich einer Saalkirche mit Chorquadrat und Apsis, gehört sicher der breite Westturm an. Im Gegensatz zum flachen Schiff weist der durch einen profilierten Triumphbogen abgesetzte, dreiseitig geschlossene Chor ein um 1500 eingebautes Netzgewölbe auf. Die spätgotische Ausstattung mußte spätestens 1832—34 dem jetzt wieder beseitigten Kanzelaltar weichen. Bis 1945 waren in dem durch den Februar-Luftangriff zerstörten Dresdner Altertumsmuseum noch zwei kleinere Großschirmaer Altäre niederländischer Herkunft sowie ein spätgotisches Glasfenster vorhanden. Spätgotische Einzelplastiken des Meisters des Altars von Geyer sowie von Philipp Koch verwahrt das Freiberger Stadt- und Bergbaumuseum. Am Friedhof erinnert eine Gedenktafel an die hier bestatteten polnischen Zwangsarbeiter A. Turkatowa († 11. 4. 1944) und A. Wrenczeski († 24. 2. 1945).

Infolge der günstigen Straßenanbindung waren in Großschirma bis ins 19. Jh. an einige Bauernanwesen Fuhrgeschäfte geknüpft. Unter den Fachwerkbauten Großschirmas muß das 1668 errichtete Seitengebäude des Pfarrhauses (17. und 18. Jh.) genannt werden. Das Bauernhaus Hauptstraße 96 wurde 1690 erbaut. Die alte Schule, 1839/40 errichtet, befand sich im Haus Hauptstraße 29. Neben der 1897 entstandenen zweiten Schule lag als Gemeindehaus das Hirtenhäusel mit dem Hirtenborn. Zwei Münzfunde wurden 1902 geborgen. Einer davon umfaßte 950 Stück Groschen des 13. und 14. Jh.

Als Einrichtung zur Unterstützung der werktätigen Bauern nahm am 13. 3. 1949 eine Maschinenausleihstation ihre Tätigkeit auf, 1953 zur Maschinen-Traktoren-Station und 1964 zum Kreisbetrieb für Landtechnik umgewandelt. Der ersten, am 4. 3. 1953 gegründeten LPG Albert Funk folgten später LPGs mit Namen Heimatliebe, Muldental und Traktor, die sich 1967—69 der älteren LPG anschlossen. Ihr obliegt heute die Tierproduktion. Die Ackerflächen bewirtschaftet die LPG Pflanzenproduktion in Obergruna.

In Großschirma, dem heute größten und wirtschaftlich bedeutendsten Dorf des Freiberger Landes, bildet den landwirtschaftlichen Schwerpunkt der Komplex am Bahnhof mit BHG, Kartoffelsortierplatz, den neuen Anlagen der Getreidewirtschaft sowie, an der Straße nach Langhennersdorf, dem Kreisbetrieb für Landtechnik Karl Marx. Hinzu gesellt sich ein Betriebsteil des Karl-Marx-Städter Kombinates für materiell-technische Versorgung. Daran anschließend ist auf der Hochfläche seit den dreißiger Jahren eine durch Eigenheime und mehrgeschossige Neubaublöcke erweiterte Wohnsiedlung entstanden. Zur Infrastruktur dieses Ortsteils zählen Gaststätte, Verkaufsstelle sowie die Tankstelle nahe der F 101, wo unterhalb in der Dorflage unweit mehrgeschossiger Wohnblöcke die Neubauten der Polytechnischen Oberschule (1982), des Landambulatoriums und der Kinderkrippe errichtet worden sind. Ortsabwärts folgt ein Fertigungsbereich des Leipziger VEB Bodenbearbeitungsgeräte. A 14

Im Unterdorf hat seit 1913 ein Betrieb seinen Standort, heute als VEB Pappenwerk Großschirma bekannt durch den Export von Bierglasuntersetzern. Ebenfalls im Unterdorf befindet sich im ehemaligen Erbgericht der Milchviehstall der LPG, während die Schweinemastanlage im oberen Teil des Ortes liegt. Sport- und Erholungszwecken dienen der Sportplatz in der Muldeaue und die Bungalowsiedlung am Südhang zum unteren Kleinwaltersdorfer Tal. An der Straße nach Loßnitz ziehen sich etliche Neubauerngehöfte hin. Großschirma gehört zum Gemeindeverband Am Zellwald.

Inmitten des von Bräunsdorf nach Großvoigtsberg streichenden Glimmerschieferzuges (s. A 17) befindet sich etwa 1 km nördlich von Großschirma eine Quarzitschieferlinse, die früher in kleinen Steinbrüchen abgebaut wurde. Das von Ackerland umgebene und mit Eichen- und Birkengehölz bedeckte, zernarbte Gelände trägt den Namen Steinberg. Hier geht die Langhennersdorfer Hochfläche sehr deutlich in den Hellen Grund und damit in den aufgeriedelten und ziemlich welligen Großvoigtsberger Plateaurand über (Abb. 1, Anhang A). Von der westlich an den Steinberg anschließenden Höhe 392 m ü. NN bietet sich ein beachtlicher Rundblick, besonders gegen W, N, O und SO, so bis hin zum Collmberg bei Oschatz oder zum Burgberg über dem Gimmlitztal.

Rothenfurth, Ortsteil von Großschirma A 15

Das um 1160 durch die Herren von Bieberstein gegründete einreihige Waldhufendorf stellt im Freiberger Gebiet die einzige im Tal der Freiberger Mulde angelegte Bauernsiedlung dar. Der Ortsname (1305 *Rodynphurde*, 1349 *Rotenfurte*, 1410 *Rotinfort*, 1449 *Rotenfurt*) bedeutet Siedlung an der roten Furt. Sicher waren rot verwitternde Erzgänge namengebend. Während die Höfe des 1764 25 $^1/_2$ Hufen umfassenden Dorfes am Hang oberhalb der Aue in einer Höhe von 300 m ü. NN angeordnet sind, liegen in Flußnähe 290 m ü. NN auf eine Länge von etwa 1 km dicht gedrängt Gärtner- und Häusleranwesen, die nicht selten unter Hochwasser zu leiden hatten. Marken am südlichen Ortsausgang vom 23. 3. 1827, 30. 7. 1897 und 4. 2. 1909 kennzeichnen Wasserhöchststände, bei denen das jetzige Straßenniveau, so 1897 um 0,8 m, überflutet war. Wie auch einige benachbarte Orte galt Rothenfurth in vergangener Zeit als ausgesprochene Berg-

A 15 und Hüttenarbeitersiedlung. 1958 vereinigten sich erste Bauern zur genossenschaftlichen Arbeit in der LPG Muldental (Typ I), die sich 1967 der LPG in Großschirma anschloß.

Zu Rothenfurth gehören das östlich einst von der alten Hufeneinteilung umschlossene Feldgut sowie ein Teil der an der Alten Meißner Landstraße 360 m ü. NN gelegenen Teichhäuser, die mit einem Gasthof in klassizistischen Bauformen von 1865 in der zweiten Hälfte des 18. Jh. als eine Streusiedlung für Berg- und Hüttenleute heranwuchsen und sich auch auf die benachbarte Flur Hohentanne ausdehnten. Am Muldehang, 1 km südöstlich der Dorflage, wurde in jüngster Zeit eine Bungalowsiedlung angelegt. Noch auf Rothenfurther Flur

Abb. 11. Ansicht der Altväterbrücke bei Freiberg, kolorierter Kupferstich erste Hälfte 19. Jahrhundert (mit freundlicher Genehmigung des Stadt- und Bergbaumuseums Freiberg)

liegen nördlich der Münzbachmündung einige Häusleranwesen und ein Umspannwerk. Die ebenfalls hier gelegene Rothenfurther Mühle war 1902 unter Nutzung des Unteren Roten Grabens als Elektrizitätswerk für die Hütte in Halsbrücke umgestaltet worden.

Eine Straßenbrücke über die Mulde nach Großschirma existiert erst seit 1880. Vorher mußte eine wenig unterhalb gelegene Furt benutzt werden. Fußgängern, unter ihnen auch dem Großschirmaer Pfarrer, diente der früher gegenüber der Kirche über die Mulde führende, aus Mitteln der Rothenfurther Kirche erhaltene Kirchsteig.

Obwohl Rothenfurth grundherrlich immer zum Rittergut Bieberstein gehörte, stand die Kirche stets im Filialverhältnis zu Großschirma. Sie enthält noch spätmittelalterliche Bausubstanz und wird von einem Dachreiter bekrönt. Ein dreiseitig gebrochener Chor begrenzt den kleinen Saal. Ihre schlichte Ausstattung verdankt sie dem Umbau von 1849. Das frühere Schulhaus am umgebenden Friedhof wurde 1824 errichtet. Unter den Wohngebäuden sind Nr. 32 und 39 wegen ihrer klassizistischen Fachwerkgestaltung zu nennen. A 15

Unterhalb des Ortes liegt unmittelbar an der Mulde das 1792 gemauerte Mundloch des Annastollns (s. B 20), welches 1980 vom VEB Bergsicherung Schneeberg wiederhergestellt wurde. Bis zur Wasserlösung des Halsbrücker Feldes durch den Rothschönberger Stolln im Jahre 1875 war dieser Stolln der tiefste dieser Gegend, obwohl er in Halsbrücke nur 10 m unter dem Muldetal einkam. Nahe der Alten Meißner Landstraße lagen schon im 16. Jh. die Gruben Anna und Altväter. 1690 wurden sie durch eine wasserbautechnische Meisterleistung berühmt: Um das Wasser des Münzbaches auf ihre Kunstgezeuge zu leiten, wurde ein Aquädukt, die sogenannte Altväterbrücke (Abb. 11), unter Benutzung der heute noch erhaltenen Straßenbrücke über die Mulde geführt. 1690 ließ man eine der schönsten sächsischen Ausbeutmedaillen mit dem Bild dieser Anlage prägen. Die Grube Isaak nutzte seit 1717 bis 1789 die Wasserleitung für ihre weiter östlich gelegenen Grubenbaue. 1893 sprengte man den Oberbau der Brücke. Nach Aufgabe der Grubenbaue von Anna und Altväter 1752 erfolgten nur noch kleinere Bergbauversuche auf Rothenfurther Flur. Die fiskalische Grube Kurprinz Friedrich August zu Großschirma (s. A 14) eröffnete hier 1863 mit dem Teufen des sogenannten Ferdinandschachtes erneut den Silberbergbau, der 1946—68 abermals aufgenommen wurde. Seine kegelförmig gestürzte Halde wurde für Straßenbauzwecke abgetragen.

Riechberg, Kreis Hainichen, A 16

nimmt ein linkes Seitental der Großen Striegis ein. Vom oberen Ort zieht sich ein in einer Streusiedlung endender Siedlungsast bis auf die Hochfläche. Im Striegistal, etwa 1 km nordnordöstlich des Dorfes, befinden sich der VEB Wattefabrik sowie der dazugehörige Wohnplatz Hammermühle unweit der zu einem Ferienheim umgestalteten Richtermühle. Die Hammermühle, benannt nach einem Besitzer Hammer, wurde 1802 zu einer Tuchfabrik umgewandelt. Bei Hammermühle führt eine alte, gewölbte Steinbrücke über die Große Striegis. Die Gaststätte Dorffrieden an der Landstraße nach Hainichen wird als Kinderferienlager genutzt. Riechberg ist Mitglied des Gemeindeverbandes Striegistal.

Als Waldhufendorf (Abb. 12) durch Markgraf Otto angelegt und zur Klosterschenkung gehörig, wird Riechberg erst 1428 als *Reichberg* erwähnt (1497 *Rechpergk*, 1501 *Richperg*, 1539 *Rechbergk*, 1549 *Rechbergk*, 1576 *Riechbergk*). Der Ortsname bedeutet entweder Siedlung am rauhen, steinigen Berg oder am Graben, am Abhang der Rinne (mhd. *rech* = rauh, steinig, trocken bzw. *rîhe* = Graben, Rinne). Bei der Säkularisation des Klosters im 16. Jh. wurde Riechberg Amtsdorf. Nach Zugehörigkeit zum Amt Nossen kam es in der zweiten Hälfte des 19. Jh. zur Amtshauptmannschaft Döbeln.

Trotz seines vorwiegend landwirtschaftlichen Charakters war in diesem Ort der Bergbau nicht unbedeutend. Etwa 1 km südöstlich des Dorfes, wo heute der Ortsteil Siegfried besteht, baute die gleichnamige Grube seit 1711 Silbererz

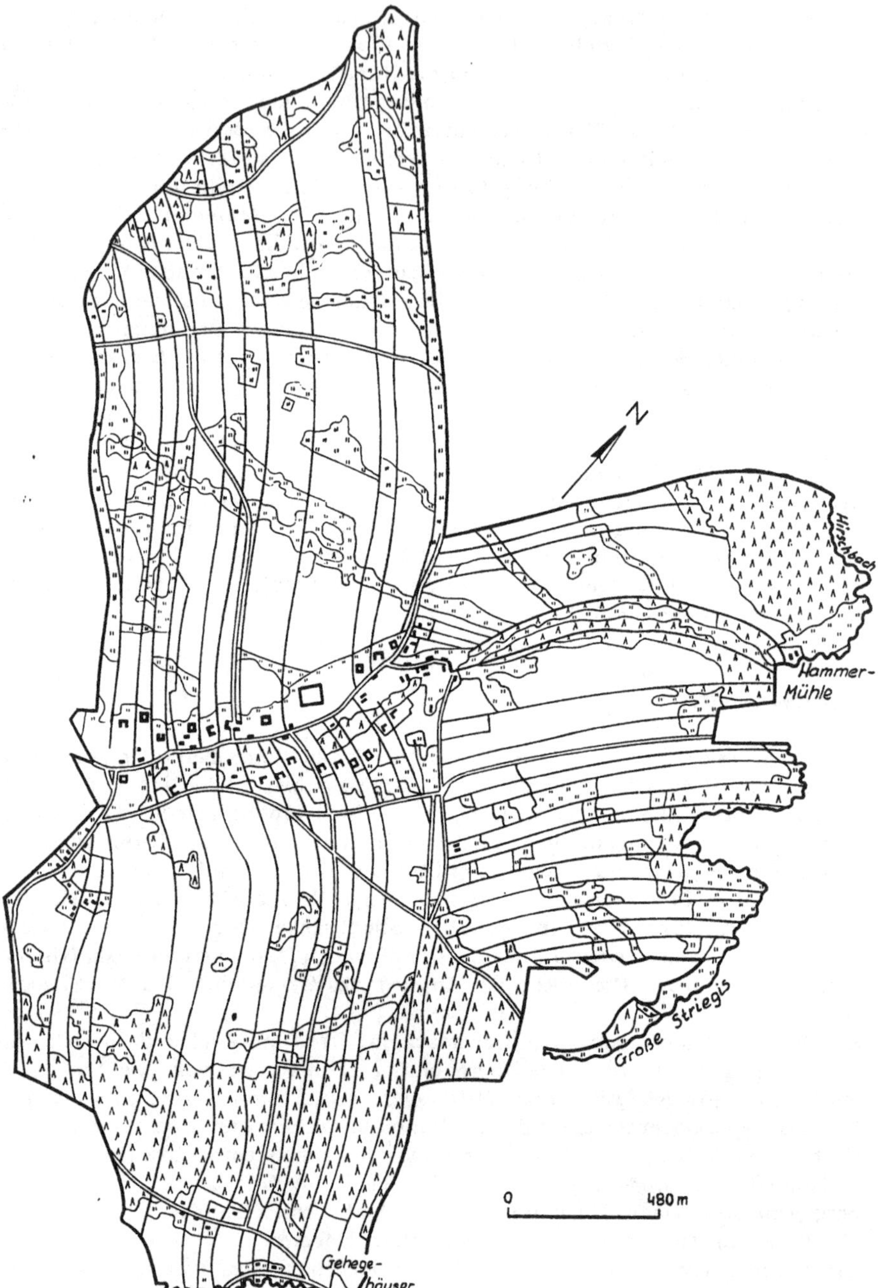

Abb. 12. Flur Riechberg (nach LANGER 1931)

ab. Hier stand die erste im sächsischen Bergbau verwendete Wassersäulenmaschine (s. C 12.3), von dem späteren Maschinenbaudirektor Johann Friedrich Mende im Mai 1769 für 318 Taler erbaut. Man entfernte sie aber bereits Anfang 1772 wegen nicht ausreichender Leistungen wieder und ersetzte sie durch ein Kunstrad von 12 m Durchmesser. An das Montanwesen erinnert auch noch der auf der Höhe hinführende Hammerweg.
Während der Demokratischen Bodenreform wurde der zum ehemaligen Erbgericht gehörende Grund und Boden aufgeteilt. Am 14. 11. 1957 entstand in Riechberg die LPG Neue Zeit (Typ III), der 1960 zwei LPGs (Typ I) mit den Namen Siegfried und Dorffrieden folgten. Seit den siebziger Jahren existiert im Ort ein Betriebsteil der mit Sitz in Pappendorf am 20. 5. 1971 gegründeten LPG Hermann Matern (s. A 1).
Auf der bewaldeten, als Tännicht bezeichneten Höhe etwa 500 m westlich von Riechberg liegen mehrere zum Teil mit Wasser gefüllte oder zur Schuttablagerung benutzte ehemalige Kieselschieferaufschlüsse. Das hier im vergangenen Jahrhundert als Wegeschotter abgebaute silurische Material ist heute noch an den oberen Hangpartien der Gruben sowie in Form von Lesesteinen zu finden. Es enthält Fossilien, die den jetzt ausgestorbenen Graptolithen (sägeblattähnliche Formen) und den Radiolarien angehören. Als Graptolithenfundpunkt Bockendorf-Riechberg wurde das Tännicht in der geologischen Literatur Sachsens bekannt, und in den geologischen Sammlungen ist viel Material von hier zu finden. Münch gab 1952 in einer seiner Graptolithenarbeiten u. a. folgende Arten an: *Monograptus priodon perneri, Monograptus veles, Pristiograptus initialis, Diversograptus ramosus, Spirograptus proteus, Streptograptus exiguus*. Sie, wie auch weitere Arten, belegen die Einstufung in die Zonen 12—17 (nach Lapworth) des Llandovery bis unteren Wenlocks. Diese Leitfossilien aus dem unteren Silur gestatten die zeitliche Einordnung der Fundschichten.
Vom Waldrand nahe den Kieselschiefergruben bietet sich ein schöner Ausblick in nördlicher Richtung das Striegistal abwärts. Die Höhen im Vordergrund bis Riechberg werden vorwiegend von devonischen Diabastuffen gebildet, die langgestreckten, nur wenig bewaldeten Höhenzüge bei Bräunsdorf dagegen von Glimmerschiefern und Gneisen (s. A 17). Diese nehmen auch die östliche Seite des Mittelgrundes ein, auf der der weithin erkennbare Wasserturm von Bräunsdorf steht. Die westliche Begrenzung bis in den westlichen Bereich des Hintergrundes hinein stellt der Höhenzug des Mobendorfer Gneises (s. A 9) dar, während der tief liegende bewaldete Mittelgrund von weicheren Sedimenten des Unterkarbons (s. A 10) gebildet wird. Die Aussicht wird im Hintergrund durch die langgestreckte Linie des Zellwaldes begrenzt, dessen Untergrund sich vorwiegend aus Phylliten aufbaut.

Bräunsdorf, Kreis Freiberg, mit **Zechendorf** — A 17

Das durch einen Rechtsstreit 1230 erstmalig erwähnte *Bruningesdorph* = Dorf des Bruning (1381 *Bruyningistorf*, 1447 *Brunigistorf*, 1501 *Breunsdorff*) hat durch die Verwüstungen des Dreißigjährigen Krieges sowie durch den Bergbau seinen Charakter als Bauerndorf völlig verloren. Bestimmend für das Ortsbild

A 17 des in einem kleinen Seitental zur Striegis befindlichen Ortes, zu dem auch der am Striegisosthang gelegene Ortsteil Zechendorf sowie westlich des Flusses die Gehegehäuser gehören, sind neben Gärtner- und Häusleranwesen auf der Hochfläche die Gebäude des einstigen Rittergutes und der weithin sichtbare Komplex des Martin-Andersen-Nexö-Kinderheimes.

Bis zur Reformation gehörte Bräunsdorf dem Kloster Altzella. Es war Teil der Klosterschenkung Markgraf OTTOS und gelangte nach der 1540 erfolgten Klosteraufhebung 15 Jahre später in die Hände ULRICH MORDEISENS, 1587 unter das Amt Freiberg. Nach 1638 wechselte Bräunsdorf innerhalb von fünf Jahren seinen Besitzer mehrfach. Nachdem der Kurfürst dann 1643 den Ort seinem Kammersekretär BURKHARD BERLICH erblich verliehen hatte, erklärte er ihn kanzleischriftsässig, also zum Gutsdorf. Im Erbgang kam das Rittergut 1670 an die Ehefrau des Leipziger Juristen ROMANUS TELLER, 1690 wird das fast völlig von der Riechberger Flur umgebene Gehege nordwestlich des Ortes als ein zum Gut gehörender Holzplan erwähnt.

Der seit Mitte des 16. Jh. nachweisbare Silberbergbau konnte sich erst nach dem Dreißigjährigen Krieg richtig entfalten. Seit 1664 wurden die alten Gruben wieder gangbar gemacht. Der Freiberger Bergmeister MELCHIOR MÄHDER beteiligte sich daran. Er besaß seit 1674 zwei Pochwäschen und eine Hütte im Striegistal. Zur 1673 entstandenen bedeutenden Grube Neue Hoffnung Gottes gehörte 1685 ebenfalls eine Hütte. 1735 gab diese Fundgrube 38 Taler Ausbeute pro Quartal auf einen Kux, der damals zu 350 Talern gehandelt wurde. Beim letzten Erbbereiten (s. Seite 22) im Freiberger Bergrevier im Jahre 1750 wurden Neue Hoffnung Gottes und Neuer Segen Gottes als Gruben mit sehr hoher Ausbeute feierlich vermessen. 1726 — lange vor Gründung der Freiberger Bergakademie (s. B 27.4) — schlug CHRISTIAN EHRENFRIED SEYFFERT (1683—1729) die Errichtung einer Schola Metallica (Bergschule) in Bräunsdorf vor.

Die Bräunsdorfer Gruben standen bis 1862 in regem Betrieb, wobei eine Abbautiefe von fast 300 m erreicht wurde. Seit 1673 haben sie über 481000 Gewichtsmark Silber mit einem Wert von 5119000 Talern gefördert. Bemerkenswert war ein geringer Goldgehalt. Überreste des Bergbaus sind außer den Halden auch das um 1750 errichtete Huthaus von Neue Hoffnung Gottes, ein großer Fachwerkbau mit Dachreiter, und der an der Wegefarther Mühle beginnende obere Kunstgraben mit seinen Röschenmundlöchern (18. Jh.). Darüber hinaus befindet sich im Dorfbachtal noch der Obere-Gesellschafter-Teich (Kunstteich, Zechenteich), der für den Bergbau angelegt wurde.

Die Halde am westlichen Ufer der Großen Striegis, gegenüber dem Neue-Hoffnung-Huthaus, enthält reichliches Gesteinsmaterial aus dem biszu 200 m mächtigen sogenannten Schwarzen Gebirge, einer Wechselfolge von Schwarzschiefer, kieseligem Schiefer, Porphyroid, Karbonat, Rotgneis und Glimmerschiefer, das wahrscheinlich dem tiefen Teil des Kambriums angehört. Überlagert wird sie von dem Glimmerschieferzug von Langenstriegis—Obergruna. Auf der Halde ist auch Material von Gängen der früher so benannten Edlen Quarzformation (eq) zu finden. Häufig ist Gangquarz, seltener werden Bleiglanz und andere Sulfide gefunden. Rotspießglanz, auch Kermesit genannt, für den die Neue-Hoffnung-Fundgrube einst bekannt war, ist heute ebensowenig nachzuweisen wie andere Antimonerze. An Gangarten treten vor allem die Minerale Flußspat,

Schwerspat, Kalkspat, Aragonit, Manganspat sowie Cölestin auf. Erzmineralien finden sich außer Markasit und Hämatit kaum noch. A 17

Der aufblühende Bergbau bewirkte eine Zunahme der Bewohner und den Bau von etwa 100 Häusern zwischen 1722 und 1760. Damals entstand abseits des alten Dorfes in einer Art Häuslerzeile die Bergarbeitersiedlung Zechendorf, deren eng gestellte Gebäude meist senkrecht zum Hang orientiert sind. Die zugehörige Niedere Schule befand sich in dem 1837 errichteten klassizistischen Fachwerkhaus Nr. 135; Nr. 134, um 1700 erbaut, war das Armenhaus.

Die fast vollständige Abhängigkeit vom in seinen Erträgen rückläufigen Bergbau bedingte um 1800 eine extreme Verarmung des Dorfes. Einem Steuererlaßgesuch von 1814 entsprechend „ist in den allermeisten Häusern kein Groschen geschweige ein Taler. ... In vielen Häusern ist kein Brot, kein Holz, kein Bett."

Zu dieser Zeit gelangte das Rittergut in den Besitz von F. R. G. Schubart von Kleefeld, einem Sohn des durch Einführung des Futterkräuteranbaus bekannten, 1784 geadelten Zeitzer Landwirtes. Im Gegensatz zu dem für Mitteleuropa bedeutenden Wirken seines Vaters ging unter ihm das Gut 1815 in Konkurs und wurde 1818 durch die sächsische Armenhaus-Hauptkasse erworben, die hier 1824 in der Zeit des aufstrebenden Kapitalismus eine Landeswaisenanstalt, 1832 eine „Korrektions- und Erziehungsanstalt für verwilderte, heimatlose und in gesetzliche Strafe verfallene Kinder und junge Verbrecher" einrichtete. Gleich wie in einem Strafhaus waren die Kinder und Jugendlichen der Willkür uniformierter, teils bewaffneter Aufseher und Zuchtmeister, meist ehemalige Unteroffiziere, ausgeliefert. Als Erziehungsmittel dominierte die Prügelstrafe. War ein Zögling geflohen, so wurden die Bewohner durch zwei Kanonenschüsse aufgefordert, diesen gegen 3 Taler Belohnung wieder einzufangen. Erst seit 1900 fanden, allerdings gehemmt durch die kapitalistischen Machtverhältnisse, in der nunmehrigen Fürsorge- und Erziehungsanstalt fortschrittlichere pädagogische Erziehungsmethoden Eingang. Zur Anstalt gehörte auch die benachbarte Kapelle, gegründet 1723 als Bet- und Schulhaus. Ihre heutige Gestalt verdankt sie dem Wiederaufbau 1826 nach einem Brand. Der Turm entstand erst 1905. Der Kanzelaltar des einfachen Innern weist in der Predella ein Tafelgemälde vom Anfang des 16. Jh. mit einer Abendmahlsdarstellung auf.

Der Gebäudekomplex des Rittergutes, seit 1963 zum Volksgut Tierzucht Hirschfeld gehörig, stellt ein Beispiel eines Großgutes vom Anfang des 19. Jh. dar. Das durch einen Dachreiter bestimmte große Gutshaus und die Scheune wurden 1843 errichtet, die alte Brauerei bestand seit 1760. Die gewölbten Stallungen gehören der zweiten Hälfte des 19. Jh. an. Das rückseitig gelegene Alte Gerichtsgebäude weist eine typische klassizistische Architektur auf.

Die nicht zuletzt durch die Anstalt geprägte soziale Struktur des Dorfes bewirkte, daß sich hier um 1900 eine Zelle der Sozialdemokratischen Partei bildete. Anfang der zwanziger Jahre organisierte sich auch die KPD aktiv. Es entstanden der Arbeiterturnverein Einigkeit, ferner der Arbeiterradfahrverein Solidarität.

Mit dem Aufbau einer neuen Ordnung nach 1945 erlebte die Erziehungsanstalt wesentliche Veränderungen. 1949 erhielt sie als „Landesheim und Jugendwerkhof" den Namen von Martin Andersen Nexö verliehen. Der Schriftsteller besuchte

A 17 das Heim 1950. 1959 begann die Umgestaltung zu einem Spezialkinderheim für Schüler der Klassen 2 bis 10, in dem die gesamte Arbeit von der Erziehung zu sozialistischen Persönlichkeiten bestimmt ist.

Das Wahrzeichen der den Ort umgebenden Landschaft (Bild 42), der Bräunsdorfer Wasserturm, steht seit 1910. Im gleichen Jahr wurden die Niedere Schule und die Obere des Hauptortes in einer neuen Zentralschule am Weg nach Zechendorf vereinigt, der heutigen POS Werner Seelenbinder. Ein kleines Elektrizitätswerk entstand im Striegistal an der Stelle der Unteren Wäsche.

Die wenigen Bauern des Ortes gründeten 2 LPGs, 1958 Frohe Zukunft und 1960 Wasserturm, die sich 1962 zur LPG Frieden vereinigten. Heute erfolgt die Tierproduktion durch die LPG in Langhennersdorf (s. A 18), die Pflanzenproduktion durch die LPG in Kleinschirma (s. A 27). Ein großer Teil der Bewohner arbeitet in Freiberg.

Recht deutlich unterscheidet sich Bräunsdorf — Mitglied im Gemeindeverband An der Striegis (s. C 3) — von der agrarischen Struktur seiner Nachbargemeinden. Beinahe städtisch mutet der hochgelegene Teil der Gemeinde um das Martin-Andersen-Nexö-Kinderheim an. Durch Landambulatorium (seit 1955), Gärtnerei, Rat der Gemeinde sowie Gaststätte, Verkaufsstelle, Kapelle und eine kleinere Anlage des VEG Hirschfeld hebt sich dieser Ortsteil von den kleinen Wohnhäusern ab, die sich in einem Seitental von der Striegis bis zum Kunstteich unweit der Straße nach Langhennersdorf heraufziehen. Im Ortsteil Zechendorf deuten Sportplatz, Pferdesportanlage, Kinderferienlager im Gasthof Striegistal sowie der Parkplatz als Ausgangspunkt für die Striegistalwanderung auf Erholungsfunktionen hin. Die oberhalb Zechendorfs gelegene Talmühle wird nur noch als Wohnplatz genutzt.

An der Straße nach Freiberg, ca. 250 m östlich von Bräunsdorf, markiert die Friedenslinde den höchsten Punkt des flachen Gneisriedels zwischen Langhennersdorf und dem Striegistal. Weit schweift von hier der Blick gegen S über den Striegistalfächer mit dem Bahnviadukt und dem asymmetrischen Kemnitztal bis zu den Höhen südlich von Langenau. Im SO und O schließen sich die einförmigen Hochflächen von Brand-Erbisdorf bis Langhennersdorf an, während im SW der Börnichen-Harthaer Rücken (Abb. 1) mit dem Wingendorfer Schäfereibusch steileres Relief anzeigt. Gegen N reicht das Blickfeld weit ins Hügelland bis zum Zellwald und zum Rossauer Großwald, bei guter Fernsicht gegen NNW sogar bis zum 43 km entfernten Collmberg bei Oschatz. Wenig nördlich des Bräunsdorfer Wasserturmes fällt der Riedel in einer kleinen Landstufe zum Hügelland ab.

A 18 **Langhennersdorf,** Kreis Freiberg

Das in der Agrarlandschaft beiderseits der Großen Striegis längste, sehr große (1764: 75 Hufen) zweiseitige Waldhufendorf liegt im oberen, hier flachen Tal des Berezbaches (s. A 12) zwischen 330 m und 380 m ü. NN. Heute befindet sich Langhennersdorf abseits jeder wichtigen Straße. Früher verlief durch die Nordflur und am Ortsrand der damals belebte Hoch- oder Leipziger Fußsteig, der bei der Kirche von der von Großvoigtsberg nach Bräunsdorf führenden Bergstraße, auch Alte Oederaner Straße geheißen, gekreuzt wurde.

Mit *Langinheinirsdorff* (1428), also zur Unterscheidung von Krummenhennersdorf als langgestrecktes Dorf des Heinrich genannt, 1495 *Langenhennersdorff*, 1555 *Langhennersdorf* bezeichnet, war im Mittelalter das Kloster Altzella belehnt. Als zentrales Kirchdorf, zu dem ständig Bräunsdorf, Seifersdorf und Reichenbach gehörten, kann man es sicher als Gründung Markgraf OTTOS ansehen. 1555 ULRICH MORDEISEN gehörig, wurde es 1587 vom Kurfürsten eingelöst und dem Amt Freiberg unterstellt. Einschneidend war für das Kirchspiel – und damit auch für das Dorf –, daß 1632 die meisten seiner Bewohner durch Infektionskrankheiten dahingerafft oder von kaiserlichen Truppen ermordet wurden. Wüste Güter existierten noch im Jahr 1768. A 18

Nachdem bereits 1512 der Bergbauunternehmer MERTEN LUFT zwei Gruben auf Silber baute, lassen sich 1583 und 1590 Versuche auf Goldbergbau nachweisen. Die südöstlich des Ortes gelegenen Halden gehören zu dem 1845/46 hier betriebenen Bergbau von Bergmännische-Hoffnung-Fundgrube. Langhennersdorfer Bewohner waren früher auch im Bräunsdorfer Bergbau tätig. 1838 fand ein großer Teil „sein Brod in den Fabriken von Fiedler in Wingendorf und in der Hammermühle". Dennoch blieb Langhennersdorf stets ein Bauerndorf.

Durch die Bodenreform wurden 1946 insgesamt 178,7 ha Fläche des Erbgerichtes aufgeteilt. Am späteren Mastweg entstanden 4 Neubauerngehöfte. 1954 schlossen sich die ersten Bauern zur LPG Florian Geyer vom Typ III zusammen. 1958 erfolgte die Bildung der LPG Otto Nuschke Typ I, am 1. 5. 1960 die von zwei weiteren gleichen Typs, Frieden und Einigkeit, die sich 1964 zur LPG Einigkeit verbanden. Alle Genossenschaftsbauern fanden sich bis 1969 in der ältesten LPG zusammen, die auch die Bräunsdorfer LPG (s. A 17) aufnahm. 1973 kam es zur Bildung einer Kooperativen Abteilung Pflanzenproduktion unter Einschluß (1974) der LPG Fortschritt Kleinwaltersdorf Typ III. 1975 wurde der Zusammenschluß mit der KAP Kleinschirma vorgenommen, der späteren LPG (s. A 27), von der sich am 1. 7. 1978 die LPG Tierproduktion Florian Geyer Langhennersdorf abtrennte.

Langhennersdorf ist Mitglied des Gemeindeverbandes An der Striegis. Mehrgeschossiger Neubau, Sportplatz, Gaststätte sowie eine Stallanlage konzentrieren sich im unteren Ort unweit der Kirche. Die stark auf Milchviehhaltung profilierte Tierproduktion der LPG vollzieht sich außer in kleineren Ställen in einem großen Milchviehstall östlich des mittleren Ortes. An der Abzweigung nach Wegefarth entstanden Lagerhallen für die Landwirtschaft. Zunehmend erstrecken sich der Um- und Ausbau der Wohnsubstanz sowie der Bau von Eigenheimen über die gesamte Gemeinde, aus der viele Industriebeschäftigte nach Freiberg zur Arbeit fahren.

Langhennersdorf besitzt die architektonisch bedeutendste Dorfkirche (Abb. 13) des Kreises. Vom spätromanischen Gründungsbau, an den im 13. Jh. die Wendelinkapelle angefügt wurde, ist noch der breite Westturm erhalten. Eingezogener Chor und Südportal gehören dem 15. Jh., das mit einem hohen, schlanken Dachreiter versehene Schiff und die Verlängerung der Wendelinkapelle dem Anfang des 16. Jh. an. 1530 wurde die Schatzkammer angebaut. Der kelchartige Taufstein trägt die Zahl 1560. Der restaurierte Barockaltar entstammt dem Umbau von 1721/22. 1722 wurde die noch teilweise original erhaltene Orgel eingeweiht. Sie ist das unter Aufsicht GOTTFRIED SILBERMANNS hergestellte Meisterstück

A 18 Zacharias Hildebrandts, der als einer der bedeutendsten mitteldeutschen Orgelbauer zu bewerten ist.

Zu dem die Kirche umgebenden Friedhof führt feldseitig ein altes Torhaus, neben dem am 13. 3. 1945 9 KZ-Häftlinge bestattet wurden, die auf einem vermutlich vom KZ Auschwitz in das KZ Buchenwald befindlichen Transport ums Leben kamen.

Im Pfarrgehöft, einem wirkungsvollen Ensemble der Fachwerkarchitektur, erhielt das mit Mannfiguren ausgestattete stattliche Pfarrhaus (Abb. 15) 1779 seine heutige Gestalt. An das Wirtschaftsgebäude ist ein funktionsfähiges Backhaus angebaut. Östlich vom Pfarrhaus liegt das dem 18. Jh. angehörende Kan-

Abb. 13. Langhennersdorf (aus Sachsens Kirchengalerie 1838)

torhaus, die alte Schule von Unter-Langhennersdorf. Die Schule von Ober-Langhennersdorf war ein 1835 errichtetes Fachwerkhaus (Nr. 57), in dem damals in zwei Klassen 120 Kinder unterrichtet wurden. Die heutige Polytechnische Oberschule befindet sich unweit davon (Nr. 59b).

Im Bereich zwischen Niederschöna, Großschirma und Langhennersdorf sind vor allem auf den Feldern als Lesesteine Grundschotter aus dem Grenzbereich Unter-/Oberkreide zu finden. Sie gehören als tiefstes Schichtenglied den Niederschönaer Schichten (s. B 10) an und wurden in einer heute mit Wasser gefüllten Grube auf der Höhe unmittelbar östlich von Langhennersdorf abgebaut. Diese Grundschotter, die in den höheren Teilen des Geländerückens durch ihre helle Farbe auffallen, gehören einem Flußsystem der Kreidezeit an und bestehen vorwiegend aus bis faustgroßen weißen Quarzgeröllen, zu denen noch Gangquarz, Quarzitschiefer, Gneis, Kieselschiefer, Porphyr, Diabas und ganz selten Amethyst kommen. Nach Prescher (1957) stammt das Material zum Teil aus dem

Westerzgebirge, so der Quarzitschiefer und der Amethyst, teilweise aus dem Freiberger Gebiet, hauptsächlich aber aus dem Nossen-Wilsdruffer Schiefergebirge. Möglicherweise wurde ein Teil der Quarze auch aus dem Gebiet von Frauenstein herantransportiert. A 18

Die Feldfluren bei Langhennersdorf und Großschirma bewohnen Grauammer, Ortolan, Schafstelze und Kiebitz. Auch Raubwürger sind als unregelmäßig auftretende Brutvögel zu finden. An Kleinsäugern kommen die Feldspitzmaus (*Crocidura leucodon*) und die Gartenspitzmaus (*Crocidura suaveolens*) vor, verbreitet ist der Goldlaufkäfer (*Carabus auronilens*).

Loßnitz-Forst A 19

Der 4 km² große Loßnitz-Forst — auch als Fürstenbusch bekannt — bedeckt die mäßig geneigten Hänge des 40—50 m tief eingeschnittenen Kleinwaltersdorfer Bachtales sowie Teile des flachen Riedels zum Münzbachtal hin. Mit Ausnahme dieses teilweise stauvernäßten Riedels überwiegen Gneis-Braunerden. Trotz vorherrschender Fichtenforsten bietet die Loßnitz ein recht abwechslungsreiches und gepflegtes Waldbild. Neben einer guten Alterszusammensetzung der Bestände und bei geringen Schlaggrößen beleben nahezu alle Laubhölzer das Waldbild. An Nadelhölzern sind zudem noch Lärchen, Kiefern und lokal Weymouthskiefern eingestreut. Der Kleinwaltersdorfer Bach, in dem relativ häufig Bachneunaugen auftreten, ist Fischaufzucht- und Schongewässer. Der Deutsche Anglerverband der DDR bewirtschaftet auch den etwa 1,5 ha großen Zechenteich (s. A 14) und setzte den auf dem Riedel angelegten 0,75 ha großen Schwarzen Teich instand.

Nordöstlich des Zechenteiches liegt am östlichen Talhang des Kleinwaltersdorfer Baches ein verwachsener Steinbruch, in welchem im 19. Jh. Quarzporphyr abgebaut wurde. An der langgestreckten Anlage mit dem relativ schmalen Aufschluß ist zu erkennen, daß es sich um einen maximal 10 m mächtigen, SW—NO streichenden Porphyrgang handelt, der vom Nonnenwald bis Halsbrücke zu verfolgen ist. Er gehört zu den Quarzporphyrgängen, die als Zeugen eines Vulkanismus aus der Zeit des Endes der varistischen Gebirgsbildung (Oberkarbon) das Freiberger und in noch wesentlich größerer Anzahl das Frauensteiner Gebiet durchziehen. Das anstehende und auch in Form von Lesesteinen zu findende Gestein weist in einer grauvioletten, dichten Grundmasse Einsprenglinge von Quarz, Feldspat (Orthoklas, Plagioklas) und Biotit auf.

Kleinwaltersdorf, Kreis Freiberg, A 20

nimmt den oberen, von flachen Hängen gesäumten Talteil des Kleinwaltersdorfer Baches in Höhen zwischen 350 und 410 m ü. NN ein. Der nördliche Ortsteil wird von der in den dreißiger Jahren begradigten F 101 Freiberg—Nossen tangiert, der südliche in Kirchennähe von der Straße nach Hainichen geschnitten. Der Leipziger Hochsteig (s. A 18) kreuzte früher die Ortsmitte. Nach dem Zuger Bergbaugebiet zweigte östlich der Kirche der Häuersteig ab. Mit Klein-

A 20 schirma verbindet der Filialweg. Er erinnert an die vom Kleinwaltersdorfer Pfarrer dort zu betreuende Filialkirche.

Im Gegensatz zu vielen anderen Dörfern des Freiberger Gebietes wurde Kleinwaltersdorf wie das benachbarte Kleinschirma lediglich als einreihiges Waldhufendorf westlich des Baches angelegt, dessen rechteckige Flur wie mit dem Lineal gerade gezogene Hufen aufwies (LANGER 1931). Nachträglich wurde die Gemarkung noch um Flächen eines östlich des Baches gegen Freiberg zu vorhandenen Grenzwaldes erweitert, dessen letzte Reste im südlichen Loßnitz-Forst (s. A 19), zum Teil auch Hasenbusch genannt, vorliegen. Nicht gerodete Restflächen bilden die kleinen Waldbüsche im Westteil der Flur. Sie gehören mit weiteren Restwaldflächen der Fluren von Wegefarth und Kleinschirma zur Struth.

Kleinwaltersdorf (1230 *Walthersdorp*, 1331 *Waltersdorf* = Dorf des Walter, 1629 zum Unterschied von Großwaltersdorf *Kleyn Walterßdorff* geschrieben) gehörte zum Landbesitz des Klosters Altzella. 1555 wurde es ULRICH MORDEISEN, Kanzler der Kurfürsten MORITZ und AUGUST sowie zeitweiliger Ordinarius der juristischen Fakultäten Leipzig und Wittenberg, verschrieben. Zentraler Verwaltungssitz der umfangreichen Ländereien dieses Mannes war das an der Westseite des Oberdorfes gelegene, seit 1230 nicht dem Kloster gehörige Rittergut Haus Waltersdorf. Das Gut besaß einst ein dem 16. Jh. zuzurechnendes schloßartiges Herrenhaus, 1826 ergänzt durch ein Wohngebäude. 1587 wurde der Ort Freiberger Amtsdorf. Das Rittergut, zu dem 1784 eine 42 Grundstücke umfassende Herrengemeinde gehörte, wurde erst 1924 dem Dorf angegliedert.

Östlich des Friedhofs baute die im 16. Jh. bedeutende Grube Neugeboren Kindlein. 1549 wurde zu ihrer tiefen Wasserlösung der mit kurfürstlichen Mitteln finanzierte Neue Fürstenstolln begonnen. Spätere Bergbauversuche scheiterten, so zuletzt 1884 die Untersuchungen auf der Constantin-Fundgrube westlich des Ortes. Trotzdem unternahm hier 1925 eine Handelsgesellschaft einen abermals erfolglosen Versuch zur Gewinnung von Schwerspat. Im nahe gelegenen Fürstenbusch (s. A 19) lagen die Gruben Vergnügte Hoffnung und Joseph-Erbstolln.

In dem sonst reinen Bauerndorf waren 1838 von den fast 600 Einwohnern über die Hälfte Bergleute, die vor allem im Zuger Gebiet arbeiteten. Ihnen verdanken die in Nähe der Straße nach Hainichen, besonders aber im Oberdorf konzentrierten Häusleranwesen ihre Entstehung. 1901 lagen in Dorfnähe 5, den Gehängelehm nutzende, heute nicht mehr vorhandene Ziegeleien, deren größte sich an dem ehemaligen Bahnhof der Eisenbahnstrecke nach Nossen (s. A 14) befand. An dieser Stelle bildete sich eine Waldsiedlung heraus, die in letzter Zeit durch Eigenheime und auch für Wochenenderholung ausgebaut wurde.

Die Kirche besteht aus einem kleinen, langgestreckten Saal, dem 1880 der Turm angefügt wurde. Das Innere mit umlaufender Empore weist eine gute, 1981 restaurierte Deckenbemalung von 1886 auf. Der Altar, gleichzeitig Epitaph für den hier bestatteten ULRICH MORDEISEN († 1572), stammt von ANDREAS LORENTZ aus Freiberg und zeigt die Familie des Stifters vor dem Gekreuzigten. Die Kanzel wurde 1675 errichtet, 1771 verändert, der schlichte Sandsteintaufstein um 1500 geschaffen. Hervorzuheben ist die Oehme-Orgel von 1775.

Zu einer Reihe bemerkenswerter Gebäude gehören das Pfarr- und Amtshaus (18. Jh.), eine geschlossene klassizistische Hofanlage (Nr. 67) mit Krüppelwalm-

dächern, davon das Wohnstallhaus von 1807. Weiterhin bestehen ein großer Fachwerkbau mit stattlichem Giebel (Nr. 71, um 1750), die ehemalige Hofmühle (Nr. 92) mit Fachwerkwohnhaus von 1794, die Häusleranwesen Nr. 98 (1697) und Nr. 99 (um 1700), die alte Kirchschule (Nr. 120) mit Schrifttafel von 1847. Entlang der Bahnlinie unweit der Constantin-Fundgrube verzeichnet die Oberreitsche Karte Alte Schanzen, wahrscheinlich 1761/62 im Siebenjährigen Krieg von den Österreichern angelegt. A 20
Durch die Demokratische Bodenreform wurde 1946 das Rittergut mit 101,4 ha Fläche unter 36 Bewerber aufgeteilt. In der Folge entstanden neben Neubauernstellen in Gutsnähe auch 3 Neubauerngehöfte beim Bahnhof. 1953 vereinigten sich erste Bauern in der LPG Fortschritt (Typ III). Mit der Herausbildung des vollgenossenschaftlichen Dorfes 1960 wurde die LPG Völkerfreundschaft (Typ I), zu der auch Flächen von Lößnitz und Loßnitz (s. B 27.1) gehörten, gegründet. Nachdem sich beide Produktionsgenossenschaften vereinigt hatten, erfolgte eine Spezialisierung auf Rindermast. 1970 entstand am Bahnhof eine industriemäßige Bullenmastanlage mit 1680 Plätzen. Seit 1978 wird die Tierproduktion durch die LPG Kleinschirma vorgenommen. Der einzige Industriebetrieb des Ortes ist der kleine VEB Metallverarbeitung.

Hartha, Ortsteil von Frankenstein A 21

Die kleine Ortschaft im Kemnitzbachtal, 1378 als *Harte* (1445 *Harte*, 1555 *Harta* = Siedlung im/am Bergwald) urkundlich erwähnt, aber schon in der Kolonisationszeit als Waldhufendorf gegründet, hat ihren dörflichen Charakter bis in die Gegenwart erhalten. Hartha war jahrhundertelang dem Amt Schellenberg-Augustusburg unterstellt und gehörte schriftsässig zum Rittergut Börnichen. Die Einwohner sind nach Frankenstein eingepfarrt. Dorthin gehen auch ihre jüngeren Kinder zur Schule (s. A 22).
Während der Demokratischen Bodenreform erhielten auch Kleinbauern und Landarme der Gemeinde Hartha Ackerland und Wald aus dem Besitz des Rittergutes Börnichen. Die Herausbildung landwirtschaftlicher Produktionsgenossenschaften entwickelte sich in den weiteren Jahren in dieser Reihenfolge: Der LPG 1. Mai (22. 4. 1959, Typ III) folgte die LPG Der Scholle treu (31. 3. 1960, Typ I). Beide schlossen sich am 1. 1. 1965 bzw. am 1. 12. 1968 zwei verschiedenen in Frankenstein bestehenden Genossenschaften an (s. A 22). Anfang der achtziger Jahre entstand in der Nähe der Kreuzung der Landstraßen Frankenberg—Freiberg und Hainichen—Oederan als Schwerpunkt der Milchproduktion der LPG Einheit in Memmendorf eine industriemäßige 2000er Milchviehanlage.

Frankenstein (Bild 46), Kreis Flöha, A 22

als Waldhufendorf gegründet, in einer Höhenlage von rund 380 m ü. NN an der von Freiberg nach Frankenberg führenden Straße gelegen, wurde bereits 1185 urkundlich in der heutigen Schreibweise erwähnt, die auf Ansiedlung von Main-

A 22 franken oder eines Frank(o), Franke hinweist. Es gehörte grundherrschaftlich zuletzt unter die Gerichtsbarkeit des Rittergutes Wingendorf. Verwaltungsmäßig unterstand es landesherrlicher Hoheit. Zwei Mühlen trieb der Kemnitzbach. Frankensteins dörflicher Charakter blieb bis in die Gegenwart erhalten. Neben der Landwirtschaft bot zeitweise in geringem Maße Bergbau Verdienst. 1514 wurden auf dem Deumelsberg Gruben verliehen, die aber bedeutungslos blieben. Von 1716 bis 1744 lassen sich 7 verschiedene Bergbauunternehmen auf Frankensteiner Flur nachweisen. Kalkabbau fand nach dem Siebenjährigen Krieg westlich des Ortes und bei Memmendorf statt (s. C 1). Die Grube Daniel nahm 1787 den Betrieb auf, mußte aber zusammen mit der seit 1818 bestehenden Grube Güte Gottes im Jahr 1841 eingestellt werden. Östlich des Ortes stand noch 1868 das Danieler Huthaus.

Abb. 14. Frankenstein (aus Sachsens Kirchengalerie 1838)

Seit 1869 fährt unweit des Ortes die Eisenbahn vorbei; mit Inbetriebnahme dieses Teilstückes zwischen Freiberg und Flöha konnte der durchgehende Verkehr von Görlitz bis Hof aufgenommen werden. Der Bahnhof Frankenstein liegt in etwa 400 m Meereshöhe auf Wegefarther Flur.
In der Zeit des Kapp-Putsches wurde, wie es auch in Wingendorf geschah (s. A 23), in Frankenstein ein Offizier der Schwarzen Reichswehr bei der Niederschlagung des Putsches durch Oederaner Arbeiter entwaffnet.
Während der sozialistischen Umgestaltung der Landwirtschaft wurden in Frankenstein am 21. 3. 1958 die LPG V. Parteitag (Typ III) und am 2. 4. 1960 die LPG Kameradschaft (Typ I) gegründet. Am 1. 1. 1965 erfolgte die Zusammenlegung der LPG V. Parteitag mit LPGs vom Typ III zu Wingendorf (s. A 23) und Hartha (s. A 21) und am 1. 1. 1974 der Zusammenschluß mit der

LPG Einheit Memmendorf (s. C 1), der heute die Tierproduktion obliegt. Die LPG vom Typ I verband sich mit gleichartigen Genossenschaften in Hartha und Wingendorf am 15. 1. 1967. Ende der siebziger Jahre bestand in Frankenstein noch ein Technikstützpunkt der Kooperativen Abteilung Pflanzenproduktion in Gahlenz. Die Ackerflächen Frankensteins werden heute von der LPG (P) Oederan bewirtschaftet. A 22

1974 wurde Frankenstein Hauptort der auch Hartha und Wingendorf umfassenden Gemeinde, der durch die erhöhte, landschaftbeherrschende Lage der Kirche (Abb. 14) weithin auszumachen ist. Die 1746 erneuerte Kirche mit ihrem flachgedeckten, dreiseitig geschlossenen Saal besitzt einen barocken Kanzelaltar und eine von 1752 stammende Orgel aus der Hand GOTTFRIED SILBERMANNS (DEHIO 1965). Das Stadt- und Bergbaumuseum Freiberg verwahrt Teile des einstigen spätgotischen Flügelaltars. Der 1882 im Oberteil erneuerte Westturm kann in seinem Kern romanisch sein. Das benachbarte Pfarrhaus wurde 1692 errichtet.

Die Polytechnische Oberschule Otto Grotewohl unterrichtet noch die unteren Klassenstufen. Für die Schüler der Klassen 5 bis 10 ist Oederan der Schulort. Die Frankensteiner Wohnplätze Juchhe und Wiesenmühle in Richtung Memmendorf wurden aufgegeben.

Wingendorf, Ortsteil von Frankenstein, A 23

liegt über dem westlichen unteren Kemnitztal durchschnittlich 340 bis 370 m ü. NN. Die Ortschaft, in der Kolonisationszeit als Waldhufendorf gegründet, wird urkundlich 1349 als *Frankenstein minor* (= das kleine Dorf Frankenstein, 1378 *Wenygendorf*, 1439 *Wenigindorf*, 1539 *Wingendorff*) erwähnt.

Nordwestlich des Dorfes erhebt sich über der Großen Striegis der Jacobstein, ein markanter Felssporn. Auf seinem kleinen, 6 m mal 8 m messenden Plateau, das vom Hinterland, dem Gleichstein, durch einen etwa 9 m breiten und 4 m tiefen Graben abgetrennt wird, befindet sich der Rest einer mittelalterlichen Warte. Bei Ausgrabungen wurden eiserne Armbrustbolzenspitzen, Nägel und gebrannte Lehmbrocken als Reste eines Fachwerkbaus und Keramik des späten 14. Jh. geborgen (GÜHNE 1978). Eine Wüstung Kühren liegt etwa 1,5 km nordwestlich des Jacobsteins im Tal des Kühren- oder Gierenbaches. Keramikfunde, die aus dem 14. Jh. stammen, lokalisieren sowohl deren Standort in der Bachaue und auf der früheren Rittergutsflur als auch den Zeitpunkt ihrer Existenz als kleine Siedlung.

Das im Besitz der Familie von Schönberg befindliche Rittergut Wingendorf bildete mit 35 Einwohnern in 3 bewohnten Gebäuden (1884) einen selbständigen Gutsbezirk mit einer ansehnlichen Schäferei. Von untergeordneter Bedeutung war der Silberbergbau auf der Ortsflur. Nördlich des Dorfes lag die 1728 erstmalig erwähnte Grube Neue-Gabe-Gottes-Erbstolln, die 1838 als schon längst nicht mehr gangbar bezeichnet wurde.

Wirtschaftshistorisch bedeutend ist die 1817 als Filiale einer Oederaner Tuchfabrik errichtete Schafwollspinnmühle, die Stephansmühle, unterhalb des Ortes, die 1826 47 Schermaschinen besaß und 114 Arbeiter beschäftigte. Seit 1861

A 23 existierten auf dem Gelände dieser Spinnmühle die Teichmannschen Textilwerke mit Abteilungen für die Produktion von Chenille, von Fabrikaten aus Chenille, von Schals aus Seide, Wolle und Baumwolle und mit einer angeschlossenen Bleicherei und Färberei. Die jährliche Produktion betrug um 1914 1,5 Mill. kg Ware. Dieses Unternehmen, das Außenwerke in weiteren Ortschaften des Erzgebirges und Filialen in London und in den USA unterhielt, arbeitete damals mit etwa 800 Beschäftigten (Rentsch u. Wenzel 1914). Dessen Gebäude und Anlagen gehören heute zum VEB Technische Textilien Meerane.
Im März 1920 entwaffneten Oederaner Arbeiter einen berüchtigten Führer der Schwarzen Reichswehr in Wingendorf bei der Niederschlagung des Kapp-Putsches.
Die Entwicklung der genossenschaftlichen landwirtschaftlichen Produktion in Wingendorf steht in einem engen Zusammenhang mit der in Hartha und in Frankenstein (s. A 21 u. 22). Eine als erste LPG des Kreises Flöha am 10. 8. 1952 gegründete LPG Florian Geyer (Typ III) wurde zwar 1955 wieder aufgelöst, ihr folgte jedoch am 4. 3. 1955 eine neue LPG vom Typ III Freier Bauer und am 29. 3. 1960 die LPG Eintracht (Typ I). Beide Genossenschaften verbanden sich mit denen ihres Organisationstyps im Hauptort Frankenstein.
Obwohl mehrere kleine Stallanlagen der LPG von Memmendorf, darunter solche für Rindermast, den Eindruck eines Agrarortes erwecken, ist auch die Wohnfunktion des Ortes nicht zu unterschätzen, die er für Arbeiter der Produktionsstätte des VEB Technische Textilien ausübt, in dessen Nähe sich wenige Bauerngehöfte und Wohnhäuser gruppieren. Die Stephansmühle am Zusammenfluß des Kemnitzbaches mit der Großen Striegis bildet den nördlichen Ausläufer dieses Wohnplatzes. In der oberen Fortsetzung des Wingendorfer Seitentales entstand eine Bungalowsiedlung. Nördlich davon, auf der Wasserscheide zum Gierenbach, stehen abseits einige Wohnhäuser, die neben einer Schäferei angelegt wurden. Ein weiterer Wohnplatz, die Waldhäuser, liegt nahe dem Riechberger Ortsteil Siegfried (s. A 16).
Von der Wingendorfer Obermühle an besetzt im unteren Kemnitztal auf eine Strecke von etwa 2 km der Salbeigamander (*Teucrium scorodonia*) Gebüschsäume und Waldränder vorwiegend des unteren Hanges sowie felsige Orte. Starke Verwachsung, Beschattung und Straßenbau haben die Bestände im Lauf der Jahre stark vermindert.

A 24 Lerchenberg

Der ehemalige Landweg von Bockendorf nach Wingendorf, heute ein Feldweg, führt zunächst auf der ostwärts ausklingenden Erzgebirgsnordrandstufe rund 40 Höhenmeter aufwärts und bietet vom Lerchenberg (433 m ü. NN) ein weites Blickfeld nach W über das östliche Erzgebirgsbecken und nach N vom Rossauer Großwald bis zum Zellwald. Wenig weiter markieren große quarzitische Lesesteine den höchsten Punkt des Feldweges. Südlich davon begrenzt der mit Fichten, Birken und Lärchen bestandene Kreuzberg (442 m ü. NN) den klimatisch rauhen Börnichen-Harthaer Rücken (Abb. 1) im NO. Ostwärts reicht der Rükken noch zungenförmig bis zum Wingendorfer Schäfereibusch (445 m ü. NN).

Während dort Gneis ansteht, überwiegen hier mäßig steinreiche Verwitterungsböden auf Glimmerschiefer. Gegen O reicht das Blickfeld über das Striegistal und das Freiberger Stadtgebiet bis zum Tharandter Wald. A 24

Wegefarth, Ortsteil von Oberschöna, A 25

liegt nördlich der Brücke (s. C 3; Bild 41) der Bahnlinie Dresden—Karl-Marx-Stadt am Oberlauf der Großen Striegis 340 bis 350 m ü. NN. Zu Wegefarth gehören auch die um den Bahnhof Frankenstein (s. A 22) gelegenen Häusergruppen an der von Oberschöna nach Frankenstein führenden Straße. Hier befinden sich ein Fertigungsbereich des VEB Schraubenkombinat Karl-Marx-Stadt und eine Außenstelle der Bäuerlichen Handelsgenossenschaft.

1283 wird der in dem Mitte des 12. Jh. gegründeten Waldhufendorf vorhandene Herrensitz, zu dem die nördliche halbe Dorfflur gehörte, erstmals genannt. Urkundlich wird 1340 ein NICOLAUS VON WEGEFORTHE erwähnt. 1350 schrieb man das Dorf *Wegefurt* (1378 *Wegeford*, 1398 *Wegefart*, 1555 *Wegefarth* = Ort an der Furt, wo mehrere Wege zusammenlaufen). Es lag am wichtigen Verbindungsweg von Freiberg nach Sachsenburg.

Das ehemalige Rittergut Wegefarth, in welchem im 19. Jh. als Filiale einer Oederaner Tuchfabrik bis 1869 eine Baumwollspinnerei eingerichtet war, bildete in der Vergangenheit einen selbständigen Gutsbezirk. Die noch erhaltenen baulichen Anlagen entstanden nach dem Brand des bis dahin (1885) festungsartig wirkenden Wirtschaftshofes.

In der Mitte des 16. Jh. setzen die frühesten Nachrichten über den stets unbedeutenden Silberbergbau des Ortes ein. Der spätere Freiberger Bergschreiber und Geschworene CHRISTOPH MEISCHEL wird 1548 als erster Besitzer der Grube St. Peter genannt. Auch CHRISTOPH VON BERBISDORF auf Niederlauterstein bei Marienberg beteiligte sich damals an der Finanzierung des Wegefarther Bergbaus. Unweit der aus dieser Zeit stammenden Halden und Pingen trieb man von 1816 bis 1838 den Friedrich-August-Stolln von der rechten Talseite des Kleinschirmaer Baches nach den alten Gruben. Das gemauerte Stollnmundloch von 1819 und kleine Halden zeugen von diesem vergeblichen Abbauversuch. Der Stolln selbst wird gegenwärtig wasserwirtschaftlich genutzt.

Die als Filial zu Oberschöna gehörende kleine Kirche wurde 1840/42 als romanisierender Neubau (DEHIO 1965) nach den Plänen des Freiberger Professors EDUARD HEUCHLER errichtet. Die Kirche besitzt noch einige von dem Vorgängerbau übernommene Ausstattungsstücke, so in dem modern montierten Altar eine spätgotische Kreuzigungsgruppe und eine Predella aus dem 17. Jh. Hervorzuheben sind zwei spätgotische Reliefs mit der Grablegung und der Begegnung Marias mit Elisabeth an den Chorwänden. Auf die Rolle Wegefarths als Herrensitz weisen vier Grabsteine aus dem Zeitraum 1608 (ANNA VON KROSTWITZ) bis 1653 (BARBARA BERLICH) hin. Eine Besonderheit stellt die Glocke vom Anfang des 15. Jh. dar.

Der im wesentlichen landwirtschaftliche Charakter des Ortes hat sich bis in die Gegenwart erhalten. Westlich des Gutes, unweit der Eigenheime am Siedlerweg, hat sich ein Produktionsschwerpunkt mit einem großen Stallkomplex für

A 25 Schweinemast und Milchvieh herausgebildet. Erwähnenswert sind auch die Schafhaltung und der Technikstützpunkt. Die Neubebauung an der Straße westlich des Rittergutes entstand in der Folge der Demokratischen Bodenreform: 7 unterdessen veränderte Neubauerngehöfte, erbaut 1948 bis 1953, einst alle mit Scheune, sowie 2 Wohnhäuser aus den fünfziger Jahren für die Mitarbeiter der MTS. Um das ehemalige Gutshaus von 1926, heute Lehrlingswohnheim und Verwaltungssitz der LPG Frohe Zukunft in Oberschöna (s. C 3), gruppieren sich fast ringförmig entlang der Striegisschleife einige Wohnhäuser, die zum Teil stärker auf nichtlandwirtschaftliche Bevölkerung hinweisen. Zur infrastrukturellen Einrichtung von Wegefarth zählen auch Kindergarten und Staatliche Arztpraxis.

A 26 Schirmbach

In Wegefarth mündet der Schirmbach bei 340 m ü. NN in die Große Striegis (s. A 10). Das rund 5 km lange Schirmbachtal gehört, zusammen mit dem Kemnitzbachtal (Harthaer und Frankensteiner Dorfbach) und dem Oberreichenbacher Tal, zum großen Talfächer des oberen Striegisgebietes. Die ursprüngliche Quelle am Rand des Hospitalwaldes bei 460 m ü. NN speist Groß- und Mittelteich. Das Wasser aus dieser großen, sehr flachen und stauvernäßten Hochflächenquellmulde wird seit Ende des 16. Jh. über einen Kunstgraben der Freiberger Wasserversorgung zugeführt. Deshalb speist heute erst die Quelle eines einstigen Zuflusses etwa 1,5 km nordwestlich im mittleren Hospitalwald in 445 m Höhe den Schirmbach, der von Kleinschirma an im Gneis ein flachhängiges Muldensohlental geschaffen hat, das sich allmählich von 20 auf 40 m eintieft.

A 27 Kleinschirma, Kreis Freiberg,

senkt sich, von O nach W gerichtet, im flachen Schirmbachtal auf fast 3 km Länge von 420 m ü. NN auf 370 m ab. Das 1227 erstmals — zur Unterscheidung von Großschirma (s. A 14) — als *Schirmana minor* (1353 *parva Schyrma*, 1466 *Cleynen Schirme*, 1555 *Clein Schirma*) genannte Dorf gehörte bis zur Reformation als Bestandteil der Klosterschenkung Markgraf OTTOS zum Kloster Altzella, welches 1529 PETER ALNBECK mit dem Vorwerk Kleinschirma belehnte. 1555 übergab der Kurfürst seinem Kanzler ULRICH MORDEISEN den Ort, der 1587 zum Amt Freiberg kam. Die 27 Hufen (1764) umfassende Fluranlage rechnet LANGER (1931) gleich der von Kleinwaltersdorf zu den älteren Rodungen im Freiberger Gebiet.
Die Lage Kleinschirmas an der Poststraße nach Freiberg — die Flurgrenze zur Stadt ist noch heute kurz vor dem Bahnübergang durch eine Grenzsäule von 1792 gekennzeichnet — und weiter nach Dresden führte in Kriegszeiten zu starken Belastungen der Dorfbevölkerung. So waren 1807 bei 27 Bauern und Gärtnern 216 Offiziere, 6223 Soldaten mit 3299 Pferden der französischen Armee einquartiert.

Wichtigster Zeuge der Verkehrsbedeutung Kleinschirmas ist die stattliche Dreiflügelanlage des Gasthofs, die früher zum Erbgericht gehört hatte und nach einem Brand 1806/07 neu errichtet wurde. Ihr Mittelteil mit Mansarddach und Schweifgiebel ist durch ein Türmchen von 1870 hervorgehoben. Im Erbgerichtsnebengebäude (Freiberger Straße 35), dessen Fachwerk noch erhalten ist, bestand eine 1837 errichtete Moorbadeanstalt. Der dazugehörige Torfstich lag südlich der Vordermühle. Das Fachwerkhaus des Richtergutes (Bahnhofstraße 8, Abb. 15), ausgezeichnet durch Andreaskreuze, Schwellen mit Libellenschnitt und errichtet um 1695, gehört zu den wertvollsten Denkmalen der Volksarchitektur im Bezirk Karl-Marx-Stadt. Am Bauernhaus Nr. 16 von 1721 sind noch Andreaskreuze und Stiele mit Kopfbändern nachweisbar. A 27

Die Kirche zu Kleinschirma zählt zu den bedeutendsten des Kreises und wurde wohl schon frühzeitig als Saal mit Chor und Apside errichtet. Der heutige Chor gehört dem 14. Jh. an, während das von einem Dachreiter bekrönte Schiff Fensterprofile und eine Mittelsäule aus der zweiten Hälfte des 16. Jh. zeigt. Der hölzerne Altar wurde 1614 von BERNHARDT DITTERICH in Freiberg geschaffen und zeigt Taufe, Abendmahl und Auferstehung. Die auf einer Engelfigur mit kursächsischem und dänischem Wappen ruhende Zylinderkanzel aus Sandstein stammt von ANDREAS LORENTZ. Die etwa gleichzeitige, etwas einfachere Taufe ist mit 1557 bezeichnet (DEHIO 1965). Der vorreformatorischen Zeit gehört die große Glocke von 1518 an.

Ein Teil der Dorfeinwohner dürfte in den Bergwerken benachbarter Orte tätig gewesen sein, wie ein auf St. Michaelis und Erbisdorf gerichtetes altes Fußwegenetz vermuten läßt. Im 19. Jh. gab es in Kleinschirma 3 Mühlen. Im Ort wurde 1818 EDUARD STEIN geboren, welcher 1853—1864 als Hofkapellmeister in Sondershausen wirkte und auch Lehrer des englischen Komponisten A. C. MACKENZIE war.

Der Bau der Eisenbahn (s. A 22), durch den Kleinschirma 1869 einen Haltepunkt abseits von der Dorflage erhielt, wirkte sich auf die Wirtschaftsstruktur des Ortes kaum aus. Die Agrarproduktion herrschte weiterhin vor. Zur Gründung einer LPG Neues Leben kam es am 21. 6. 1954, die sich 1975 mit der LPG von Oberschöna vereinigte. Ein Jungviehstall wird von der Zwischenbetrieblichen Einrichtung Freiberg genutzt. Eine seit dem 15. 6. 1978 bestehende LPG Pflanzenproduktion Kleinschirma bewirtschaftet die Felder des Gemeindeverbandes An der Striegis. Als einziger, kleiner Industriebetrieb produziert der VEB Aluguß. Zunehmend hat sich Kleinschirma zur Wohngemeinde entwickelt. Zahlreiche neue Eigenheime verlängern den Ort in Richtung Freiberg bis fast ans Waldhaus. Seitdem die Schule von 1875 den Anforderungen nicht mehr genügte, erfolgt der Unterricht in Freiberg.

Burkersdorf, Ortsteil von Bieberstein B 1

Von der Hochfläche zwischen Freiberger Mulde und Bobritzsch zieht sich im flachen oberen Abschnitt eines kurzen Seitentales zur Mulde das völlig ländlich geprägte einstige Waldhufendorf von 350 m bis 310 m ü. NN hinab. Als einzigen Industriebetrieb besitzt es den VEB Sägenbau.

Burkersdorf war schon vor der Eingemeindung (1950) eng mit Bieberstein verbunden. Seine Gründung wird in Analogie zu den Nachbardörfern um 1160 durch die erstmals 1218 erwähnten Herren von Bieberstein erfolgt sein. Benannt wird es erst 1350 als *Burkhartstorf* = Dorf des Burghart (1391 *Burchardisdorf*, 1439 *Burgkersdorff*). Die Besitzer des Dorfes, die Lehnsträger der Herrschaft Bieberstein, verfügten hier über ein Vorwerk. Bei einer Teilung der Herrschaft wurde stets eine Teilung von Burkersdorf vorgenommen. Mit Aufhebung der Grundherrschaft erfolgte zunächst eine Angliederung an das Amt Freiberg, 1873 an die Amtshauptmannschaft Meißen. Seit 1952 gehört Bieberstein zum Kreis Freiberg. B 1

Von der 242 ha großen Flur gehörte etwa die Hälfte dem Biebersteiner Rittergut, der andere Teil, $6^1/_4$ Hufen (1764), wurde von besessenen Mann und Häuslern bewirtschaftet. Damit war Burkersdorf eines der kleinen Dörfer des Freiberger Gebietes. Wohlerhaltene Fachwerkhäuser der Zeit um 1700 stellen heute noch Nr. 15, Nr. 16 mit dockenförmigen Zwischenständern, bezeichnet 1690, und Nr. 29 dar, ebenso Nr. 33, das durch ein sehr holzreiches Fachwerk mit zahlreichen Zwischenständern sowie eine Schwelle und Füllhölzer mit Libellenschnitt gekennzeichnet ist.

Durch die Demokratische Bodenreform wurde im Oktober 1945 auch der Burkersdorfer Anteil des insgesamt 414 ha großen Biebersteiner Rittergutes aufgeteilt. 1958 schlossen sich in Bieberstein die ersten Bauern, zu denen auch Burkersdorfer Bewohner gehörten, zur LPG Clara Zetkin (Typ I) zusammen. 1960 entstanden in Burkersdorf die LPG Glückauf (Typ I), in Burkersdorf B die LPG Weltfrieden. Alle Genossenschaften vereinigten sich 1964 zur LPG Glückauf Bieberstein-Burkersdorf, die sich 1968 mit der LPG Grüne Tanne in Hohentanne zur LPG Vereinte Kraft erweiterte und sich gegenwärtig ausschließlich auf die Tierproduktion spezialisiert hat. Der Feldbau erfolgt durch die LPG Am Zellwald Obergruna.

Durch Burkersdorf führt die Alte Meißner Landstraße. Den Ostrand der Flur streifte ein von Bieberstein nach Halsbrücke führender Häuersteig, den Südrand der verschwundene Zechensteig vom jetzigen Burkersdorf B nach den Gruben von Kleinvoigtsberg.

Burkersdorf B, Ortsteil von Bieberstein B 2

Um Ansiedlungsmöglichkeiten für Bergleute und andere Lohnarbeiter zu schaffen, stellte 1675 der Grundherr von Bieberstein, Gotthelf Friedrich von Schönberg, 15 ha der Rittergutsflur zur Anlage einer Häuslersiedlung — 1685 als Gotthelffriedrichsgrund überliefert — zur Verfügung. Der erste Grundstückskauf erfolgte 1685, der erste Geburtseintrag 1687. 1786 wohnten in der auch Neudörfel genannten Siedlung 20 Häusler. 1871 besaß sie ihre höchste Einwoh-

---

Abb. 15. Kleinschirma 34, Bahnhofstraße 8; Langhennersdorf Pfarrgut

B 2 nerzahl. 1934 erfolgte die Eingemeindung nach Burkersdorf, 1939 die Umbenennung in Burkersdorf B.

Der östlich der Siedlung, gegenüber dem 5. Lichtloch des Rothschönberger Stollns gelegene Bobritzschtalhang wird als das Alte Schloß bezeichnet. Hier soll der Überlieferung nach die älteste Burg Bieberstein gestanden haben, eine Behauptung, für die sich im Gelände keine Anzeichen feststellen ließen.

B 3 Grabentour

Unmittelbar nördlich von Krummenhennersdorf schnitt sich die Bobritzsch in eine Folge verschiedenartiger Gneise und Glimmerschiefer ein, welche meist schwer verwittern und somit wesentlich zur Herausbildung eines landschaftlich reizvollen Engtales beitrugen. Für diesen zwischen Krummenhennersdorf und Reinsberg verlaufenden Abschnitt des Bobritzschtales (Bild 31) wurde der Begriff Grabentour geprägt. Er geht auf einen Wechsel von Gräben und Röschen zurück, durch die während des Baus des Rothschönberger Stollns (Abb. 16) dessen 4. und 5. Lichtloch das erforderliche Aufschlagwasser erhielten (WAGENBRETH 1978). Das 1844 bis 1846 angelegte Grabensystem, welches noch bis 1945 Wasser führte, entnahm als bergmännische Hilfsanlage Bobritzschwasser aus dem Mühlgraben der Bäckermühle in Krummenhennersdorf und führte es den Maschinen des 4. und 5. Lichtlochs zu. Von der 3,56 km langen Strecke wurden 1652 m offen und 1905 m in Röschen geführt. Der Bau wurde von Obereinfahrer ERNST VON WARNSDORF, Obersteiger AUGUST JOBST und Maschinensteiger GOTTFRIED BEIER (Tafel an dem Felsen bei der Porzellanfelsenrösche) geleitet. Heute ist die Grabentour mit den noch erhaltenen Schachtresten des 5. Licht-

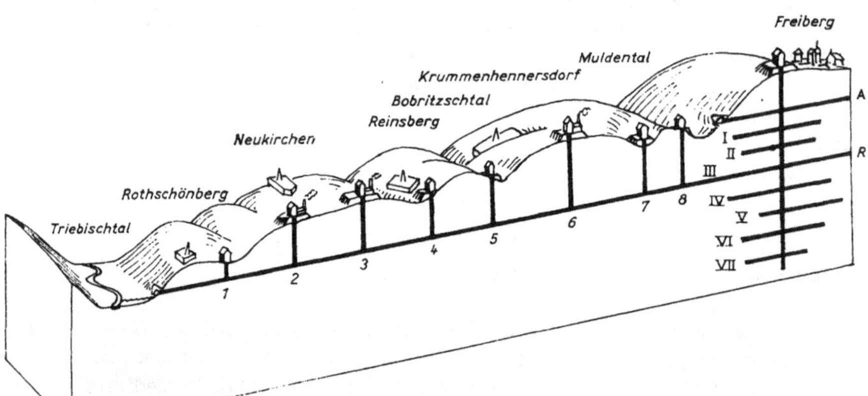

Abb. 16. Halbschematisches Blockbild des Rothschönberger Stollns (Entwurf O. WAGENBRETH)

1–8 Lichtlöcher des Stollns (mit Schornstein: Dampfförderanlagen, sonst Fördermaschinen mit Wasserrädern oder Turbinen)

I–VII (schematisch)Tiefbausohlen der Freiberger Gruben

A Alter Tiefer Fürstenstolln

R Rothschönberger Stolln

lochs, den Röschenmundlöchern (Felsenbachrösche, Porzellanfelsenrösche, Buchenbornrösche, Rösche am 5. Lichtloch; Abb. 17) und dem Graben selbst ein beliebter Wanderweg. B 3

Die anstehenden Gesteine liegen im Hangenden der Biotitgneise östlich von Krummenhennersdorf. Nicht weit vom Nordausgang dieses Dorfes entfernt stehen am nordöstlichen Talhang entlang mittel- bis kleinkörnige Muskowit-Biotit- und Biotitgneise in Form von Felsklippen an. Das ehemalige Schichtungsgefüge kann man oft gut erkennen und das Mineral Granat in mm-Größe häufig beobachten. Hin und wieder enthalten die Gneise Einschaltungen von Kalksilikatfels, Amphibolit und Amphibolgneis. Talabwärts schließen sich bis etwa 500 m nördlich des 5. Lichtlochs des Rothschönberger Stollns verschiedenartige Gneise, Gneisglimmerschiefer und Glimmerschiefer an. Bei den Gneisen handelt es sich einmal um Muskowit-Biotit-Gneise, zum anderen um Leptynite und leptynitische Gneise, eine glimmerarme, plattige Varietät. Auch diese Gesteinsfolge, die der proterozoischen Osterzgebirgischen Serie angehört, enthält Einschaltungen von Amphibolit und feinkörniger Metagrauwacke ähnelnden Sedimenten. Ihre Gesamtmächtigkeit wird von Hofmann (1974) auf etwa 1000 m geschätzt.

Die Grabentour ist Teil des nach ihr benannten und seit dem 12. 7. 1968 bestehenden Landschaftsschutzgebietes von 2864 ha Größe. Die Bobritzsch, hier noch relativ klar und sauber, wird der Forellenregion zugerechnet und führt noch Aale, Plötzen, Elritzen, Groppen, Bach- und Regenbogenforellen sowie Flußkrebse. Unter den Wasservögeln sind besonders Zwergtaucher, Eisvogel, Wasseramsel und Gebirgsstelze hervorzuheben. Das Flußbett wird von Schwarzerlen, Eschen und einigen Weidenarten begleitet. Die Vegetation knüpft an die Pflanzengesellschaften des unteren Berglandes an. Montane Arten, wie Alantdistel (*Cirsium helenioides*), Bärwurz (*Meum athamanticum*), Akeleiblättrige Wiesenraute (*Thalictrum aquilegifolium*), Süße Wolfsmilch (*Euphorbia dulcis*) und Waldgeißbart (*Aruncus sylvestris*), erreichen hier ihre Vorpostenstandorte.

Der Laubwald, bestehend aus Stieleiche, Hainbuche, Bergahorn, Spitzahorn und Winterlinde, läßt an die Bewaldung vor der Rodung im 12. Jh. denken, in der die charakteristischen Eichen-Hainbuchen-Mischwald-Pflanzen verbreitet waren. Die Aufforstung mit Fichten wurde vor der letzten Jahrhundertwende vorgenommen. Es müssen jedoch auch vor dieser Zeit Nadelhölzer angepflanzt worden sein. Das beweisen die unter besonderem Schutz stehenden Königsfichten, die Zitzenfichte u. a. Ihr Alter wird auf mehr als 200 Jahre geschätzt. Einige Stämme erreichen einen Umfang von 2 m und eine Höhe von fast 40 m.

Auf der Halde des 5. Lichtloches des Rothschönberger Stollns fanden sich infolge ungünstiger Bodenbeschaffenheit und Trockenheit Zwergformen (Nanismen) verschiedenster Pflanzenarten ein. Die großen Polster der Kaukasischen Fetthenne (*Sedum spurium*) sind als sogenannte Schuttstauer zu betrachten und künstlich angepflanzt worden, um das lockere Haldenmaterial zu festigen.

Wolfsgrün, Ortsteil von Reinsberg — B 4

Innerhalb der Rittergutsflur Oberreinsberg entstand unweit der Straße Krummenhennersdorf—Dittmannsdorf gegen 1780 eine lockere Häuslerzeile, nach ihrem Begründer, Friedrich August Wolf von Schönberg, Wolfsgrün genannt.

Abb. 17. Röschenmundloch zwischen Krummenhennersdorf und Reinsberg

B 4 1786 gehörten zur Siedlung 11 Häuslerstellen, ferner eine Gaststätte, deren heutiges Gebäude 1859 errichtet wurde. Der Rückgang der Einwohnerzahl zwischen 1871 und 1890 hängt mit Bränden zusammen. Heute besteht der Ortsteil nur noch aus 3 Anwesen, darunter einem Neubauerngehöft. Der östlich der Straße gelegene Gustavshof in der Flur Dittmannsdorf wurde 1881 als Vorwerk des Rittergutes Reinsberg angelegt.

B 5 **Krummenhennersdorf,** Kreis Freiberg,

in einem kleinen Seitental zur Bobritzsch in Höhen zwischen 280 und 360 m ü. NN gelegen, hat durch Friedrich Hartmann aus Anlaß des Heimatfestes im Jahr 1956 eine ausführliche Darstellung erfahren. Auf der Hochfläche südöstlich des Ortes liegt die kleine Streusiedlung der Forsthäuser an der Stelle eines 1348 erwähnten, später zur Wüstung gewordenen Dorfes Forst. Im Zuge der Bodenreform entstanden hier mehrere Neubauerngehöfte. B 5

In dem um 1160 angelegten Krummenhennersdorf verstarb 1195 infolge einer Vergiftung Markgraf ALBRECHT DER STOLZE, der älteste Sohn OTTOS DES REICHEN. Die Urkunde über einen 1241 auf dem Berg(werk) *Heinrichesdorph* zwischen Markgraf HEINRICH DEM ERLAUCHTEN, Kloster Altzella und dem Rat der Stadt Freiberg geschlossenen Vergleich stellt eines der frühesten Rechtsdokumente des Freiberger Bergbaus dar.

Der 1334 noch *Heynrichsdorf* geschriebene Ortsname (= Dorf des Heinrich) wurde aus demselben Jahr auch als *Krumme Heinrichisdorf* überliefert. Als gegen Ende des 13. Jh. die Grundherren zu Bieberstein ihre Herrschaft an die Herren von Maltitz veräußerten, erfolgte die Teilung des Dorfes in einen Biebersteiner Anteil, zu dem neben 9 Gütern das Biebersteiner Vorwerk, das Erbgericht und das Pfarrhaus gehörten, und den in den Besitz der Herren von Reinsberg übergegangenen Heinrichsdorfer Anteil mit 9 Gütern im oberen Ortsteil.

Das nicht mehr erhaltene Biebersteiner Vorwerk lag am nördlichen Ortsausgang auf der Höhe gegenüber der Kirche. Nach 1851 wurden in seinem Bereich mehrere kleinere Anwesen errichtet. Seine Feldflächen gehörten noch bis zur Bodenreform 1945 zum Rittergut Bieberstein. Ihm gegenüber, östlich der heutigen Kirche, lag das Reinsberger Vorwerk, 1400 zum Rittergut erhoben. Von seinen Baulichkeiten ist nur noch das Seitengebäude erhalten, das im vorderen Teil eindeutig dem 17. Jh. zuzuschreiben ist. Hervorzuheben ist der in der ersten Hälfte des 19. Jh. angelegte kleine Landschaftspark.

1723 wurden neben Rittergut, Vorwerk, Erbgericht, 20 Hüfnern, 3 Halbhüfnern, 31 Gärtnern und Häuslern auch 3 Mühlen genannt, die im Biebersteiner Teil, am Zugang zur Grabentour (s. B 3) gelegene Beckenmühle, die neben Steuerfreiheit das Privileg zum Brotverkauf in Freiberg besaß, außerdem die auf Reinsberger Seite befindliche Hofmühle sowie die Forstmühle, beide zum Rittergut gehörig. Etwa ein Jahrhundert später waren Berg- und Hüttenleute in einem Viertel aller Familien vertreten und 59 Personen als Mägde und Knechte in der Landwirtschaft tätig.

Der Bergbau auf der heutigen Krummenhennersdorfer Flur hatte — im Gegensatz zu dem auf Seitentrümern des Halsbrücker Spates betriebenen, im Bereich des früher zu Krummenhennersdorf gehörigen Sand (s. B 20) — nur geringe Bedeutung. Unklar ist die Lokalität des Vertrages von 1241, welcher die Rechtsansprüche, bezogen auf ein Grubenfeld, regelte, die bei Errichtung eines Bergwerkes auf dem Grund und Boden des Klosters Altzella gelten sollten. Von den wichtigsten, Mitte des 18. Jh. gangbaren Gruben zeugen nur geringe Spuren. An der Schafbrücke befanden sich der Leberecht-Stehende mit dem Freudenthal-Erbstolln sowie der Silberne-Aue-Erbstolln, an der Forstmühle der Johannesstolln, weiter oberhalb der Neue-Edle-Krone-Erbstolln. Etwas größer war die Freundliche-Gesellschaft-Fundgrube am Felsenbach oberhalb der Grabentour, deren 54 m tiefer Clausnitzerschacht bis auf den Augustusstolln im Bereich der späteren Felsenbachrösche (s. B 3) führte. Am Oberschaarer Bach lag der 1833 noch im Betrieb befindliche Goldene-Aue-Erbstolln.

Das bauliche Zentrum von Krummenhennersdorf bildet die Umgebung der Kirche mit den Resten des Rittergutes, dem Pfarrgehöft sowie den früheren Schulen.

B 5 Die heutige, durch ihren Turm das Dorfbild beherrschende Kirche wurde 1899/1900 durch W. KANDLER in gemäßigten historisierenden Formen errichtet. Die qualitätsvolle neobarocke Ausstattung neigt zum Jugendstil. Unweit, innerhalb des in den Park einbezogenen alten Friedhofes, befinden sich die Grundmauern der um 1903 abgebrochenen alten Kirche. Von ihr sind im Park noch die Schlußsteine und andere Architekturteile neben Grabdenkmälern des 17. und 18. Jh. erhalten. Reste eines um 1515 zu datierenden, spätgotischen Altarschreins befinden sich im Freiberger Stadt- und Bergbaumuseum.
Der stattliche Bruchsteinbau des Pfarrhauses wurde 1717 errichtet. In seinem Garten wurde 1885 ein Münzfund geborgen, der von 1583 bis 1632 datierte Goldstücke aufwies. Neben den Resten der alten Kirche befindet sich die 1837 errichtete, neuerdings veränderte alte Schule, in der ein eingemauerter Stein die Jahreszahl 1672 trug. 1891 wurde eine neue, bis 1972 genutzte Schule erbaut. Seit dieser Zeit erfolgt der Unterricht in der neuen Polytechnischen Oberschule Halsbrücke.
Außer den genannten Baulichkeiten zeigt der Ort eine Reihe geschützter Fachwerkbauten, unter denen das eindrucksvoll über der Bachaue liegende Hummitzsche Gut Nr. 14 hervorzuheben ist. Sein Torhaus ist 1812 und 1842 datiert. Das durch Schmuckelemente in Form von Andreaskreuzen in der Brüstung in Sturzhöhe ausgezeichnete Wohnstallhaus (Abb. 18) weist eine Schwelle mit Schiffchenkehlenprofil auf, das sind schiffchenartig auslaufende, zusätzlich durch Profile gegliederte Kehlen als Verzierungselemente an Schwellen oder Füllhölzern von Fachwerkbauten, wird also um 1670 errichtet worden sein. Weiterhin sind zu nennen: Nr. 11 (um 1700, Zwischenständer im Brüstungsriegel), Nr. 28 (umgebaut 1831, mit Andreaskreuzen), Nr. 28b (Gasthof von 1839), Nr. 28c und d (Arbeiterdoppelwohnhaus von 1852), Nr. 32 (Bauernhaus mit regelmäßig angeordneten Streben, Ende 18. Jh.), Nr. 36b (Fachwerkwohnhaus von 1848), Nr. 38 (Bauernhaus um 1700), Nr. 40 (Bauernhaus von 1785).
Krummenhennersdorf liegt an einer alten, von Freiberg nach Meißen führenden Straße. Abweichend von heute, verlief diese von Halsbrücke über den Sandweg auf die Höhe nördlich der Halsbrücker Esse und kreuzte in der Ortsmitte von Krummenhennersdorf am heutigen Gasthof die Dorfaue. Durch das Erbgericht erreichte sie die gegenüberliegende Höhe und führte am späteren Rittergut zur Bobritzsch hinab. Am Hofteich des Rittergutes soll eine Wegekapelle gestanden haben. Die heutige Bobritzschbrücke zeigt die Jahreszahl 1806. Einen weiteren Weg nach Freiberg stellte das sogenannte Heinrichsdorfer Bäckergässel dar, das östlich vom Sandweg geradewegs zum Krummenhennersdorfer Muldensteig, der heutigen Straßenbrücke östlich Halsbrücke, führte. Auch eine Salzstraße ist überliefert; sie umging allerdings das Dorf.
Im März 1945 waren in der Gutsschäferei des Ortsteiles Forst einige hundert KZ-Häftlinge für mehrere Tage zusammengepfercht und von SS bewacht. Nach ihrem Abmarsch blieben 16 unbekannte Tote zurück, die auf dem oberen Friedhof ihre letzte Ruhestätte fanden. Die 1975 mit einer Zementplastik von HARALD STEPHAN gestaltete Gedenkstätte, in die auch das benachbarte Grab zweier im Mai 1945 gefallener Soldaten einbezogen wurde, erinnert an das furchtbare Geschehen.

Abb. 18. Krummenhennersdorf 14; Naundorf 3, Erbgericht (oben)

B 5 Wesentlich für die Veränderung der gesellschaftlichen Situation im Dorf war die Demokratische Bodenreform. Verteilt wurden im September 1945 289 ha an 10 landlose Bauern, 15 Umsiedler, 5 landarme Bauern, 4 Kleinpächter sowie 33 Arbeiter und Angestellte. Gebaut wurden für Neubauern 12 Wohnhäuser, 14 Stallungen und 9 Scheunen. 1953 schlossen sich die ersten Neubauern zu einer landwirtschaftlichen Produktionsgenossenschaft zusammen, 1956 verfügte die LPG Freundschaft (Typ I) schon über 100 ha und 27 Genossenschafter und nahm 1968 die 1960 gegründete LPG Grabentour (Typ I) auf. Seit 1975 ist die Krummenhennersdorfer Landwirtschaft in der LPG Vorwärts Conradsdorf organisiert, der heute die Tierproduktion (Milchviehhaltung, Schweinezucht) obliegt.
Krummenhennersdorf, Mitglied im Gemeindeverband Hohe Esse, dient vielen in Halsbrücke und Freiberg Beschäftigten als Wohnort. Kleingärten und Wochenendgrundstücke nehmen östlich des Dorfes größere Flächen ein.

B 6 Bobritzsch

Über eine Länge von 20 km Luftlinie verläuft die saubere, fischreiche Bobritzsch (Name s. B 33) im Abstand von 2 bis 5 km fast parallel zur Freiberger Mulde. Der 45 km lange Wasserlauf entspringt bei 682 m ü. NN am oberen Ortsende von Reichenau. Wenig unterhalb des Dorfes bildet der Bach ein etwa 50 m tiefes mittelhängiges Muldental. Unterhalb von Kleinbobritzsch ist das Tal im Bereich der Friedersdorfer Hochfläche äußerst flach und breit, weshalb der Wasserlauf teilweise begradigt und eingedeicht wurde. Ab Oberbobritzsch bildete sich erneut ein etwa 40 m tiefes Tal aus, das mit wechselnden Hangneigungen, mit Weitungen und kurzen Engtalstrecken den Bobritzscher Granit (s. B 33) durchschneidet, um bei Naundorf erneut in den Gneis einzutreten. Von rechts münden in Niederbobritzsch der Sohrbach und bei Naundorf der Colmnitzbach, die zusammen mit dem Rodelandbach die größten Zuflüsse der Bobritzsch darstellen.
Am nördlichen bzw. östlichen Talhang der Bobritzsch entlang, zwischen Falkenberg und der Einmündung des Rodelandbaches in die Bobritzsch, vor allem aber etwa 500 m östlich des Nordausganges von Krummenhennersdorf treten markante Felsklippen auf. Es handelt sich um mittel- bis grobkörnige Biotitgneise, die zum Teil magmatisch ausgebildet sind, also ohne ein ausgeprägtes Schichtungsgefüge. Gelegentlich sind Einschaltungen von Amphibolit und Kalksilikatfels sichtbar. Die Gesamtmächtigkeit dieser Gneise (Abb. 19), welche über dem Kerngneis, auch Freiberger Graugneis (s. B 26) genannt, liegen, beträgt etwa 700 m. Sie gehören, u. a. nach Hofmann (1974), der Osterzgebirgischen Serie an, welche zum oberen Proterozoikum gerechnet wird.
Das untere Bobritzschtal, etwa ab Falkenberg, ist ein mittel- bis steilhängiges, gewundenes, etwa 40–60 m tiefes Kerbsohlental und gehört bereits dem Hügelland an. Es stellt mit seinen waldreichen und teilweise felsdurchsetzten Hängen eine selbständige unbesiedelte Tallandschaft von hohem Reiz dar, in der das Fließgewässer eine starke Selbstreinigung entwickelt. Unterhalb von Bieberstein mündet die Bobritzsch, 235 m ü. NN, in die Freiberger Mulde.

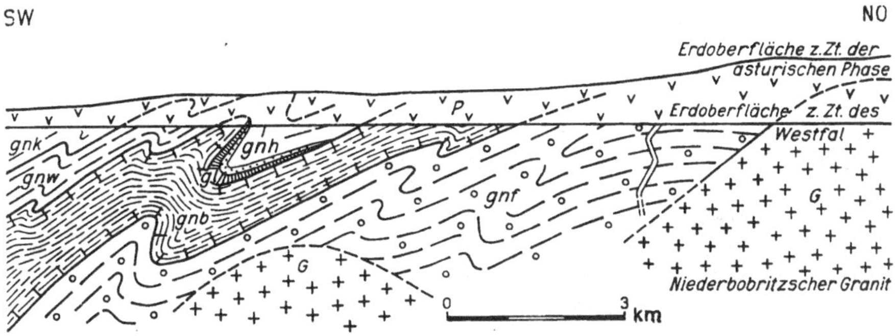

Abb. 19. Profil durch die Freiberger Gneiskuppel (aus PIETZSCH 1963; Legende ergänzt nach HOTH und LORENZ) 1979)

gnk Marienberger Gneis (Rusová-/Reischdorfer Folge, Preßnitzer Serie)
gnw Wegefarther Gneis (Annaberg-Wegefarther Folge, Osterzgebirgische Serie)
gnh Himmelsfürster Gneis (Brander Folge, Osterzgebirgische Serie)
gl Glimmerschiefer (Brander Folge, Osterzgebirgische Serie)
gnb Brander Gneis (Brander Folge, Osterzgebirgische Serie)
gnf Freiberger Kerngneis (Freiberger Folge, Osterzgebirgische Serie)

G Niederbobritzscher Granit
P Porphyr

Ihr Einzugsgebiet beträgt 182 km², der mittlere natürliche Abfluß wird an der Einmündung des Colmnitzbaches mit 1,42 m³/s, am Pegel Krummenhennersdorf mit 1,58 m³/s und an der Mündung mit 2,03 m³/s angegeben. B 6

Rodelandbach B 7

Der Rodelandbach entspringt auf der Hochfläche des südlichen Tharandter Waldes unweit des Lips-Tullian-Felsens (s. B 34), 439 m ü. NN. Erst unterhalb der Grillenburger Straße entwickelt er aus einer breiten, vernäßten und frostgefährdeten Mulde ein nach NW gerichtetes Muldental, in dem weiter abwärts Niederschöna und Oberschaar angelegt sind. Der rechte Talhang ist durch das Auftreten der Niederschönaer Sandsteine, besonders des Unteren Quadersandsteins, vielfach wie eine kleine Landstufe versteilt. Der flachere linke Talhang trägt verbreitet oft stauvernäßte lößartige Sedimente. Kurz vor der Einmündung in die Bobritzsch, 285 m ü. NN, wenig östlich des unteren Ortsendes von Krummenhennersdorf, tieft sich der Rodelandbach mit zunehmendem Längsgefälle noch steilhängig ein. Der natürliche mittlere Abfluß des reichlich 12 km langen Baches wird an der Mündung mit 0,19 m³/s angegeben. Das meist klare Wasser, in dem sich nach Aussagen der Anwohner um 1970 noch überreichlich Elritzen und auch Krebse tummelten, erfährt von Zeit zu Zeit überwiegend organische Belastungsschübe.

B 8 Oberschaar, Ortsteil von Niederschöna

Der Ortsname ist aus der Bergmannssprache entlehnt und bezeichnet ein zwischen zwei Grubengrenzen gelegenes Stück Grubenfeld, das nicht der Größe einer bergmännischen Maß entsprach (Über-, Oberschaar). Hier ist er auf einen zunächst nicht verhuften Flurrest übertragen worden. Offenbar wurde das Dorf erst im Zuge einer Nachkolonisation angelegt, denn die Ortsflur ist zwischen die der umgebenden Dörfer förmlich eingeklemmt, nur im Westteil bot sich die Möglichkeit, Hufen zu vermessen.
1378 wird das Dorf als Besitz der Burggrafen von Meißen erstmals unter den Namen *Dobirschar, Dobirschow* erwähnt, 1418 heißt es *Ôbirschar*, 1445 *Owernschar*, 1566 *Oberschar*. Im 15. Jh. unterstand es dem Dom zu Freiberg, später wurde es Ratsdorf.
Das Dörfchen, das sich in der Aue des Rodelandbaches ausbreitet, weist einige bemerkenswerte Fachwerkhäuser auf, von denen der im 17. Jh. errichtete, um 1830 veränderte Gasthof das repräsentativste ist. Seinen Ostgiebel ziert schönes Fachwerk (Andreaskreuze). Weitere Fachwerkgebäude sind Nr. 10 (Seitengebäude) von 1791, Nr. 11 (17. Jh., Andreaskreuze und Libellenschnitt in Füllhölzern und Schwelle), Nr. 20 (1698).
Die kleine mittelalterliche Dorfkirche besitzt einen flachgedeckten Rechtecksaal mit vorgesetztem Chor. Bemerkenswert sind das Altargemälde von 1662, eine alte Kopie nach VAN DYCK, und der mit dem Alnpeckschen Wappen verzierte Taufstein. Diese Freiberger Patrizierfamilie war hier im 16. Jh. Grundherr. Sie besaß das unterhalb der Kirche gelegene Gut, welches seit 1555 in Urkunden erwähnt wird und sich um 1660 im Besitz des Freiberger Bürgermeisters S. HORN befand. Der weiträumig angelegte Komplex beherbergt heute Kindergarten und Wohnungen. Erwähnt sei der im südlichen Seitengebäude des einstigen Herrenhauses sekundär eingemauerte Wappenstein der Familie von Molsdorf, die um 1613 im Besitz des Gutes war. 1945 wurden 150 ha Gutsland an 16 Neu- und 8 Kleinbauern verteilt. Aus ihren Reihen kamen auch die Gründer einer bereits 1952 gebildeten LPG Otto Buchwitz (s. B 10). 1960 entstand die LPG Drei Linden, benannt nach den mächtigen Linden, die einst vor dem Gasthof standen. 1975 wurden durch Schüler neue Linden als künftiges Wahrzeichen des Dorfes gepflanzt. Ein Jungviehstall am westlichen Ortsrand gehört der ZBE Rinderaufzucht Freiberg.
In Oberschaar gab es drei Mühlen: die schon 1549 bestehende Obermühle, später Fahrradfabrik, die 1571 genannte Mittelmühle am westlichen Ortsrand und schließlich die auf der OEDERschen Karte eingezeichnete Niedermühle, die bis in die Zeit um 1950 die Bevölkerung der Umgebung mit Brot versorgte. Alle Mühlen nutzten über Mühlgräben, deren Spuren im Gelände noch sichtbar sind, das Wasser des Rodelandbaches. 1773 wurde das erste nachweisbare Schulhaus im Dorf gebaut. Die heute für Wohnzwecke und die polytechnische Ausbildung auf dem Gebiet der Elektrotechnik genutzte Schule an der Straße nach Krummenhennersdorf entstand 1890.
Als letzter Zeuge des einst auch hier umgegangenen Bergbaus ist ein heute kaum noch sichtbarer Tagschacht im Tal des Rodelandbaches weit hinter der Niedermühle in einem Waldstück zu nennen. Er trug den Namen Jacob-Erbstolln und

wurde von 1789 bis 1791 betrieben. Gegenüber ist das auf Dittmannsdorfer Flur gelegene, halb verfallene Mundloch des Goldene-Aue-Erbstollns sichtbar, der 1787 als Eigenlehnergrube Erz lieferte. Weitere Gruben auf Oberschaarer Flur waren der Ludwig-Erbstolln (1806/07 in Betrieb), der Segen-Gottes-Erbstolln (1774—87) und der So-Gott-will-Erbstolln (1709—16). B 8

Haida, Ortsteil von Niederschöna **B 9**

Die ursprünglich zu Oberschaar gehörige Siedlung besteht aus einer Zeile kleinerer Güter, die sich nördlich der Straße Oberschaar—Hutha entlangzieht. Die Parzellen wurden wohl im Zuge einer Restflächenaufsiedlung angelegt. Noch am Ende des 16. Jh. findet sich im Kartenwerk OEDERS kein Hinweis auf den in der ersten Hälfte des 19. Jh. unter dem Namen *Neu-Oberschaar, Heyde-Häuser* und *Halbendorf* bekannten Wohnplatz. Der Ortsname weist auf eine Siedlung in der Heide hin. 1960 bildete sich in Haida die LPG Heideland, die in der KAP und späteren LPG (P) in Niederbobritzsch aufging. Am Ortsausgang nach Oberschaar befindet sich nördlich der Straße ein aus dem 19. Jh. stammender Gedenkstein für einen hier tödlich verunglückten Fuhrwerkslenker.

Niederschöna, Kreis Freiberg **B 10**

1228—1230 wird Niederschöna (Abb. 20) als landesherrliches Dorf, verlehnt an die Familie von Mergenthal, erstmalig erwähnt. Der Ortsname leitet sich von der *niederen schönen Aue* ab (1364 *Schonaw*, 1427 *Neder Schona*, 1691 *Niederschöna*). Neben dem Waldhufendorf verzeichnet die Karte OEDERS an der Stelle des späteren Freigutes am südöstlichen Ortsende „Hans Heinrich von Schönbergs Hutte" — offenbar ein Jagdsitz des Grundherrn. 1687 ist ein Freiberger Patriziergeschlecht Albert im Ort nachweisbar. Ein Teil seines Lehngutes wurde parzelliert und damit die Ortsflur von Hetzdorf (s. B 11) gebildet.
Nach bescheidenen Bergbauversuchen im 16. und 17. Jh. begann um 1700 eine rege Wiederaufnahme der alten Grubenanlagen von Neue Hoffnung Gottes, Sonnenglanz und Kälbertanz. Diese Gruben befanden sich am rechten Bobritzschufer gegenüber Falkenberg, wo noch heute einige kleine Halden und Pingen erkennbar sind. Die 1704 entstandene und vom Landesherrn finanzierte Grube König-August-Erbstolln — ein Parallelfall zu Kurprinz-Friedrich-August-Erbstolln in Großschirma (s. A 14) — war das bedeutendste Bergbauunternehmen des Ortes in dieser Zeit. 1705 baute man für sie ein Kunstgezeug, wofür auf Falkenberger Seite Bobritzschwasser durch einen damals bereits vorhandenen alten Kunstgraben herbeigeführt wurde. An der Falkenberger Mühle leitete man das Wasser auf einer etwa 10 m hohen hölzernen Brücke über das Bobritzschtal auf Niederschönaer Seite und durch einen kurzen Kunstgraben zum Kunstschacht der Grube. Ein Höhepunkt im Bestehen dieser Grube war der Besuch des russischen Zaren PETER I. am 17. 10. 1711 (s. B 23). Seine Majestät „arbeiteten eine gute Weile selbst vor Ort/gewannen unterschiedliche Stuffen" und

B 10 reiste anschließend nach Dresden weiter. Wegen Unbauwürdigkeit der Erzgänge verlegte man den Grubenbetrieb 1715 auf die Falkenberger Talseite.
Die Kirche, ein flachgedeckter Rechtecksaal mit doppelten Emporen und Dachreiter (DEHIO 1965), verdankt ihre heutige barocke Gestalt dem Umbau von 1716. Ältere, um 1600 zu datierende Bausubstanz findet man in dem im Chorbereich erhaltenen, gefasten Rundbogentürgewände vor. Der derbe Kanzelaltar von 1828, vielleicht aber noch dem 18. Jh. zugehörend, ersetzte Altar und Kanzel von 1597. Die große Sandsteintaufe zeigt eine spätgotische Ornamentik. Hervorragendstes Ausstattungsstück ist die einmanualige, gut erhaltene Silbermannorgel von 1715/16.

Abb. 20. Niederschöna (aus Sachsens Kirchengalerie 1838)

Der von einer markanten Bruchsteinmauer umgebene Friedhof weist mehrere Grabsteine des 18. Jh. auf, darunter ein schmiedeeisernes Grabkreuz. Hinter der Kirche haben 3 noch am 7. 5. 1945 gefallene deutsche Soldaten ihre letzte Ruhestätte gefunden. An der Friedhofsmauer liegen als Opfer des Faschismus ein am 19. 2. 1945 in Hutha als Folge unmenschlicher Strapazen verstorbenes unbekanntes jüdisches Mädchen, Angehörige eines Gefangenentransportes aus Glogau (Schlesien) und der Pole STANISLAW GUPITARS, verstorben am 17. 12. 1943 in Hetzdorf. Ein an dem LPG-Wirtschaftsweg westlich des Ortes gelegenes Fliegerdenkmal erinnert an den Absturz eines Militärflugzeuges am 21. 9. 1912, wobei 2 Offiziere den Tod fanden.
Kirche, Pfarrgehöft und alte Schule (bezeichnet 1819) stellen ein wirkungsvolles Bauensemble dar. Das gegenüberliegende Pächterhaus aus dem frühen 17. Jh., vielleicht das alte Pfarrhaus, ist durch gefaste Rund- und Flachbogen ausgezeich-

net. Auffällig ist die Konzentration von Häusern in Fachwerkbauweise im Ort. B 10
Darunter gibt es einige gut erhaltene Bauten aus dem 17. Jh.: Nr. 37 mit Andreaskreuzen und Schiffchenkehlung, das mit 1646 ältest datierte Fachwerkhaus im Kreis Freiberg, und Nr. 7 mit Andreaskreuzen. In das 18. Jh. gehören die Gebäude Nr. 3, Nr. 8 (Seitengebäude), Nr. 17, Nr. 29 (Erbgericht), Nr. 87 (Abb. 22), Nr. 94 (Pfarrhaus) und Nr. 99. In das 19. Jh. sind Nr. 6, Nr. 85 (Schmiede) und Nr. 91 (Alte Schule) zu stellen. Die heutige Schule stammt aus dem Jahr 1888.

Unmittelbar vor der Pfarrhofscheune ist ein kleines Sandsteinkreuz mit eingeritztem Schwert zu sehen. Ein weiteres Steinkreuz steht in einem Gartengrundstück auf dem Gagen- (Krähen-) Hübel. Es befand sich zunächst auf einem Feldrain und erhielt seinen jetzigen Standort erst nach mehrfachem Wechsel. Es soll auch einmal auf dem Grab eines hier 1813 von Franzosen erschossenen Fleischermeisters gestanden haben.

In Niederschöna arbeiteten zwei Mühlen, die Niedermühle bis in die jüngste Vergangenheit hinein. 1952 wurde die heutige LPG (T) Otto Buchwitz gegründet, deren Büro im ehemaligen Erbgericht, dem letzten Gut östlich der Straße nach Freiberg, untergebracht ist.

Das Erbgericht wird 1447 erwähnt, als der Freiberger Rat sich gegen das seiner Meinung nach unberechtigte Brauen und Mälzen der Niederschönaer Erbrichter wandte. Bis in das vergangene Jahrhundert führte der Fahrweg von Freiberg nach Dresden auf der Spur eines älteren Hufenweges durch dieses Gut. Auf der Höhe nach Naundorf zu erheben sich rechts der Fernverkehrsstraße 173 als eine der ersten großen industriemäßigen Tierproduktionsanlagen die Bauten eines 1500er Milchviehstalles. Für die dort Beschäftigten entstanden im Ort zwei Zwölffamilienwohnblöcke. Die LPG besitzt am ehemaligen Haltepunkt auch Schweinezuchtanlagen. Die Pflanzenproduktion obliegt der LPG in Naundorf.

1946 wurde das 1910 umgebaute Herrenhaus des bereits erwähnten Freigutes in ein Kurheim für Tbk-Kranke umgewandelt und konnte sich in etwa 20 Jahren zu einem wichtigen Rehabilitationszentrum entwickeln. Nachdem infolge umfassender staatlicher Gesundheitsmaßnahmen die Zahl der Zugänge bedeutend zurückgegangen war, wurde das Heim in ein Pflegeheim für ältere Bürger umgewandelt. Die ärztliche Betreuung erfolgt vom unweit der Fernverkehrsstraße gelegenen Landambulatorium aus. Niederschöna ist Sitz des Gemeindeverbandes Am Tharandter Wald.

Die vom Tharandter Wald über Hetzdorf bis Haida reichenden Kreidesandsteinschichten bilden ein Riedelgebiet mit auffallend flachen Rückenscheiteln, so an der Höhe 412 m dicht südlich der Einmündung der Hetzdorfer Straße in die F 173, wo Plänersandstein ansteht. Wenig westlich und südlich markiert eine etwa 40 m hohe Landstufe den Ausbiß des liegenden Quadersandsteins. Althölzer mit viel Birke und einzelnen Kieferngruppen bedecken das von Steinbrüchen zernarbte Gelände. Die Sandsteinböden sind vielfach nur von mäßiger Güte, teils auch arm und unter Wald podsoliert. Neben stauvernäßten Inseln lößartiger Ablagerungen treten an den Schichtausbissen auch quellige Standorte auf, an denen es lokal sogar zu kleinen Moorbildungen gekommen ist.

Die freie Anhöhe selbst bietet ein gutes Sichtfeld in alle Richtungen, besonders

B 10

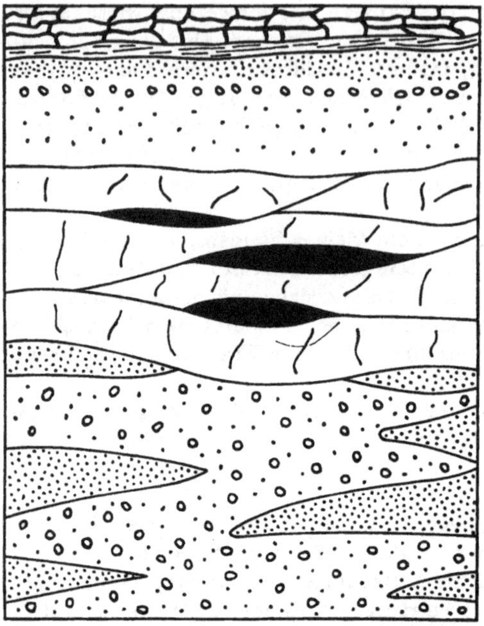

Abb. 21. Schematisches Profil des Cenomans (Oberkreide) von Niederschöna (nach Häntzschel 1934, ohne Maßstab)

1 Plattige weiße Plänersandsteine (Plenuszone)
2 Lage von Tonsand
3 Marine Sandsteine
4 Marines Transgressionskonglomerat
5 Feinkörnige, äolisch gebildete Sandsteine
6 Feingeschichtete glimmerreiche Sandsteine mit pflanzenführenden Tonlagen (= Niederschönaer Schichten im engeren Sinn)
7 Grundschotter mit Sandsteinlagen

weit gegen SO (oberes Osterzgebirge) und über tiefer liegende Riedelgebiete auch gegen NW (Collmberg bei Oschatz).

Die Ablagerungen terrestrischer Art aus dem Bereich der höchsten Unter- bzw. tiefsten Oberkreide bei Niederschöna sind als „Niederschönaer Schichten" bekannt geworden. Von den meist in der Umgebung von Niederschöna befindlichen zahlreichen ehemaligen Sandsteinbrüchen ist der nahe dem Forsthaus gelegene am besten erhalten. Er gilt als Typuslokalität und wurde mehrfach, vor allem durch Häntzschel (1934) und Prescher (1957) untersucht (Abb. 21). Seit 1968 steht der Bruch unter Naturschutz.

Die Kreideablagerungen im Gebiet von Niederschöna gliedern sich von oben (jung) nach unten (älter) in:

1 Plattige weiße Plänersandsteine (Plenuszone)
2 Lage von Tonsand
3 Marine Sandsteine

4 Marines Transgressionskonglomerat
5 Feinkörnige, äolisch gebildete Sandsteine
6 Feingeschichtete, glimmerreiche Sandsteine mit pflanzenführenden Tonlagen (= Niederschönaer Schichten im engeren Sinn)
7 Grundschotter mit Sandsteinlagen

Die ältesten Grundschotter (7), vor allem aus Quarz, Kieselschiefer und Porphyr bestehend, sind auf den Feldern bei Niederschöna an ihrer hellen Färbung zu erkennen, im Forsthausbruch selbst aber nicht aufgeschlossen. Die mit ihnen verzahnten Sandsteinlagen stellen durch Flüsse abgelagerte Sande dar, die in Trockenzeiten zu Dünen zusammengeweht und später wiederum von Wasser umgelagert wurden. Die darüber lagernden glimmerreichen Sandsteine (6) setzten sich in ruhigem Wasser, wohl in Sümpfen und kleinen Seen, ab; eingewehter feiner Staub wurde als Ton abgelagert. In der Mitte des 19. Jh. wurden in diesen Tonlagen reiche kreidezeitliche Floren gefunden. Es handelt sich vor allem um Farne und Gymnospermen, Angiospermen und eine Quercus-Acer-Eucalyptus-Gesellschaft. In der Flora konnten erstmals echte Laubbäume nachgewiesen werden. Nach den Vertretern der zu den Platanen gehörenden Gattung *Credneria* wurden die Ablagerungen auch als Crednerien-Schichten bezeichnet.
Die oberen Sandsteine (5) können als Dünensandsteine angesehen werden. Sie wurden früher häufig von Bildhauern verwendet, auch Teile der Goldenen Pforte am Dom zu Freiberg (s. B 27.5) wurden aus ihnen hergestellt. Auf diesem Dünensandstein lagerte sich ein ungefähr 30 cm mächtiges Transgressionskonglomerat ab (4), welches die Muschel *Rhynchostreon columba* LAMARCK führt. Über diesem folgt noch ein etwa 2 m mächtiger fein- bis mittelkörnig ausgebildeter Sandstein (3), welcher zu den Oberhäslicher Schichten der Oberkreide gerechnet wird. Kleine kohlige Schmitzen in dieser Schichtenfolge regten um 1850 eine Kapitalgesellschaft zu einem Kohlenbergbauversuch an.

Hetzdorf, Kreis Freiberg **B 11**

Zum namengebenden Ort gehören seit der Verwaltungsreform 1952 die Ortsteile Herrndorf, Hutha und Erlicht (s. B 12—14). Die erste Nennung bezieht sich mit Sicherheit auf den heute unter dem Namen Wüsthetzdorf bekannten Flurstreifen westlich von Herrndorf. Im Lehnbuch FRIEDRICHS DES STRENGEN 1349/50 erscheint dieser aus mehreren Hufenstreifen bestehende Teil als „villa *Heczilsdorf* desolata" und 1378 als „*Heczelsdorff* vorwust". Die heutige Siedlung Hetzdorf (Abb. 23) entstand später südlich von Wüsthetzdorf auf Boden des einstigen Freigutes Niederschöna (s. B 10). Sie wird erst seit 1409 (*Hetzelstorff* = Dorf des Hetzel, Koseform zu Hermann, 1454 *Heczilstorff*, 1568 *Hetzdorff*) urkundlich erwähnt und gibt sich auch aufgrund ihrer parzellierten Flur als jüngere Gründung zu erkennen, den Namen ihrer Vorgängerin übernehmend und weiterführend.
1765 erwähnen die Archivnachrichten 56 Häusler, deren Existenz wesentlich mit vom hier betriebenen Bergbau auf Silbererze abhängig gewesen sein dürfte. Einige zaghafte Bergbauversuche lassen sich bereits im 16. Jh. nachweisen. Ohne Erfolg baute die heute unter dem Namen Reschkes Bruch noch bekannte

Abb. 22. Details Hetzdorf 11; Niederschöna 87

Harte Grube, deren Betriebszeiten von 1809 bis 1812 und von 1866 bis 1871 währten.

Hetzdorf selbst liegt an einer Berglehne und zieht sich in Ost-West-Richtung zur Hochfläche (400 m ü. NN) hinauf (Abb. 1). Es trägt das Prädikat Erholungsort als einziger Ort im Kreisgebiet. Viele Bewohner beherbergen im Sommer, zum Teil aber auch schon in den Wintermonaten, Urlauber auf der Basis vertraglicher Vereinbarungen mit dem FDGB oder auch privat. Der einstige Dorfgasthof (HOG Waldblick) ist das kulturelle Zentrum.

Die Gemeinde bildete bis zum 1836 erfolgten Bau einer eigenen Schule einen Schulverband mit Niederschöna. Seit 1888 steht die heutige Schule auf Wüsthetzdorfer Flur. 1902 wurden hier von 2 Lehrern und einem Hilfslehrer in 6 Klassen 276 Schulkinder unterrichtet. Heute dient die zur Polytechnischen Oberschule Niederschöna gehörende Teilschule dem Unterricht von Schülern auch aus den umgebenden Dörfern. B 11

Am nördlichen Ende der Wüsthetzdorfer Flur, die 1561 an einen Schönberger auf Reinsberg verlehnt war, entstanden vor 1838 acht neue Hausstellen, für die der Name Neu-Schönberg, später Neu-Wüsthetzdorf überliefert ist. Auf dem OBERREIT-Atlas (erste Hälfte 19. Jh.) ist das Gelände zwischen dieser Ausbausiedlung und Hetzdorf noch bewaldet dargestellt. Hier findet man in diesem Atlas auch die Bezeichnung „Jagd-Saeulen". Eine davon konnte vor einigen Jahren wiederentdeckt und in der Nähe aufgestellt werden. Die verwitterte Inschrift bezieht sich auf Jagdereignisse des 18. Jh.

Im SO von Hetzdorf befinden sich einige künstlich angelegte Teiche, die von einem Zufluß zum Hetzbach gespeist wurden. Ursprünglich dem Betrieb einer 1784 genannten Oel- und Walkmühle dienend, wurden sie in freiwilligen Aufbaustunden von den Hetzdorfern in ein gut ausgestattetes Freibad verwandelt. Daneben steht das Kultur- und Bildungszentrum des VEB NARVA Brand-Erbisdorf, die Sumpfmühle. Nordöstlich davon erinnert der Wegename Teichdamm an einen Stauteich, den die Karten des 19. Jh. noch verzeichnen, der aber heute nicht mehr existiert. An der Flurgrenze zu Herrndorf schneidet der von Hutha herabführende Weg, das Jägerhorn, die Dorfstraße. Im Kreuzungsbereich befinden sich die ehemalige Gaststätte gleichen Namens, heute Ferienheim, die Buswendeschleife und ein Landkaufhaus von 1980. Die zum Wald führende Fortsetzung des Jägerhorns berührt eines der besterhaltenen Fachwerkhäuser (Nr. 11, Abb. 22), bezeichnet mit 1656. Weitere bemerkenswerte Bauten aus dem Ende des 17., dem 18. und 19. Jh. verteilen sich über den gesamten Ort in größerer Zahl (DOUFFET 1980). Wo der Weg in den Wald eintritt, steht die Gaststätte Bergschlößchen, heute Ferienheim des Kombinates ROBOTRON Dresden. Etwa 1 km weiter südlich wurden am Ufer des Glasergrundbaches die Reste einer mittelalterlichen Glashütte entdeckt und archäologisch untersucht (GÜHNE 1983). Hetzdorf gehört dem Gemeindeverband Am Tharandter Wald an. Tier- und Pflanzenproduktion obliegen den LPGs in Niederschöna bzw. Naundorf.

Erlicht, Ortsteil von Hetzdorf, B 12

liegt in der breiten Aue des Erlichtbaches inmitten der Ortsflur von Niederschöna (Abb. 23) und tritt erst 1538 als dy Gemein von *Erlicht* in das Licht der Geschichte. 1617 waren zehen newe (neu) erbawete heuser, des kleine *Errlicht* genantt, dem Amt Grillenburg zinspflichtig. Der Name der Ausbausiedlung bezieht sich auf einen Erlenbusch.

Aus der Lage Erlichts zum Tharandter Wald als kurfürstlichem Jagdrevier erklärt sich die Urkundennotiz von 1638, wonach Erlicht 4 Jäger zu den Wolfsjagden zu stellen hatte. 1752 pfarrte das Dorf, das eigene Gerichtsschöppen und einen eigenen Schulvorstand besaß, nach Niederschöna. Unter den kleinen Gütern

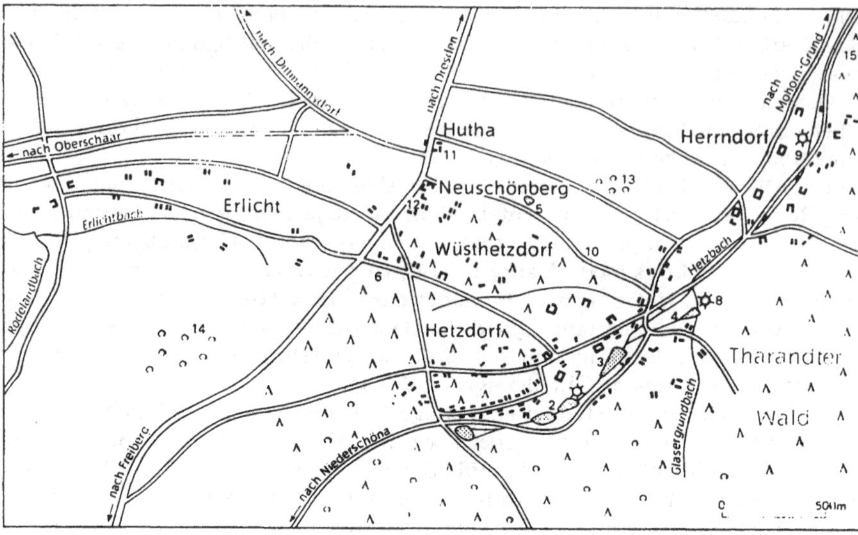

Abb. 23. Flurplan Hetzdorf (Entwurf A. GÜHNE, nach OBERREIT und Flurkroki um 1835)

1 Teich (trockengelegt)
2 Sumpfmühlenteiche
3 Herrenteich (trockengelegt)
4 Mühlgraben mit Stauteich
5 Teich am Jägerhorn
6 Harte Grube (Reschkes Bruch)
7 Sumpfmühle
8 Reifs Mühle
9 Niedermühle
10 das Jägerhorn (Jagdhorn)
11 Erbgericht Hutha
12 die Jagd-Säulen
13 Göpferts Busch
14 Gagenhübel
15 Weißer-Hirsch-Erbstolln

nimmt der bis vor wenigen Jahren bewirtschaftete Dorfgasthof Pfauenhof hinsichtlich seiner Größe eine Sonderstellung ein. Erwähnt werden soll auch das aus dem Jahre 1716 stammende Seitengebäude von Nr. 6, welches im Obergeschoß eine durch umlaufende Bänke gekennzeichnete Dorfstube enthält, in der sich früher die Gemeindevertreter versammelten.

Zur Bewässerung der landwirtschaftlichen Flächen und zur Fischzucht entstand am westlichen Dorfende durch Aufstau des Erlichtbaches ein Teich, der sich gut in die Landschaft einfügt. Am leicht ansteigenden Nordhang befanden sich noch bis in unser Jahrhundert genutzte Steinbrüche, aus denen die Anwohner Sandstein als Baumaterial gewannen.

B 13 **Hutha,** Ortsteil von Hetzdorf

Der an der F 173 gelegene Wohnplatz Hutha besteht aus dem ehemaligen Erbgericht, der Schmiede und dem 1904 erbauten Gasthof. Die erste Erwähnung Huthas erfolgte im Zusammenhang mit Erzlieferungen an die Freiberger Münze. In einer Urkunde von 1511 gab Herzog GEORG einem Bürger Volckmar zu Leip-

zig eine Begnadigung mit dreijähriger Bergbaufreiheit für ein von ihm und seinen Gewerken seit etlichen Jahren gebautes bergwergk *uff der hute* beym *Ahorn* (= Mohorn). Im gleichen Jahr wird diesem Bürger auf sein Bergwerk *auf der Hute* bey *Ohorn* Münzfreiheit gewährt. Der Ortsname ist wohl auf ein Huthaus zu beziehen (1571 *auf der Hut*, 1722 *zur Hutha*). B 13
Das Erbgericht taucht 1687 erstmals in den Urkunden auf. Lehnsherr war die Familie von Hartitzsch, die über 11 Untertanen gebot. Die Bewohner hatten Hand- und Spanndienste zu leisten, der Gutsherr übte die Niedergerichtsbarkeit über Herrndorf, Hutha, Erlicht und Grund aus. 1723 wird die Gastwirtschaftsberechtigung des Erbgerichts besonders erwähnt. Die zu diesem Anwesen gehörigen Felder hatten 1945 eine Größe von 100 ha. Heute befinden sich in dem ehemaligen Gut ein Rinderstall der LPG Otto Buchwitz und Wohnungen für Genossenschaftsmitglieder. Die Ländereien dienten zur Errichtung einer Kleingartenanlage und zur Vergrößerung zweier Kleinbauernwirtschaften.

Herrndorf, Ortsteil von Hetzdorf, **B 14**

liegt im unteren Teil des vom Hetzbach durchflossenen Tals. Die sieben größeren Güter mit ehemals dazugehörigen Hufenstreifen, die im Detail infolge genossenschaftlicher Zusammenlegung nicht mehr erkennbar sind, verraten die alte Dorflage. Der Name der Spätgründung (1532 *Herndorff*, 1555 *Herrenndorff*) bezieht sich vielleicht auf den Landesherrn, zumal der Ort dem landesherrlichen Amt unterstand. An der südlichen Talkante, den Gütern gegenüber, begrenzt der Tharandter Wald den Ort. Alte, in Sandsteinsäulen geschlagene Kurschwerter markieren die Herrschaftsgrenze am Waldrand. Der nahe Wald brachte es mit sich, daß eine Reihe der Dorfbewohner Waldgewerben nachging.
Am unteren nordöstlichen Ortsausgang, unterhalb des Kühnberges, ist als letzter Zeuge des einstigen Bergbaus auf Herrndorfer Flur der Rest des Weißer-Hirsch-Erbstollns sichtbar. Die Grube nahm 1849 den Betrieb auf dem Morgengang auf, 1872 zwang Kapitalmangel zur Einstellung des Unternehmens.
Im Dorf gab es zwei Mühlen, die obere hieß Reifs Mühle und die untere Funkenmühle, beide 1570 erwähnt. Zu dieser Zeit war Herrndorf, das seinen Zins ins landesherrliche Amt Grillenburg entrichtete, nach Niederschöna eingepfarrt, schulisch aber selbständig. Während anfangs reihum bei den Bauern Unterricht gehalten wurde, bauten sich die Herrndorfer 1827 eine eigene Schule, Untere Dorfstraße 2, ein Fachwerkhaus mit Krüppelwalmdach. Weitere bemerkenswerte Bauten des 18. und besonders 19. Jh. sind mit den Gärtnerhäusern (Gartennahrungsbesitzer) Nr. 8, 13, 16 und 44 erhalten.
Seit Beginn des 20. Jh. entstanden zwischen den Gütern und in der Aue kleinere Siedlungshäuschen, die auch dem sich entwickelnden Urlauberverkehr dienten. Waren es anfangs überwiegend Dresdner, die hier Erholung suchten, so kommen die Urlauber heute aus allen Teilen unseres Landes. Damals wurde eines der Güter zu einem Landheim der Dresdener Dreikönigsschule ausgebaut. Jetzt befinden sich darin ein dem örtlichen Rat unterstehendes Ferien- und Schulungsheim sowie der Kindergarten Hetzdorfs. Das Ortsbild beeinflussen heute auch Bungalowbauten.

B 15 Hetzbach

Das 34 km² große Triebisch-Quellgebiet im Tharandter Wald hat die Gestalt eines Talfächers. Einer der kurzen Quellbäche neben Warnsdorfer, Werners- und Triebenbach ist der Hetzbach, dessen 3,5 km langes Tal zugleich die Westgrenze des nördlichen Tharandter Waldes markiert. Wenig südlich des Flügels Jägerhorn liegt in 408 m ü. NN eine kleine vernäßte Quellmulde, unterhalb derer der Hetzbach in einer kurzen, steilen Talkerbe den Quadersandstein durchschneidet. Danach weitet sich das nunmehr bis 40 m eingetiefte Tal und wird abwärts zunehmend asymmetrisch, wobei die westlichen Hänge meist von Lößlehm überdeckt sind. Vor der Mündung in die Triebisch, 299 m ü. NN, ist im Quarzporphyr rechtsseitig ein steiler Trockenhang ausgebildet.

B 16 Triebisch

Etwa 0,5 km südlich von Auermanns Kreuz liegt bei 452 m ü. NN die unscheinbare Quellmulde der Triebisch. Zusammen mit der Faulen Pfütze speist dieser Wasserlauf den Grillenburger Schloßteich. Erst unterhalb von ihm schneidet sich die Triebisch zunehmend in einem Muldental in die Hochfläche des Tharandter Waldes ein, den sie etwa zur Hälfte entwässert. Von Grund bis Munzig bildet das Triebischtal eine selbständige, fast unbesiedelte Kleinlandschaft mit ziemlich steilen, 50—60 m hohen Waldhängen und einer 50—200 m breiten Wiesenaue. Das Einzugsgebiet des Flusses umfaßt insgesamt 177 km², wovon 35 km² auf die Kleine Triebisch entfallen. Der natürliche mittlere Abfluß wird an der Einmündung des Tännichtbaches mit 0,56 m³/s, am Pegel Meißen mit 0,98 m³/s angegeben. Als Wasserlauf des Gefildes ist die Triebisch nach Starkregen wegen der erosionsanfälligen Lößböden stark verlehmt. Fast das gesamte Triebischtal wurde unter Landschaftsschutz gestellt.

B 17 **Grund,** Ortsteil von Mohorn

Die an den teilweise recht steilen Hängen des Triebischtales angelegte Streusiedlung wird 1485 im Zusammenhang mit dem zeitweilig ertragreichen Silbererzbergbau erstmals erwähnt. Je nach der Ausbeute der Gruben wurden im Volksmund auch die Namen Silber- oder Bettelgrund gebraucht. In den Visitationsakten von 1575 findet man den Namen *Ziegenrückengrund.*

In der Zeit von 1451 bis 1456 wurde Silber vom *Zcigenrück* und der *Hute* (Hutha) in die Münze nach Freiberg geliefert. 1496 soll die Kirche von Mohorn mit wesentlicher Beteiligung der Gewerken aus Grund entstanden sein. Nachdem im 16. Jh. der Bergbau noch rege umging, ließ er dann spürbar nach. 1709 wurde der Beschert-Glück-Erbstolln in Betrieb genommen, der von 1713 bis 1858 fast ununterbrochen in zum Teil kostendeckender Erzlieferung stand. Im Drei-Lilien-Erbstolln arbeitete man mit kurzen Unterbrechungen von 1717 bis 1823. Gewisse Bedeutung kam auch dem Reichen-Mathias-Erbstolln zu, der im vorigen Jahrhundert am rechten Triebischufer in Betrieb war. Heute sind der verfallene Kunstgraben des Drei-Lilien-Erbstollns am linken Triebischtalhang, alte Halden, Pingen und verbrochene Stollnmundlöcher zu beiden Seiten des Tales die letzten Zeugen des einstigen Bergbaus. B 17

Die natürliche Gunst des Ortes — er besitzt auch ein Freibad — war Anlaß für die Einrichtung von Ferienheimen des Freiberger Bergbau- und Hüttenkombinates Albert Funk und eines Brandiser Betriebes. Die Herstellung von Räucherkerzen (Knox) wurde hier in der Mitte des vorigen Jahrhunderts von dem Apotheker H. Zwetz eingeführt. Viele der Arbeitspendler aus Grund arbeiten in Freitaler Betrieben.

Zu Grund, das als Ortsteil von Mohorn dem Gemeindeverband Grumbach angehört, zählen auch einige Wohnplätze bzw. Gehöfte oberhalb und unterhalb des Dorfes im Triebischtal sowie in Richtung Herrndorf. Verwaltungsmäßig bestand Grund noch im 18. Jh. aus einem Herrndorfer und einem Mohorner Anteil.

Etwa 400 m östlich des Nordrandes von Grund liegt am Nordhang eines vom Landberg herabziehenden Tales ein auflässiger Steinbruch, in welchem typischer quarzarmer Porphyr ansteht. Dieser Bruch, schon 1851 beschrieben, galt bereits zu jener Zeit als eine Sehenswürdigkeit. Die seitdem kaum veränderte Nordwand des Bruches erregte immer wieder das Interesse der Besucher durch die fächerförmige, säulige Ausbildung des Gesteins. Die Säulen liegen im Nordwestteil des Aufschlusses annähernd horizontal, richten sich gegen die Bruchmitte allmählich auf und stehen im SO senkrecht oder fallen steil nach SO ein. Der Porphyr liegt als Deckenerguß vor. Die Förderspalte lag nordöstlich des Steinbruches. Von hier aus bewegte sich die Lava in breitem Strom südwärts und füllte entweder eine Hohlform an der Geländeoberfläche aus oder intrudierte oberflächennah als Lagergang. Die Fächerstellung der Säulen entstand durch Abkühlung der Lava in einem engen Hohlraum. Das rotbraune bis grauviolette Gestein weist häufig Fluidal- (Fließ-) Texturen auf, in der meist dichten Grundmasse liegen Einsprenglinge von Feldspat, Quarz und Biotit.

Quarzarme Porphyre sind im Tharandter Wald flächenmäßig weit verbreitet, ihre Mächtigkeit ist im einzelnen nicht bekannt. Sie werden dem Oberkarbon zugerechnet (Pietzsch 1963, Moesta 1929), da sie als Gerölle bereits im tiefen Unterrotliegenden des Döhlener Beckens auftreten. Schwab, der 1962 den Bruch bei Grund auch im Hinblick auf die Klüftung eingehend untersuchte, vertritt dagegen die Ansicht, daß sich die Porphyre des Tharandter Waldes gleichzeitig mit der Absenkung des Döhlener Beckens erst im Unterrotliegenden bildeten.

Westlicher Tharandter Wald B 18

Der westliche Teil des etwa 60 km² großen Tharandter Waldes umfaßt vor allem die Forstreviere Spechtshausen und Naundorf. Naturräumlich gesehen (Abb. 1 und Anhang A), beginnt er im N mit der flachen Erhebung des vorwiegend von Basalt aufgebauten Landberges (430 m), einer weithin sichtbaren Landmarke. Verwitterungsböden von Plänersandstein und meist staunasse Böden auf lößartigen Sedimenten (Derivaten) bilden, vergesellschaftet mit nährstoffreichen Basaltbraunerden, im wesentlichen das Bodenmosaik dieser Erhebung. Südwärts schließt sich der überwiegend porphyrische Talfächer des Grunder Triebischgebietes (s. B 16) an. Die meist kräftig asymmetrischen Täler sind mit ihren Trockenhängen gegenüber dem Landberg um 100 m eingetieft. Gegen SW geht der Talfächer in das vorwiegend durch Sandsteine bestimmte Hetzdorfer Riedelgebiet, gegen S in die Hochfläche des zentralen Tharandter Waldes über, auf der Verwitterungsböden aus Porphyren und verschiedene Sandsteine mit staunassen Lößderivaten vergesellschaftet sind. Etwa südlich der Linie Rodelandbach—Grillenburg steigt die Hochfläche des südlichen Tharandter Waldes mit mäßig frischen Porphyrböden und staunassen Staublehmböden allmählich bis etwa 455 m ü. NN an. Mit dem Durchbruchstal des Colmnitzbaches und dem Tännicht besteht im äußersten SW noch ein kleiner, besonders gearteter Naturraum (s. B 34).

Das Waldbild des Forstes läßt die naturräumliche Differenziertheit teilweise erkennen. So zeigen bei Vorherrschen von Fichten die Sandsteinareale deutlich höhere Kiefernanteile. Besonders unter den jüngeren Kulturen macht sich die Tendenz bemerkbar, ausländische Nadelgehölze, wie Weymouthskiefer, Douglasie, Japanlärche oder bestimmte Fichtenarten, lokal auch die Weißtanne, anzupflanzen. Unter den Laubgehölzen fallen neben der Birke besonders viele schöne alte Buchen auf, sogenannte Überhälter, die auch als Samenbäume dienen. Bei Grillenburg ist der Flügel Jägerhorn als forstlicher Lehrpfad angelegt worden. Test- und Versuchsflächen, wie das hydrologische Experimentalgebiet Wernersbach (Fiedler u. Richter 1981), zeugen von der umsichtigen Forschungsarbeit der Tharandter Forstleute.

Klimatisch weist das große Waldgebiet (Anhang B) selbst in den Monatsmittelwerten größere Abweichungen im Vergleich zu Freiberg auf. Einer stärkeren sommerlichen Aufheizung der Rodungsinsel Grillenburg steht eine höhere winterliche Abkühlung gegenüber. Besonders die flachen staunassen Hohlformen des Tharandter Waldes (s. B 7) sind als stark frostgefährdet bekannt.

Rot-, Reh-, Schwarz- und Muffelwild belebt das gesamte Forstrevier. Das Vorkommen des Muffelwildes geht im Tharandter Wald auf eine 1934 erfolgte Einbürgerung zurück. Die ersten importierten Tiere (3 Widder, 2 Schafe) stammten aus Sardinien (Missbach 1968). Heute zählt die Muffelwild-Population etwa 150 Tiere. Dieses Wild erscheint als ausgeglichene Herde, die sich auf mehrere Einzelrudel aufteilt. Die Widder weisen bemerkenswert gute Trophäen auf, die Schafe sind hornlos. Von anderen Tierarten sind noch vor allem Baummarder, Dachs, Schwarzspecht, Grauspecht, Waldschnepfe, Kolkrabe und Heidelerche zu nennen. In den stillen Winkeln des Waldes kann man zu gegebener Zeit den Balztriller des Raubwürgers hören. Wenn auch Kreuzotter und Glattnatter einander in ihrem Vorkommen grundsätzlich nicht ausschließen, ist es doch bemerkenswert, daß die Kreuzotter bisher im westlichen Tharandter Wald nicht gefunden wurde, während Glattnatter, Ringelnatter und Waldeidechse dort heimisch sind.

Zu den wenigen Gedenksteinen im westlichen Tharandter Wald gehört das granitene Auermanns Kreuz im Naundorfer Revier, Abt. 35; es wird oftmals fälschlich als Angermanns Kreuz bezeichnet. Schon auf der Karte von Oeder benannt, soll es an den hier 1492 ums Leben gekommenen Greger Gunter aus

Naundorf erinnern (s. Bd. 21, G 1). Ein Denkstein am Gottschaldweg in Abt. 30 des Forstreviers Naundorf wurde zum Gedenken an den hier verunglückten Häusler Gottlieb Weise 1832 errichtet. B 18

Isaak-Erbstolln B 19

Zwischen Halsbrücke und Rothenfurth liegt unmittelbar an der Straße im Muldetal ein auflässiger Steinbruch. In ihm wurde Grauer Gneis der Osterzgebirgischen Serie (= Freiberger Kerngneis) abgebaut. Am Eingang des Aufschlusses ist ein vermauertes Stollnmundloch zu sehen. Der Stolln wurde auf dem Isaak-Spat angelegt. Dieser gehört zu den Gängen des Halsbrücker Gangzuges und wird zur Fluorbarytischen Bleierzformation (fba) gerechnet. Der hier etwa 0,5 m mächtige Gang zieht von der Stollnfirste im Gneis schräg nach oben. Er ist einer der wenigen über Tage anstehenden Gangaufschlüsse des Freiberger Reviers. Sein Streichen verläuft NW—SO, sein Einfallen beträgt im Aufschluß etwa 45° SW. An Mineralien finden wir am Fuß der Bruchwand Quarz, wenig Flußspat von gelblich-grünlicher Färbung und wenige Sulfide, vor allem Bleiglanz und Pyrit.

Halsbrücke, Kreis Freiberg B 20

In stärkerem Umfang entstand Halsbrücke wohl mit Anlage der Hütte seit Anfang des 17. Jh. als eine Streusiedlung für Berg- und Hüttenleute im Bereich der Fluren der Güter Hals und Neubau sowie von Tuttendorf. Erst der Zusammenschluß der genannten Anteile 1838/40 ließ die heutige Gemeinde entstehen, der 1933 das auf Krummenhennersdorfer Flur gelegene Sand angegliedert wurde.

Das erstmalig 1349 im Lehnbuch von Markgraf Friedrich dem Strengen genannte Vorwerk und spätere Kanzleilehngut „zcu dem *Halse*" lag am südlichen „halsförmigen" Rücken der großen Muldeschlinge nordwestlich des Ortes. Dieser Situation entsprach auch die Bezeichnung Inselgut. An seiner Stelle wurde um 1980 ein größerer Neubaukomplex des Rationalisierungsbetriebes des Bergbau- und Hüttenkombinates errichtet. Den späteren Ortsnamen (1654 an der *Halßbrücken*, 1706 *Halßbrücke*) nimmt auch die 1441 als „czu der *brucken am Hals*" bezeichnete Muldeüberquerung auf, die innerhalb des Ortes wenig oberhalb der jetzigen, nach Rothenfurth führenden Straßenbrücke zu suchen sein dürfte. Über sie ging die älteste Straße nach Krummenhennersdorf und Meißen, die südlich Halsbrücke über den Schulberg geradlinig nach Freiberg führte.

Das Vorwerk Neubau, 1 km südlich von Halsbrücke am Berghang zum Münzbachtal gelegen, ist eine neuere Gründung. Oeders Karte verzeichnet hier am Steinberg 1590 noch keine Bebauung. Vielleicht um 1600 im Bereich des Rittergutes Hals angelegt, hieß es ursprünglich Pudewitzsches Vorwerk. Es war ein Erblehngut mit Rittergutsgerechtsamen. Der Name Neubau wird erstmalig 1785 verwendet. Seine Flächen werden zusammen mit denen von Hals von der

B 20 LPG Pflanzenproduktion Naundorf bearbeitet. Eine zu Neubau gehörige Mühle wurde um 1950 abgebrochen.

Das eigentliche Halsbrücke liegt auf dem früher zu Tuttendorf gehörigen *Meusgenfelde*. Mit Beginn der Tuttendorfer Kirchenbücher 1618 lassen sich auch Halsbrücke betreffende Eintragungen nachweisen.

Der Ortsteil Sand, dessen Name (1778 aufn *Sande*) eigentlich auf Sandboden weisen müßte, der aber vielleicht von dem durch den Hüttenrauch hervorgerufenen, vegetationsarmen Ödland abzuleiten ist, entstand Ende des 17. Jh. auf Boden des dem Rittergut Krummenhennersdorf untertänigen Erlerschen Gutes. 1796/1804 heißt es deshalb noch das Dorf *Sand* oder sonst das Erlersche Gut. 1651 wird ein Sandmüller erwähnt.

Abb. 24. Amalgamierwerk in Halsbrücke (aus Saxonia I, 1835)

Die Geschichte Halsbrückes ist eng mit der seines Bergbaus und seiner Hütten verknüpft. 1519 wird als erste Grube St. Lazarus beim Halshaus erwähnt. Eine bedeutende Stollnanlage des 16. Jh. war der am linken Muldeufer angesetzte Planerstolln. 1571 vom Bergverwalter Martin Planer begonnen, wurde sein Bau Ende des 17. Jh. bereits wieder eingestellt.

Zu Beginn des 17. Jh. hatte die große Blüte des Halsbrücker Bergbaus begonnen. In rascher Folge wurden (1602—10) auf verschiedenen Maßen St.-Lorenz-Fundgrube und St.-Johannes-Fundgrube fündig. Von 1605 bis 1622 fanden allein auf 12 Halsbrücker Gruben mehrere Erbbereiten statt. Sogar die Mulde mußte wegen des Bergbaus in den Jahren 1606 und 1607 von der Halser auf die Sander Seite verlegt werden. Einflußreichster Gewerke dieser Zeit war der Leipziger Ratsherr Thomas Lebzelter. Eine eigene gewerkschaftliche Hütte legten 1612

Abb. 25. Kaue 8. Lichtloch des Rothschönberger Stollns in Halsbrücke

die Gruben St. Lorenz und Rheinischer Wein an. Aus dieser ging 1663 die Halsbrücker Schmelzhütte hervor (Gedenktafel von 1678 am ehemaligen Expeditionsgebäude). Baulichkeiten vom Ende des 18. Jh. sind noch im zentralen Hüttenbereich in der Treibehütte und der Schmiede erhalten. Von dem 1794 errichteten Amalgamierwerk (Abb. 24) steht noch der Südflügel (Inschrifttafeln von 1794 und 1800). Heute bildet die Hütte den Verarbeitungsbetrieb des Bergbau- und Hüttenkombinats Albert Funk, zuständig für die Gewinnung und Verarbeitung von Edelmetallen.

Von 1797 bis 1872 wurde mit Hüttenschlacken im Gebäude Hauptstraße 16 (bezeichnet 1804) ein Heilbad betrieben. August Wilhelm Lampadius richtete 1815 in der Hütte die erste, wenn auch kleine Leuchtgasanstalt auf dem europäischen Kontinent ein, die bis 1895 in Betrieb war. 1853 wurde eine Bleiwarenfabrik, 1862 eine Goldscheideanstalt, 1865 eine Schwefelsäurefabrik errichtet.

Die weithin sichtbare, auf Sander Flur 1888/89 erbaute Hohe Esse (Bild 16) mit zugehörigem Rauchkanal war mit 140 m (jetzt 138 m) Höhe einst höchster Schornstein der Welt. Ihr unterer Durchmesser beträgt 8,25 m, der obere 3 m. Westlich am Muldehang befindet sich das 8. Lichtloch des Rothschönberger Stollns mit dem Treibehaus für eine Dampfförderanlage (1872) und der letzten erhaltenen Kaue (1865, Abb. 25). Das 7. Lichtloch liegt etwa 800 m westlich davon am jenseitigen Muldehang. Unterhalb der Hohen Esse liegt das Mundloch vom Freudensteinstolln. Es ist das älteste datierte Mundloch des Freiberger Bergbaus mit Gewölbemauerung (von 1769).

Zum Betrieb der Hütte, der Pochwäschen, der 22 Kunst- und 3 Kehrräder von 10—16 m Durchmesser mußten für die Herbeileitung von Aufschlagwasser mehrere Kunstgräben gebaut werden. Der bekannteste ist der Rote Graben (um 1613), der noch heute Wasser führt (s. A 15, B 29). Er bringt in Halsbrücke ein Gefälle von 18 m über der Mulde ein.

Mehrere Grubenunglücke brachten den Bergbau immer wieder zum Stillstand. Wassereinbrüche in die Baue unter der Mulde ersäuften die Gruben in den Jah-

B 20 ren 1640, 1694 und nochmals 1897. Die Grubenbrüche von 1662 und 1709 führten zum einst über 100 m tiefen Johannesbruch.

1709 schlossen sich die Hauptgruben zu einer einzigen großen Gewerkschaft – Halsbrücker Vereinigt Feld – zusammen. Die Betriebseinstellung dieser großen Grube erfolgte 1746. Erst 1861 begann man mit dem „Wiederangriff der Tiefbaue auf dem Halsbrücker Spat" seitens der Grube Beihilfe-Erbstolln. Von 1874 bis zur Stillegung im Jahre 1900 lieferte diese Grube 7171 kg Silber.

1935 erfolgte, bedingt durch die faschistische Wirtschaftspolitik und Wiederaufrüstung Deutschlands, die Inbetriebnahme alter Grubenbaue. Erst nach dem zweiten Weltkrieg kam es zu einer erneuten, nun friedlichen Nutzung der hier lagernden Rohstoffe, die bis zum 31. 12. 1968 anhielt. Aus dieser letzten Betriebszeit stammen die im Gelände des Johannisschachtes der ehemaligen Grube Beihilfe gelegenen Übertageanlagen mit dem Kulturhaus (1950/51). Auch die westlich des Ortes, über dem Münzbach abgelagerte Schwemmsandhalde stammt aus dieser Zeit.

Das Mundloch der Aufschlagrösche vom Beihilfe-Erbstolln (elliptisches Gneisgewölbe, um 1850) ist jetzt verschüttet. Es befand sich unterhalb der Grube an der Straße zur Hütte. Am Ende der Straße der Jugend liegt links – umgeben von einer Schwemmsandhalde der letzten Bergbauperiode – die Übertageanlage des 7. Lichtlochs vom Rothschönberger Stolln. Dieser Stolln (Abb. 16) traf hier bei 13,9 km Länge, von der Triebisch her kommend, im Jahre 1875 auf die alten Tiefbaue auf dem Halsbrücker Spat. Das Treibehaus des Lichtloches (Holzbau 1850), das Huthaus (1844) und der Pulverturm (1844) vermitteln noch heute das Bild einer kompletten Übertageanlage, wie sie für viele Gruben des Freiberger Reviers im 19. Jh. charakteristisch war.

Abb. 26. Arbeiterhäuser Halsbrücke, Hauptstraße 24 und 26

Etwas weiter talabwärts befindet sich direkt an der Mulde die Ruine des Kahnhebehauses (s. A 14). Es wurde 1788 von dem späteren Maschinendirektor JOHANN FRIEDRICH MENDE zur Hebung von Erzkähnen erbaut und gilt als das älteste Schiffshebewerk. Unmittelbar daneben bestanden bis in das 19. Jh. hinein noch eine Wäsche und ein 1754 von G. PORSTMANN angelegter Eisenhammer. An der Krummenhennersdorfer Straße steht die um 1840 erbaute Wäsche der Grube Oberes neues Geschrei. Zur selben Grube gehörte auch das zwischen Halsbrücke und Tuttendorf weithin sichtbare Treibehaus des Hoffnungsschachtes. Unter diesem 1851 errichteten Bruchsteinbau befanden sich in 64 m Tiefe 2 Turbinen. Die Wasserzuführung erfolgte durch eine Rösche, deren Mundloch (um 1840) noch erhalten ist. Es befindet sich am Roten Graben, der zwischen dem Schacht und der Mulde vorbeifließt. B 20

Heute vermittelt Halsbrücke einen kleinstädtischen Eindruck. Der alte Ort zu beiden Seiten der 1890 angelegten jetzigen Güterbahnstrecke weist noch einige interessante Gebäude auf: das Häuslerhaus Am Schulberg 2 (um 1700), teilweise mit erdgeschossigem Ständerfachwerk, Schwelle und Füllhölzer mit Libellenschnitt; das Häuslerhaus August-Bebel-Straße 4 (um 1700) mit Zwischenständern im Brüstungsriegel; das Wohnhaus Hauptstraße 2 (um 1830) mit Hochwassermarke von 1897 und die eine Baugruppe bildenden kleinen Arbeiterwohnhäuser in Fachwerk Hauptstraße 24 und 26 (um 1830, Abb. 26).

Von der alten Ortslage hangaufwärts schließen sich größere Eigenheimsiedlungen an, auf die ein in mehreren Etappen errichtetes komplexes Neubaugebiet folgt. Eingebunden sind hier die 1950/52 errichtete große kombinatseigene Betriebsberufsschule sowie die durch ihre künstlerische Ausgestaltung bemerkenswerte, 1957 eingeweihte Polytechnische Oberschule mit Sportplatz. Ferner liegen hier eine Kinderkrippe, ein Kindergarten und neue Verkaufsstellen. Südwestlich von Halsbrücke hat sich am Hang des Münzbaches ein größerer Komplex zur Tierproduktion, vor allem der Schafhaltung, herausgebildet. Halsbrücke ist Sitz des Gemeindeverbandes Hohe Esse.

Tuttendorf, Ortsteil von Conradsdorf B 21

Die Ortsnamenforschung deutet Tuttendorf — am linken Muldehang angelegt und heute vorwiegend Wohngemeinde — als Dorf des Dudo (Koseform zum Personennamenstamm Teut-/Diet-). Die Ersterwähnung erfolgte mit der Entdeckung der Silbererze im Gebiet um Freiberg bereits 1183 als *Tudendorph* (1185 *Dudendorf*, 1360 *Tutendorf*, 1428 *Tuttendorff*). Zuerst der Klosterschenkung Markgraf OTTOS zugehörig, war es kurz nach 1168 wieder in landesherrlichem Besitz (s. B 27.1). Schon früh gelangte das Dorf in die Hand des Hospitals St. Johannis in Freiberg. Das 1351 als Vorwerk erwähnte Hufengut des Hospitals verleibte sich nach und nach die Ländereien der auf der Nordseite des Dorfes gelegenen Feldflur ein und kam als Lehngut, zu dem auch große Flächen der heutigen Gemeinde Halsbrücke gehörten, unter anderem 1451 pachtweise an den Freiberger Bürgermeister PETER VON MOLSDORF. 1558 erwarben die Brüder Meusgen für ihren Besitz die niedere Gerichtsbarkeit. Seither bestanden in Tuttendorf die Hospital- und die Lehngutgemeinde nebeneinander.

Die Entwicklung des Ortes war eng mit der des Freiberger Bergbaus verbunden.

B 21 An die erste Bergbauperiode erinnern die südlich des Dorfes gelegenen Halden des Hauptstollnganges und das Mundloch des 1384 aufgrund seiner zentralen Bedeutung von den Markgrafen gekauften und von ihnen weiterbetriebenen Alten und Tiefen Fürstenstollns am Roten Graben (s. B 29), das in seiner heutigen Form aus dem 18. Jh. stammt. Der frühere Stollnzugang lag bis zum Bau des Roten Grabens (um 1615) 5 m tiefer. Als Bezugspunkt für das Vermessungswesen im Freiberger Bergrevier befindet sich hier, in dem einst wichtigen Freiberger Hauptstolln, die sogenannte Nullpunktgrotte. Das Mundloch des Hauptstollnumbruchs (1822) liegt etwa 40 m östlich davon. Dieser wurde bis 1850 außerhalb des Erzganges als Parallelstolln zum Ersatz für den im tieferen Bereich wasserdurchlässig gewordenen Fürstenstolln angelegt.
Der Bergbau auf Tuttendorfer Flur erlebte zwischen 1540 und 1560 sein Berggeschrei, die Nachricht von reichen Erzanbrüchen. Um den Ort wurden im Jahr 1546 immerhin 35 Gruben, 1547 sogar 176 verliehen. Besonders hohe Ausbeuten gaben die Fundgruben Gideon, Gottes Gabe und Riemer sowie Gabe-Gottes-obere-1.-Maß. Tiefste Stollnanlage war der an der Unteren Ratsmühle angesetzte Bockstolln. Die hohen Produktionsergebnisse und Ausbeuten des 16. Jh. wurden später nicht wieder erreicht. Im 18. und 19. Jh. versuchten mehrere Eigenlehner und kleine Gewerkschaften ihr Glück. Dazu gehörte auch das Unternehmen des Fuchs-Erbstollns, dessen Wäsche (alte Himmelfahrter Wäsche) am Roten Graben, gegenüber der nach dieser Grube benannten Fuchsmühle, noch erhalten ist. Einen größeren Bergbaubetrieb leiteten die Gruben Güte Gottes, Gottes Hilfe und Oberes neues Geschrei (1854 von Himmelfahrt-Fundgrube übernommen) ein. Am westlichen Ortsausgang stand bis um 1920 die Dampfförderanlage des zu Himmelfahrt-Fundgrube gehörenden und 1855 begonnenen Kobschachtes,

Abb. 27. Häusleranwesen Tuttendorf 30

eines Lichtloches des Rothschönberger Stollns. Letzte Ruinen dieser Anlage sind noch sichtbar. B 21

Die durch einen dachreiterbekrönten Saal sowie einen langen, eingezogenen, gerade geschlossenen Chor, in dem sich vielleicht ein mittelalterlicher Chorturm verbirgt, charakterisierte Dorfkirche St. Anna verdankt ihr Aussehen dem Umbau von 1705/10. Das Innere weist beachtliche barocke Stuckdecken mit christlichen und bergmännischen Symbolen auf (Dehio 1965). Der schlichte Altar mit Kreuzigungs- und Abendmahlsgemälde stammt von 1670/76, die Oehme-Orgel von 1778/81. Hervorzuheben ist eine spätgotische St.-Annen-Plastik. In der Vorhalle aufgehängte Kanonenkugeln erinnern an die Kämpfe zwischen Österreichern und Preußen um den Muldeübergang am 14. und 15. 10. 1762. Ferner ist das vor der Kirche auf einem jüngeren Schaft aufgestellte Kopfstück einer spätgotischen Betsäule zu nennen, das Ende des vorigen Jahrhunderts auf dem Gelände des Kanzleilehngutes Loßnitz (s. B 27) ausgegraben wurde.

Unter den Wohnhäusern von Tuttendorf sind zu nennen: Nr. 11 (Gärtnerhaus mit Andreaskreuzen, 17. Jh.); Nr. 13 (Alte Schule von 1723, verändert 1914/17); Nr. 14 (Pfarrhaus 1723, verändert, mit barockem Türgewände); Nr. 30 (Häuslerhaus mit Andreaskreuzen, 17. Jh., Abb. 27). Die etwas muldeabwärts gelegene frühere Niedere Ratsmühle wurde 1897 bis 1959 als Elektrizitätswerk der Hütte Halsbrücke betrieben. Die dem Gütertransport dienende Eisenbahnlinie Freiberg—Halsbrücke kreuzt die Dorfstraße im nördlichen Teil von Tuttendorf.

Conradsdorf, Kreis Freiberg, B 22

zieht sich vom Tal der Freiberger Mulde hinauf zur Wasserscheide zwischen Mulde und Bobritzsch (Bild 32) und überwindet dabei einen Höhenunterschied von fast 100 m. Weithin beherrscht am oberen Ortsende die 1871/72 unter Verwendung des mittelalterlichen Turmchorhauses errichtete neugotische Kirche mit ihrem spitzen Dachreiter die Landschaft.

Die Gründung des Dorfes eines Konrad erfolgte im Zusammenhang mit der Kolonisation des Freiberger Landes in der zweiten Hälfte des 12. Jh. (1334 *Cůnradisdorf*, 1350 *Conradisdorf*). Wahrscheinlich gehörte es zum Herrschaftsbereich der Biebersteiner. Bis 1686 war das Dorf Lehnsteil des dortigen Rittergutes, das oft den Besitzer wechselte. So wird beispielsweise in der zweiten Hälfte des 14. Jh. Friedrich von Maltitz als Lehnsherr genannt, 1550 Hans Röhling, Bergmeister von Geyer und Annaberg.

Über die Fluren Conradsdorfs und seiner zwei Ortsteile (s. B 21, B 23) führte, an den Ortslagen vorbei, die älteste Verbindungsstraße von Freiberg nach Dresden. 1501 war die heute noch neben der neuen Betonbrücke (1968) erhaltene alte Muldebrücke erbaut worden. Erwähnenswert sind einige Fachwerkhäuser aus dem 19. Jh., so Nr. 24, 25b und 27.

Parallel zur Blüte der Tuttendorfer Gruben (s. B 21) kam es auch auf Conradsdorfer Flur zu größeren Bergbauunternehmen. So wurden 1547 26 Gruben bergrechtlich verliehen. Vom Anfang des 17. Jh. bis 1780 war die Grube St. Lorenz Gegentrum nordwestlich des Dorfes die bedeutendste Bergbauanlage im Ort. Ihr Grubenfeld ist unter Tage mit mehreren Halsbrücker Gruben verbunden. Schon 1631/32 ließ ihre Gewerkschaft den Lorenz-Gegentrum-Kunst-

B 22 graben anlegen, der von Oberbobritzsch aus das Wasser auf ihr Kunstgezeug führte. Die Lage der Grube ist bis heute noch an vielen Halden und Pingen erkennbar. Südlich des Ortes erinnern bei der Fuchsmühle noch einige Halden an die Grube Neubeschert Glück, die 1813 ihren Betrieb einstellte. Ein sehr schönes Mundloch besitzt der unterhalb dieser Grube gelegene Löfflerstolln an der Mulde. Das unterhalb der Brücke 1789 angelegte Mundloch des Hosiannastollns erinnert an einen erfolglosen Bergbauversuch eines Eigenlehners.

Links neben dem Eingang zum Kirchhof steht ein großes Sandsteinkreuz mit eingeritztem Spieß auf der Vorderseite. Es ist nicht mit Sicherheit feststellbar, ob es an den Mord eines Küsters an einem Kirchenräuber erinnert. Es war 1937 im Giebel der Pfarrhofscheune entdeckt und am derzeitigen Standort aufgestellt worden. Auf dem Friedhof sind zwei deutsche Soldaten bestattet, die im Mai 1945 wegen Verlassens ihres Postens erschossen worden waren. Hier liegen auch vier unbekannte KZ-Häftlinge begraben, welche einem größeren Transport angehörten und am 16. 4. 1945 bei Conradsdorf verstarben.

Conradsdorf hat neben der landwirtschaftlichen Erzeugung durch die seit 1953 bestehende LPG Vorwärts vorwiegend Wohnfunktion mit Auspendlern nach Freiberg und Halsbrücke. Heute betreibt die LPG eine umfangreiche Schweinemast sowie Milchviehhaltung in mehreren Ställen. Ihre Milchviehställe befinden sich auch nahe der Güterbahn in Tuttendorf, ein anderer Stall für 250 Tiere besteht in Falkenberg am oberen Ortsende. Die Ackerflur wird von der LPG (P) Naundorf genutzt. Aus Gebäuden des stillgelegten Neuschachtes an der Straße nach Krummenhennersdorf entstand ein Agrarkomplex. Zur Gemeinde gehören schließlich Bungalows in der Muldeaue, die nördlich des Dorfes gelegenen Hinterhäuser sowie der Ausbau Kleinsiebenlehn, benannt nach hier Ende des 17. Jh. eingerichteten 7 Parzellen. Die muldeaufwärts gelegene Fuchsmühle, im 18. Jh. auch Mittlere Ratsmühle genannt, brannte 1908 ab und wurde als Blechwarenfabrik neu errichtet. Conradsdorf ist Mitglied des Gemeindeverbandes Hohe Esse.

B 23 **Falkenberg,** Ortsteil von Conradsdorf

Das um 1160 angelegte Waldhufendorf wurde erstmals 1350 als *Valkenberg* (1496 *Falkenberg* = Bergbausiedlung eines Valke oder Ort, wo Falken fliegen) erwähnt. Im 14. und 15. Jh. unterstand es dem Jungfrauenkloster zu Freiberg, nachdem es bei seiner Gründung wahrscheinlich der Herrschaft Bieberstein zugehört hatte. Nach der Säkularisierung des Klosters verblieb Falkenberg bis 1836 dem Freiberger Rat.

Das Dorf zieht sich aus dem Bobritzschtal an dessen steilem Westhang hinauf zur Wasserscheide bei Conradsdorf (s. B 22). Wie es auch in anderen Dörfern üblich war, umgab früher ein Zaun den Ort, durch den die Gemeindetore führten. Reste des sogenannten Gassentores wurden erst um 1890 beseitigt. Die Bobritzsch, welche hier die Grenze zwischen den alten Verwaltungseinheiten des Meißnischen und des Erzgebirgischen Kreises bildete, wird von einer Bogenbrücke überspannt, die um 1567 auf kurfürstlichen Befehl in Stein aufgeführt wurde. Daneben steht die einstige Erblehnmühle, die bis 1545 zum Erbgericht gehörte. Hier im Tal breitet sich anschließend an ältere Gehöfte in immer größer werdendem Umfang eine Wochenendsiedlung aus. B 23

Von 1922 bis 1970 besaß Falkenberg einen östlich der Bobritzsch gelegenen Haltepunkt der Kleinbahnstrecke Klingenberg—Dittmannsdorf. Die Schule wurde 1837 errichtet. 1956 trat ein erster Bauer der LPG in Conradsdorf bei, der sich später auch alle anderen Landwirte anschlossen.

Vom Jahre 1512 an, als „ein altn schacht mit Zwyen erbn yn Schyffels garten zu falkenberg" verliehen wurde, reißen die Nachrichten über den hiesigen Silber- und Kupferbergbau nicht ab. 1567 entstand ein Pochwerk an der Bobritzsch. Die fündige Grube Gnade Gottes konnte sich 1622 ein Erbbereiten (s. Seite 22) leisten. Nach 1715 baute in ihrem ehemaligen Grubenfeld die von der Niederschönaer Seite hierherverlegte königliche Grube König-August-Erbstolln (s. B 10). Nach wechselhaften Besitzverhältnissen unternahm 1826 Beihilfe-Erbstolln zu Halsbrücke von hier aus eine Untersuchung der östlichen Ausläufer des Halsbrücker Spatganges. An der linken Bobritzschtalseite, oberhalb Falkenbergs, lag der Hilfe-des-Herrn-Erbstolln. Das gemauerte Mundloch des 1838 stillgelegten Stollns (Inschrift: H. d. H. 1808) und die Reste des darübergeführten, im Jahre 1705 von der Grube König August erneut benutzten Kunstgrabens sind noch vorhanden.

Irmershöhe B 24

Porphyrbrekzie steht im Bereich der Irmershöhe (397 m ü. NN) an, die sich dicht westlich des höchsten Punktes der Straße zwischen Niederschöna und Naundorf erhebt. Sie liegt inmitten des Niederschöna-Naundorfer Riedelgebietes, das als Bestandteil des Erzgebirges ins Hügelland überleitet. Der Gneisuntergrund, dem westlich von Niederschöna noch zwei kleine basale Sandsteininseln aufsitzen, ist vielfach von Lößlehm und lößartigen Ablagerungen verhüllt. Dadurch wird zwar die Bodenqualität aufgebessert, aber die meist dichten Staublehme neigen leicht zu Staunässe und sind dann für Feldbau dränbedürftig. Die Höhe selbst bietet ein gutes Sichtfeld und Vergleiche zu benachbarten Kleinlandschaften. So besitzt das westlich angrenzende Conradsdorf-Hilbersdorfer Riedelgebiet (Abb. 1) bei etwas stärkerer Hangneigung eine wesentlich geringere Lößauflage. Im NO markieren jenseits von Niederschöna die Waldinseln der alten Steinbrüche den Ausbiß der Sandsteinplatte des westlichen Tharandter Waldes (s. B 18).

Naundorf, Kreis Freiberg, B 25

von Freiberg aus gesehen das Eingangstor zum Tharandter Wald, erstreckt sich (Bild 38) beiderseits der Bobritzsch als typisches Dorf der Kolonisationszeit mit damals rechtwinklig zum Fluß angelegten Waldhufenstreifen. 1305 wird es als *Nuwendorph* erstmals genannt (1360 *Nuendorf*, 1470 *zcum Nawendorff*; mundartlich *nau* = neu, also neues Dorf).

Das Dorf, in verschiedene Gerichtsbereiche aufgeteilt, bestand aus der Altge-

B 25 meinde, dem Albertschen Rittergut in der Nähe der Kirche mit entsprechendem Häuseranteil und dem Mühlen- oder Geheegegut an der Freiberger Straße mit dem Geheegegutanteil. 1550 werden im Dorf 27 Hufen erwähnt.

Die Ortsflur war wiederholt Schauplatz bergmännischer Tätigkeit, deren Erfolge allerdings bescheiden blieben. Wenige Spuren davon haben sich im Gebiet des Grundflüssels und des Colmnitzbaches erhalten. Dort lag die Grube Samuel-Erbstolln, die wie die weiter talwärts gelegene Nachbargrube Friedrichsthal-Erbstolln ein Kunstgezeug besaß. Im Ort bestanden weitere Gruben. Die Lage der Auferstehung-Christi-Fundgrube, die von 1610 bis 1612 über 22 Zentner Garkupfer lieferte, ist nicht mehr bekannt. Um 1850 ging der seit Anfang des 16. Jh. nachweisbare Bergbau um Naundorf zu Ende.

Die kleine Kirche des Ortes, 1783 neu errichtet, besitzt einen flachgedeckten Saal mit umlaufender zweigeschossiger Empore (Dehio 1965), einen Holzaltar von 1784 und eine Sandsteintaufe. Beim Neubau der Kirche wurde an der Außenwand ein aus dem Jahre 1580 stammender Grabstein eines Naundorfer Fuhrmannes eingebaut. Er zeigt einen vor dem Kreuz knienden bärtigen Mann und darunter ein mit sechs Pferden bespanntes schweres Botenfuhrwerk.

Oberhalb der Kirche liegt das um 1670 erbaute, schlichte, durch ein mächtiges Walmdach hervorgehobene Herrenhaus des einstigen Rittergutes, unweit ein für das Ortsbild typisches Gutsarbeiterwohnhaus, ein kleineres Fachwerkgebäude mit Walmdach von 1819. Am aufwärts führenden Weg zur Kirche und zum Gut finden wir das aus verbrettertem Fachwerk bestehende Pfarrhaus von 1745, die alte Schule, bezeichnet 1838, sowie die verputzte alte Kirchschule, errichtet 1777. Einen wirkungsvollen klassizistischen Bruchsteinbau um 1840 stellt der frühere Untere Gasthof unweit der Bobritzschbrücke an der F 173 dar. Das gegenüber befindliche Chausseehaus Nr. 57 trägt die Jahreszahl 1818. Am Wohnhaus der benachbarten Steyermühle finden wir eine Sonnenuhr von 1841. Zu den bedeutendsten Fachwerkbauten des Freiberger Gebietes gehört das im oberen Ortsteil befindliche Wohnhaus des Erbgerichtes (Abb. 18) von 1765, ausgezeichnet durch einen großen, streng regelmäßig gestalteten Giebel, an den sich ein Sandsteintorbogen mit Pforte von 1767 anschließt.

In Naundorf entstand nach 1945 eine Maschinen-Ausleih-Station (MAS), der heutige Kreisbetrieb für Landtechnik Karl Marx. Daneben, an der Straße nach Grillenburg, befinden sich das 1951/52 errichtete Kulturhaus und eine Sportstätte, beides Anlagen für mehrere Dörfer der Umgebung. An der ehemaligen Bahnlinie, die im N der Ortslage die Fernverkehrsstraße auf einer noch stehenden Brücke überquerte, befindet sich heute die moderne Naundorfer Schule, nachdem die Schulen von 1838 und 1883 den gestiegenen Anforderungen nicht mehr genügten. An das Freibad im Tal des Colmnitzbaches schließen sich zum Wald hin eine Wochenendsiedlung und die Gippenhäuser mit dem alten Forsthaus von 1667 an. Südwestlich des Ortes bricht ein Steinbruchbetrieb des VEB Vereinigte Natursteinwerke Zöblitz den Naundorf-Bobritzscher Biotitgranit (s. B 33). Im Ort stehen ein Kälber- und ein Milchviehstall der LPG Niederschöna. Die LPG Pflanzenproduktion von Naundorf bewirtschaftet die Ackerflächen der Gemeindeverbände Hohe Esse und Am Tharandter Wald sowie von Freiberg und Zug. Naundorf selbst gehört dem Verband Am Tharandter Wald an.

Münzbach

Vorfluter von Freiberg ist der ursprünglich Loßnitz genannte (s. B 27.1) Münzbach. Da seine Wasserführung oberhalb der Stadt durch Kunstgräben und -teiche — schon seit dem Mittelalter — stark beeinflußt wird (s. D 1, 2, 4 u. 6, Abb. 28), weicht der tatsächliche Abfluß an der Mündung in die Freiberger Mulde, 296 m ü. NN dicht unterhalb der Altväterbrücke (s. A 15), oft von dem natürlichen mittleren Abfluß (0,33 m^3/s) ab.
Der Oberlauf des 17,5 km langen Baches entwässert den gesamten Ostteil der Brand-Erbisdorfer Hochfläche. Die Quelle finden wir etwa 1,5 km oberhalb des Erzengler Teiches (s. D 6) im Freiwald, 525 m ü. NN in einer kleinen Delle. Sechs Kunstteiche fördern die Sauberkeit des Wasserlaufes. Unterhalb von Freiberg hat der Bach ein mittelhängiges und etwa 40 m tiefes Sohlental herausgearbeitet. Das Einzugsgebiet des durch Laufverlegungen, Teichanlagen und Abwasseraufnahme im Freiberger Stadtgebiet stark anthropogen beeinflußten Wasserlaufs beträgt 31 km^2.
Auch unterhalb Freibergs durchfließt der Münzbach ein altes Abbaugebiet (s. A 14, Auswahl bergmännischer Denkmale). Nach der Halsbrücker Straße zu verrät ein Haldenzug die Lage der Grube Anna Fortuna, im 16. Jh. St. Anna genannt. Ihre um 1820 erbaute Pochwäsche wurde 1892 Wasserwerk für die Gemeinde Halsbrücke, nachdem sie vorher auch als Haderstampfe und Schleiferei genutzt wurde. Die heute noch übliche Bezeichnung Haderstampfe wurde auf dieses Gebäude von einer im 16. Jh. existierenden Papiermühle übertragen. An den beiden Talseiten lagen noch die Gruben Fürstenhaus, später Arbeiterhoffnung genannt, Berg Zion, welche nach 1924 erneut verliehen wurde, Silberne Kuh und Gottlieb. Bereits 1475 soll hier ein Kupferhammer bestanden haben. An seiner Stelle entstand vermutlich die Loßnitzer Silberhütte.
Am nördlichen Stadtrand, nahe der Einmündung der Agricolastraße in das Münzbachtal, liegt am Osthang des Münzbachtales ein auflässiger Steinbruch. In ihm wurde vor Jahrzehnten Gneis als Schotter- und Baumaterial gewonnen. Es handelt sich dabei um den Freiberger Graugneis, auch als Kerngneis oder Innerer Gneis bekannt (Abb. 19). Der Bruch stellt den größten Aufschluß in diesem Gestein dar und wurde 1977 unter Naturschutz gestellt. Während sein westlicher Teil weitgehend unter Wasser steht, sind der größte Teil der Nordwand und die Ostwand gut zugänglich. Lithologisch gesehen ist das Gestein als ein Biotitgneis granodioritischer Zusammensetzung anzusehen mit den Hauptgemengteilen Biotit, Feldspat (Plagioklas und Orthoklas) sowie Quarz. Als Nebengemengteile treten vor allem Muskowit, Apatit, Chlorit, Granat, Hornblende, Rutil, Pyrit, Magnetit und Hämatit auf. Der Gneis, welcher altersmäßig dem oberen Proterozoikum zuzurechnen ist, ist bankig ausgebildet. Im Handstück erkennt man seine lang- und breitflaserige Ausbildung, oft sind Augenstrukturen zu sehen. Der Freiberger Graugneis bildet das vorherrschende Nebengestein der Freiberger Erzgänge. Seine Hauptkluftrichtungen stimmen im Streichen (NNO—SSW und WNW—OSO) mit dem der meisten Erzgänge überein.

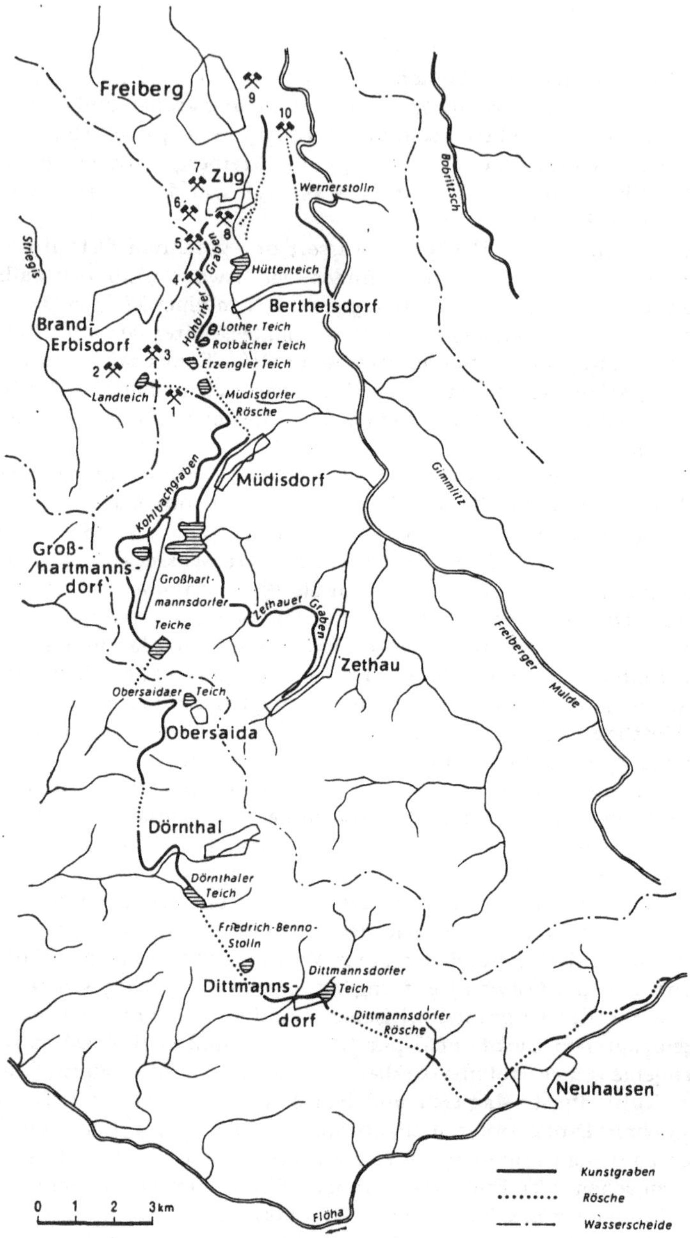
Freiberg
Zug
Wernerstolln
Bobritzsch
Striegis
Hohbirker Graben
Hüttenteich
Berthelsdorf
Brand-Erbisdorf
Lother Teich
Rotbächer Teich
Erzengler Teich
Landteich
Müdisdorfer Rösche
Müdisdorf
Gimmlitz
Kohlbachgraben
Groß-/hartmanns-dorf
Großhartmannsdorfer Teiche
Zethauer Graben
Zethau
Freiberger Mulde
Obersaidaer Teich
Obersaida
Dörnthal
Dörnthaler Teich
Friedrich-Benno-Stolln
Dittmannsdorfer Teich
Dittmanns-dorf
Dittmannsdorfer Rösche
Neuhausen
Flöha
0 1 2 3 km
Kunstgraben
Rösche
Wasserscheide

nimmt — am Nordrand des Erzgebirges gelegen (s. Seite 1) — heute mit seiner Flur eine Fläche von 26,5 km² ein und zählt etwas mehr als 50000 Einwohner. Die östliche Stadtgrenze verläuft bei Kreuzermark (s.B 28) östlich der Freiberger Mulde, die hier in einem Höhenniveau von rund 340 m ü. NN fließt. Einer ihrer Nebenbäche, der Münzbach (s. B 26), durchmißt heute kanalisiert das in etwa 400 m ü. NN gelegene Stadtzentrum. Bis zur westlichen Stadtgrenze reicht der Loßnitz-Fors t(s.A 19), der sich bis zum Kleinwaltersdorfer Bach auf 340 m ü. NN absenkt.

Zur Entwicklung und Geschichte B 27.1

Die Anfänge der Stadt Freiberg reichen in die Zeit der kolonisatorischen Maßnahmen Markgraf OTTOS zurück (s. Seite 15), bei denen zwischen 1156 und 1162 Christiansdorf angelegt wurde, das LANGER (1927, zuletzt 1936)als ein 8 bis 10 Höfe umfassendes, einseitiges, sich am östlichen Hang des Münzbachtales südlich der Halsbrücker Straße erstreckendes Waldhufendorf rekonstruieren konnte (Abb. 29). Den Dorfmittelpunkt stellten die an der Stelle der Dürerschule gelegene alte Jakobikirche und das gegenüber im Bereich der Klosterschenke zu suchende Erbgericht dar. Die südöstlich der Ulrich-Rülein-Straße anschließenden Flächen gehörten zu einem markgräflichen Herrengut, dessen Wirtschaftshof LANGER (1927) in dem an der Silberhofstraße gelegenen Turmhofgut sieht.
In der Folge des Silberfundes, durch HERRMANN (1953) überzeugend auf 1168 festgelegt und durch WAGENBRETH (1970) lokalisiert (s. B 27.3), kam es zur Anlage verschiedener Siedlungskomplexe (Abb. 29), die Anfang des 13. Jh. zur heutigen Altstadt zusammenwuchsen. Nach der Neuinterpretierung des Besiedlungsvorganges durch DOUFFET und GÜHNE (1983) in Weiterführung von HERRMANN (1964) wird eine erste Bergleutesiedlung in der Umgebung des heutigen Donatsfriedhofs mit der sicher schon im 12. Jh. gegründeten Pfarrkirche St. Donati zu suchen sein. Um 1175 wurde am Rand des Saubachtales an einer früher exponierten Stelle eine Burg, das spätere Schloß Freudenstein (Bild 10), errichtet. In ihrer Nachbarschaft entstand eine Burglehnsiedlung, deren Pfarrkirche die nach MAGIRIUS (1972) ab 1180/85 erbaute Marienkirche war, der spätere Dom. Eine erste planmäßige Gründung mit einem System sich rechtwinklig schneidender, enger Gassen war etwa 1181 die Anlage der vielleicht für

---

Abb. 28. Übersicht zur bergmännischen Wasserwirtschaft (nach WILSDORF 1964)

Ehemalige Gruben (Auswahl):

1 Reicher Bergsegen
2 Himmelsfürst
3 Drei Eichen
4 Mordgrube
5 Hohe Birke
6 Beschert Glück
7 Herzog August
8 Junge Hohe Birke
9 Himmelfahrt
10 Morgenstern

B 27.1

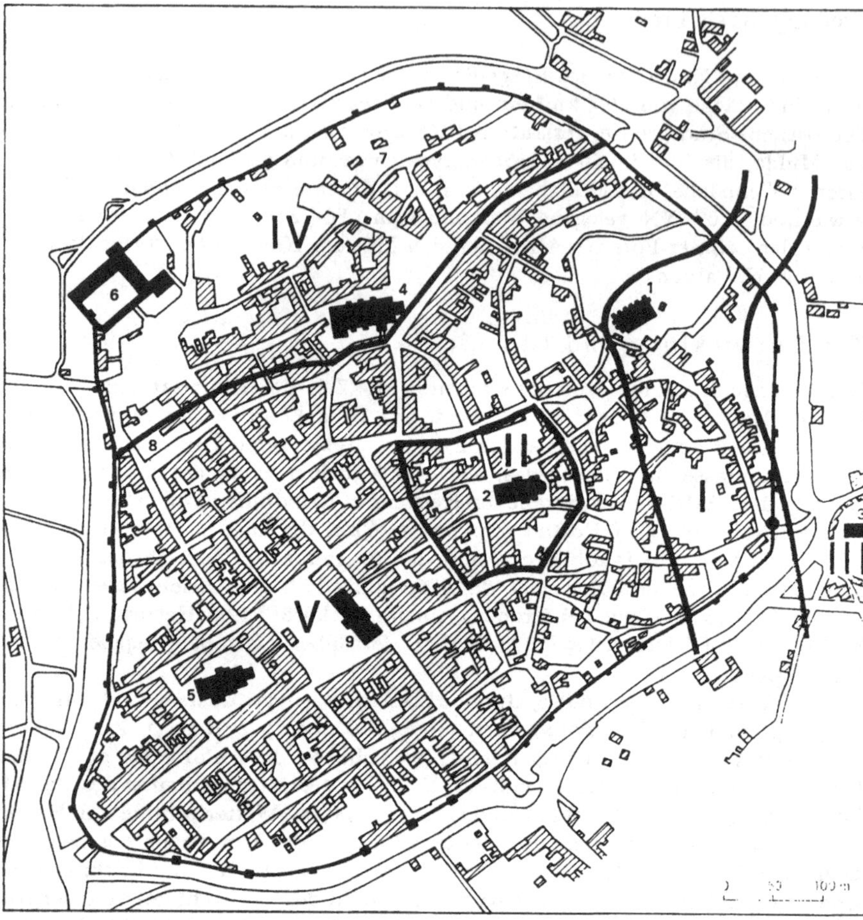

Abb. 29. Entwicklungsetappen Freibergs (nach DOUFFET/GÜHNE 1983)

I Dorflage Christiansdorf, um 1160
II Siedlung um St. Nikolai mit vermuteter Umwehrung, 1181
III Siedlung um St. Donati, vermutete Niederlassung der Bergleute, um 1170
IV Burglehn, um 1175/80
V Stadtanlage Markgraf Dietrichs, Rechtsstadt, um 1215, gleichzeitig Ummauerung der Altstadt

1 Kirche St. Jacobi, zwischen 1160 und 1190; angeschlossen das Magdalenerinnenkloster, vor 1248
2 Kirche St. Nikolai, um 1185
3 vermutete Lage der Kirche St. Donati, zwischen 1170 und 1190
4 Kirche St. Marien, um 1180/85; ab 1480 Dom
5 Kirche St. Petri, um 1215
6 Burg, 1171/75; später Schloß Freudenstein
7 Lage des Franziskanerklosters, 1233 (?)
8 Dominikanerkloster, vor 1243
9 Rathaus

Händler und Gewerbetreibende bestimmten Siedlung um St. Nikolai, begrenzt durch Heubnerstraße, Färbergasse, Gerbergasse, Kesselgasse und etwa Borngasse. B 27.1

Seine entscheidende abschließende Formung erhielt der Altstadtgrundriß zwischen 1210 und 1218 (*Friberch*, 1223 *Vriberc* = Stadt am freien Berg, d. h. mit Bergbaufreiheit) unter Markgraf DIETRICH (DEM BEDRÄNGTEN) durch die Anlage der Oberstadt mit Petrikirche und Obermarkt, deren städtebauliche Hauptachse, die jetzige Karl-Marx-Straße, auf die bereits bestehende Burg orientiert wurde. Durch Aufsiedlung weiterer Flächen, so an der Ostseite des Untermarktes und im Zuge der Meißner Gasse, wurden die einzelnen Siedlungskomplexe (Abb. 29) zur Gesamtstadt verschmolzen. Damals entstand die Stadtmauer (Bild 2) im Zuge des heutigen Grüngürtels. Die dabei unter Berücksichtigung der Geländemorphologie angestrebte Kreisform bedingte die teilweise Abtrennung der Siedlung um St. Donati, die zur Vorstadt verkümmerte und deren Pfarrkirche schließlich 1380 ihre Rechte an St. Jakobi verlor.

Wesentliche Einfügungen des 13. Jh. in den Altstadtgrundriß waren die Gründungen dreier Klöster: des Franziskanerklosters an der Mönchstraße 1233, des Dominikanerklosters zwischen Prüferstraße und Otto-Nuschke-Platz vor 1243 und des Maria-Magdalenen-Klosters, einer Anlage der sogenannten Reuerinnen, bei der alten Jakobikirche vor 1248.

Erst später, möglicherweise im 14. und 15. Jh., wurde der Petriplatz, ein einstiger Kirchhof, verbaut. Zuletzt, vielleicht gegen 1500, entstanden die nördliche Westseite des Obermarktes und die Häuserzeile an der Waisenhausstraße. Die Häuser Untermarkt 5 bis 7 errichtete man vor 1545 im Bereich des Franziskanerfriedhofes. Der Schloßplatz, der heutige Otto-Nuschke-Platz, entstand durch Abbruch vorhandener Bebauung im 17. Jh. Den städtebaulich unmotivierten Straßenzug Wasserturm- und Talstraße zog man weitgehend nach 1872. Nach Abbruch der alten Jakobikirche 1890, des architektonischen Bezugspunktes dieses Stadtteiles, wurde nun die breite Verbindung zwischen Pfarrgasse und Talstraße zum Untermarkt angelegt.

Die nachfolgenden Ausführungen über Entwicklungen im Freiberger Stadtgebiet seit Mitte des 13. Jh. beruhen auf dem Überblick, den TÄSCHNER 1913 gegeben hat. Neben der Stadt als wirtschaftlicher Einheit von Gerichts- und Verwaltungsbezirk des Rates, „gemeine Stadt" oder „Weichbild" genannt, gab es Flächen unter verschiedenen Gerichtsbarkeiten.

Mit Bildung des Stadtrates nach Gründung der Oberstadt unterstanden diesem zunächst nur größere Teile der Altstadt. Für die meisten Grundstücke des Marienviertels als Burglehn galt die Gerichtsbarkeit der Burg. Die Ausdehnung des Ratsgebietes vor der Innenstadt war ein langer Prozeß. 1259 erwarb der Rat das Vorwerk des ALBERT VON FREIBERG, den späteren Ratshof Annaberger Straße 11, um dessen etwa zwischen Forstweg, Hegelstraße und Rotem Weg gelegene Flächen als Viehweide zu benutzen. 1444 wurde das Gebiet um den Wasserberg mit dem heute zu Zug gehörenden Roten Vorwerk sowie um einige Großgüter in Langenrinne erweitert. 1503 kam der Turmhof an der Silberhofstraße mit seinem bis zur Mulde reichenden Gebiet als Eigentum an den Rat. Wesentlich war 1541 die Erwerbung des Judenberges östlich vom Roten Weg, um dort im Bereich von Langer Straße und Bergstiftsgasse eine planmäßige

B 27.1 Vorstadt anzulegen. Mit dem Aufkauf des Freibergerschen Waldes 1582 wurde die Ratszugehörigkeit bis Oberschöna ausgedehnt. Außerhalb dieser fast geschlossenen Fläche gehörten nur einzelne Bereiche zur gemeinen Stadt, an der heutigen Heinrich-Heine-Straße zum Beispiel der alte Schießplan oder am Stadteingang von Tuttendorf her das Pfaffenvorwerk.

Die seit 1570 zusammengefaßte Gerichtsbarkeit der Hospitäler Johannis und Bartholomäi erstreckte sich auf Flächen etwa zwischen Straße des Friedens und Külzstraße—Claußallee, daneben auch nordöstlich der Stadt. Eigene Gerichtsbarkeit besaßen in der Stadt der Oberhof zwischen August-Bebel-Straße und Lomonossowstraße sowie der Unterhof, Mönchstraße 1, außerhalb der Altstadt die Rittergüter Freibergsdorf und Friedeburg. Nach 1832 waren Freibergsdorf und Friedeburg Landgemeinden, die erst 1907 und 1908 der Stadt Freiberg angegliedert wurden. Die Gerichtsbarkeit des Bergamtes erstreckte sich auf bergbauliche Grundstücke und war zum Teil nur eine zeitweilige. Dem Hüttenamt unterstand bis 1832 das Gebiet der Münzbachhütten in Langenrinne. In diesem Jahr wurde mit der Städteordnung ein geschlossenes amts- bzw. später kreisfreies Stadtgebiet Freiberg gebildet. Letzte verwaltungsmäßige Erweiterungen waren 1957 die Eingemeindungen von Loßnitz und Lößnitz, 1979 von Halsbach (s. B 28).

Von den genannten, nach und nach eingemeindeten, heute unmittelbar dem Stadtgebiet sich anschließenden Orten erstreckt sich Freibergsdorf mit seinen ursprünglich zu dem Turmhof vor dem Peterstor (heute Turmhof-Kino) gehörenden, seit 1470 im Besitz der Familie Freiberger befindlichen Flächen bis zum Hospitalwald. Der Ort, 1530 *Freiberstorff* geschrieben, mit Wohnstätten für Bergleute und Gutsarbeiter weitete sich besonders um 1550 nach Verlegung des Gutes an die Stelle des heutigen VEB Bau aus. Gegenüber dem Turmhof, aber auf eigener Flur, lag, sicher seit 1227, das vor 1224 wahrscheinlich an anderer Stelle gegründete Hospital St. Johannis. Seine Kirche, durch die Schwedenbelagerung 1642/43 zerstört und 1659/61 neu errichtet, wurde 1958 nach erheblichen Bauschäden als katholische Kirche instand gesetzt. Am westlichen Ende der Hospitalflur befand sich im Bereich des heutigen Pflegeheimes das von 1250 ersterwähnte Hospital Fernesiechen, dessen dem heiligen Bartholomäus geweihte Kirche 1843 abgebrochen wurde. Vermutlich schon im 16. Jh. entstand in Freibergsdorf ein kleiner Eisenhammer. Zusammen mit dem dazugehörigen Hammerteich stellt er die letzte derartige Anlage im Freiberger Stadtgebiet dar. Mit Hilfe staatlicher Mittel wird das Werk rekonstruiert und soll musealen Zwecken zugeführt werden.

Als Versammlungsstätte Freiberger Bergleute zum „Streittag" am 22. 7., dem Tag der Maria Magdalena — von Schneeberg übernommen und seit Mitte des 16. Jh. begangen —, diente bis in das 18. Jh. der Hungerborn (s. C 5) im östlichen Teil des Freiberger Hospitalwaldes, unweit von einem im 16. Jh. angelegten bergmännischen Stauteich, dem heutigen Waldbad Großer Teich. Auf Freibergsdorfer Flur liegt der Wasserberg, von dem aus um 1400 Wasser durch Stolln der städtischen Wasserversorgung zugeführt wurde.

Etwa im Bereich Hainichener Straße—Claußallee—Goethestraße lag die Flur von Friedeburg, einer im Bereich des Pragerschen Vorwerks 1705 aus dem Amt Freiberg ausgegliederten Rittergutssiedlung, die 1839 Gemeinderechte erhielt. Hervorzuheben ist das durch ein mächtiges Walmdach gekennzeichnete Gutshaus. B 27.1

Nördlich der Stadt zog sich am Münzbach vom heutigen Hochschulviertel bis zum Kulturhaus Münzbachtal das Dorf Loßnitz hin. Seinen Namen trug ursprünglich auch der Münzbach (1244 *Lozniz*, 1331 aqua *Loznicz*), während der Ort 1236 *Lozcniz* (zu altsorbisch *loza* = Weide) geschrieben wurde. Es weist heute noch trotz neu entstandener Eigenheime eine weitgehend dörfliche Bebauung auf. Zu Loßnitz gehört der unweit der Straße nach Großschirma gelegene Fürstenhof, seit dem 16. Jh. ein kurfürstliches Kammergut.

Lößnitz ist als Streusiedlung vorwiegend beiderseits der Leipziger Straße angeordnet; es bildete sich seit 1789 auf abgegebenen Flächen des an der Agricolastraße gelegenen früheren Kanzleilehngutes. Von diesem, einem oft weiter belehnten Gut des Klosters Altzella, ist das Herrenhaus mit spätgotischen Vorhangbogenfenstern noch erhalten.

Die Darstellung der weiteren historischen Entwicklung Freibergs, reich an Höhepunkten, soll hier mit Rücksicht auf eine zahlreiche, teilweise erst in jüngerer Vergangenheit erschienene Literatur und auf Ausführungen an anderer Stelle dieses Bandes bewußt kurz gehalten werden.

Das mittelalterliche Freiberg zählte um 1300 mit etwa 5000 Einwohnern aufgrund seines Bergbaus (s. Seite 20 und B 27.3) zu den größten Städten im meißnisch-sächsischen Territorium. Das in der gesamten Markgrafschaft Meißen angewendete Freiberger Bergrecht (s. Seite 22) diente dem um 1255 in seiner Funktion als oberstes Berggericht, dem späteren Bergschöppenstuhl, genannten Rat der Stadt zur Rechtsprechung. Mit dem Bergbau entwickelte sich das Handwerk; 9 Innungen bestanden gegen Ende des 14. Jh., 15 ein Jahrhundert später und sogar 36 im 16. Jh. Die Fernhandelsbeziehungen reichten bis in den hansischen Raum, auch in Frankreich, Flandern und Italien wurde Freiberger Silber gehandelt (Unger 1963). Für die tägliche Bedarfsdeckung der Stadt und ihrer Bürger bestand ein Warenaustausch mit Böhmen. Stapelrecht und Straßenzwang — 1318 ausgesprochen — lenkten den sächsisch-böhmischen Paßverkehr über Freiberg. Die Nord-Süd-Achse zwischen Kreuztor bei der Burg und Erbischem Tor über den Obermarkt, die heutige Karl-Marx-Straße, diente den Straßen aus Leipzig und Chemnitz nach Böhmen. Die nördliche West-Ost-Achse im Zuge von Kirch- und Meißner Gasse über den Untermarkt trug die Verbindung nach Meißen. Südlich davon verlief zwischen Peters- und Donatstor (August-Bebel-Straße/Kesselgasse) über den Obermarkt die bedeutende Fernstraße von Schlesien über Dresden, Freiberg und Chemnitz nach Hof und Nürnberg (Bild 13). Die alten Straßenverbindungen haben ihre Nachfolger in der F 173 (Dresden—Karl-Marx-Stadt—Plauen) und der F 101 (Meißen—Annaberg) erhalten, die heute auf einem Ring um die Altstadt verlaufen.

In Freiberg befand sich, seit 1244 urkundlich nachweisbar, eine Münzstätte, die mit großer Wahrscheinlichkeit bereits unter Markgraf Otto dem Reichen (1156—90) gegründet worden ist. Ihre Aufgaben ergaben sich aus der meißnischen Bergverfassung, dem Freiberger Bergrecht, in dem der Ablieferungszwang des geförderten Silbers festgelegt war. Die Münzstätte mußte das Bergsilber zu einem vom Landesherrn festgelegten Preis aufkaufen und dafür die Münzen bereitstellen. Dies mag dazu beigetragen haben, daß sich die Freiberger

B 27.1

FRIEDRICH AUGUST
GOTT SEGNET DEN BERGBAU
GLÜCK AUF
HIMMELFAHRT SAMT ABRAHAM

Münzstätte zur Landeshauptmünzstätte entwickelte. Ihre Münzmeister, weit mehr als nur die Leiter des Münzbetriebes, verwalteten durch den Silberkauf den Reichtum der Landesherrschaft wie Bankiers und traten oft als deren Gläubiger auf. Der größte Teil der zwischen 1170 und 1300 von den meißnischen Markgrafen geprägten Brakteaten (regionale Pfennige) ist hier hergestellt worden. Auch bei der Ablösung der Pfennigwährung durch die nach dem Vorbild des benachbarten Böhmen um 1338/39 von Markgraf FRIEDRICH II. (1323/29 bis 1349) eingeführten Meißner Groschen (Abb. 30) spielte die Freiberger Münzstätte eine bedeutende Rolle und münzte in großem Umfang die neuen Meißner Groschen, die neben den seit 1300 geprägten Prager Groschen zur führenden Geldeinheit in Mitteleuropa wurden. Wie in Böhmen, so zog man auch in der Markgrafschaft Meißen bei dieser Währungsumstellung italienische Finanzberater hinzu. Zwei von ihnen, AGOSTINO und NICOLAO von Florenz, die Walen genannt, leiteten von 1364 bis 1368 die Freiberger Münzstätte. Zwischen 1353 und 1485 wurden in Freiberg insgesamt 301 298 Mark oder 60,5 t Bergsilber vermünzt. B 27.1

Bedingt durch den Rückgang der Silberförderung, hatte die Freiberger Münzstätte keinen Anteil an der Prägung der ersten sächsischen Großsilbermünzen zwischen 1500 und 1525. Diese prägte man in den Bergbauzentren des Obergebirges, Annaberg und Buchholz, sowie in dem Handelszentrum Leipzig. Erst nach 1525 wurde Freiberg daran beteiligt. Der nach 1540 im Obergebirge einsetzende Rückgang der Silberförderung und das Bemühen um ein gut kontrollierbares und zugleich gewinnbringendes Münzwesen veranlaßten Kurfürst AUGUST (1553—86), die Münzstätten in Freiberg sowie im Obergebirge zu schließen und ganz im Sinne seiner frühabsolutistischen Zentralisierungsbestrebungen in Dresden eine Zentralmünzstätte für das gesamte Kurfürstentum Sachsen einzurichten. In Freiberg wurde der Münzbetrieb 1556 eingestellt.

In der kurfürstlichen Residenz Dresden entwickelte sich die Landeshauptmünzstätte zu einem bedeutenden Zentrum der Medaillenkunst (s. Bd. 42, A 3). Auch das Oberbergamt Freiberg ließ bei außergewöhnlichen Ausbeutezahlungen in Dresden Ausbeutemedaillen prägen, so 1690 für die St.-Anna-und-Altväter-Fundgrube, 1786 für die Beschert-Glück-Fundgrube, 1818 für die Himmelsfürstfundgrube und 1847 für die Himmelfahrt-samt-Abraham-Fundgrube. Für die Bergakademie wurden seit 1765 ebenfalls besonders gekennzeichnete Prämientaler ausgegeben.

Als in der zweiten Hälfte des 19. Jh. ein Neubau der Dresdner Münze nötig wurde,

---

Abb. 30. Erzeugnisse der Freiberger und der Dresdner Münze; sie befinden sich im Münzkabinett der Staatlichen Kunstsammlungen Dresden.

Von oben nach unten
links: Vorderseite; rechts: Rückseite

Meißen, Markgraf Friedrich II., Meißner Groschen o. J. (um 1338/39) Freiberg
Sachsen, Kurfürst Friedrich August II., Freiberger Huldigungsmedaille 1733
Sachsen, Kurfürst Friedrich August III., Ausbeutemedaille 1786 der Beschert-Glück-Fundgrube
Himmelfahrt-samt-Abraham-Fundgrube, Ausbeutemedaille 1847

B 27.1 beschloß man ihre Rückverlegung ins Freiberger Gebiet nach Muldenhütten. Bis 1953 wurden hier mit dem Münzstättenzeichen E Münzen und im staatlichen wie im privaten Auftrag von den Medailleuren MAX BARDULECK und FRIEDRICH WILHELM HÖRNLEIN modellierte Medaillen geprägt. Die ersten 1887 in Muldenhütten geprägten Münzen waren 20-Pfennig-Stücke, von denen die ersten 50 Exemplare mit einem Stern, dem Münzmeisterzeichen des letzten Freiberger Münzmeisters ANDREAS ALNPECK (1546—56), versehen sind.

Die Wechselwirkungen zwischen Landes-, Stadt- und Bergbaugeschichte, die sich auch im baulichen Bild der Stadt niedergeschlagen haben (s. B 27.3 und 27.5; Bilder 8 und 9), lassen sich in Freiberg an vielen Beispielen belegen. Wenige seien herausgegriffen. 1485 kam die Stadt in den alleinigen Besitz der albertinischen Linie mitsamt dem damals unbedeutenden Bergbau. Im ausgehenden Mittelalter führten die Herausbildung kapitalistischer Produktionsweisen im Erzbergbau, die Übernahme genossenschaftlich zusammenarbeitender Eigenlehner in kapitalistische Kapitalgewerkschaften und der damit vorhandene Gegensatz zwischen kapitalistischen Gewerken bzw. Kuxbesitzern und dem Bergmann als freiem Lohnarbeiter zur Gründung der Häuerknappschaft als einem Mittel gegen Ausbeutung und für kameradschaftliche Hilfe. Erste große Kampfaktionen der etwa 1000 Mann zählenden Freiberger Bergarbeiter sind von 1447, besonders aber von 1453 bekannt, als im Revier acht Tage lang zur Erreichung besserer Arbeits- und Lebensbedingungen gestreikt wurde.

Die besonders harte Ausbeutung des Bergmanns seit dem 17. Jh. rief 1728, 1737, 1790, hier als Einwirkung der Französischen Revolution, Unruhen hervor (s. Seite 19). 1728 traten die Bergleute für die Unterstützung invalider Bergleute durch die Gewerken ein. 1737 kam es zur Arbeitsniederlegung, um die Beibehaltung eines alten bergmännischen Feiertages durchsetzen zu können, und 1790 richtete sich der Kampf gegen die Verteuerung der Lebensmittel (s. C 12.2). Auch im September 1830 versuchten die Bergleute, in Verbindung mit der Julirevolution in Frankreich eine Verbesserung ihrer ärmlichen Lebensbedingungen zu erzielen, die sich beispielsweise darin äußerten, daß damals nur etwa 10% der Bergarbeiter das 60. Lebensjahr erreichten. Alle diese Kampfaktionen wurden militärisch unterdrückt.

Als richtunggebend für die Bedeutung Freibergs muß die Entwicklung der montanwissenschaftlichen Lehr- und Forschungstätigkeit (s. Seite 25 und B 27.4) angesehen werden. Trotz der durch ihr Wirken erzielten Fortschritte in der Produktionstechnik und im Ansteigen der bergbaulichen Produktion (s. Seite 25 und B 27.3) änderte sich an der Ausbeutung der Bergarbeiter nichts, sie stieg sogar noch an. Die Notlage zwang diese Familien dazu, ihre acht- bis neunjährigen Jungen schon durch Arbeit im Bergwerk, in den Scheidebänken, Pochwerken und Erzwäschen zum Lebensunterhalt beitragen zu lassen. Die weitere Geschichte der Arbeiterbewegung läßt sich in Freiberg an zahlreichen Denkmalen verfolgen (s. B 27.2).

Die vom Bergbau begünstigte ökonomische Stärke des Rates der Stadt zeigte sich darin, daß der Rat in den 100 Jahren nach 1444 sieben Dörfer erwarb, deren Bauern ihm fron- und steuerpflichtig waren und ihm gerichtlich unterstanden. Allerdings sicherte die Ratsverfassung nur einer kleinen Minderheit die Herrschaft über die Masse der Stadtbevölkerung einschließlich der Bergleute zu. Zur Oberschicht zählten landesherrliche Bergbeamte, kapitalkräftige Gewerken und Fernkaufleute, aber auch wohlhabende Handwerksmeister — unter ihnen Zinn- und Glockengießer, Goldschmiede, Bildhauer. Deren Reichtum dokumentieren die Beispiele ihrer vielen erhaltenen Bürgerhäuser, vor allem im Bereich der Oberstadt und teilweise des Burglehns, die in starkem Kontrast zu den einfach ausgestalteten Wohnstätten der mittleren und unteren Bürgerschichten sowohl in ihrer unmittelbaren Nachbarschaft als auch verbreitet in den anderen Vierteln der Innenstadt stehen, so im Bereich von Wasserturm-/Talstraße und ihren Nebengassen. B 27.1

Die kurze Schilderung der Freiberger Geschichte kann nicht darauf verzichten, Veränderungen im Gefolge der industriellen Revolution zu nennen. Neben Bergbau und Hüttenwesen entwickelten sich Fabrikbetriebe der metallverarbeitenden Industrie — darunter des Maschinenbaus —, des wissenschaftlichen Instrumentenbaus, der Leder-, Flachs- und Tabakverwertung. Seit 1862 bestand durch die Eisenbahnverbindung nach Dresden die Möglichkeit, Kohlen des späteren Freitaler Reviers zu beziehen. Der durchgehende Verkehr über Chemnitz und Zwickau nach Hof wurde 7 Jahre später möglich. Die Anzahl der Dampfmaschinen stieg bis 1898 auf 66 an. Um 1900 zählten von 3656 Industriearbeitern in Freiberg mehr als ein Drittel zur Metallindustrie; im Bergbau waren noch 2702 Arbeiter tätig.

Die Zeit des Faschismus ist auch in Freiberg durch den illegalen Kampf der KPD gekennzeichnet, der vielen Kommunisten und Antifaschisten, darunter 11 Studenten der Bergakademie, Verfolgung und Inhaftierung in Zuchthäusern und Konzentrationslagern brachte (s. B 27.2). Über die Auswirkung der faschistischen Kriegsvorbereitungen auf Bergbau und Hüttenwesen ist an anderer Stelle nachzulesen (s. Seite 26; B 27.3). Die Kriegsrüstung zog ebenso in Eisengießereien, Maschinenfabriken, Lederwerke und Fabriken für Militäreffekten und Präzisionsinstrumente ein. Ein Zweigwerk des AEG-Konzerns entstand, und in einem Betrieb der Flugzeugindustrie mußten 1000 jüdische Frauen arbeiten. Am 7. 10. 1944 warfen anglo-amerikanische Flugzeuge Bomben auf die Bahnhofsvorstadt, 172 Tote waren zu beklagen. Am 7. 5. 1945 übergaben Antifaschisten, um sinnlose Opfer zu vermeiden, Freiberg kampflos der Roten Armee.

Denkmale der Arbeiterbewegung B 27.2

Gasthof Sächsischer Hof, Berthelsdorfer Straße 23: Dieser frühere Gasthof Union wurde 1906 von einem Mitglied der SPD erworben, um den Repressalien der Reaktion, die der wachsenden Arbeiterbewegung Freibergs keinen Saal zur Verfügung stellen wollte, wirksam begegnen zu können. Er wurde in der Folgezeit zu einem Zentrum der Freiberger Arbeiterbewegung. Am 9. 1. 1907 sprach hier August Bebel zu 1600 Freiberger Werktätigen in Vorbereitung der Reichstagswahlen vom 25. 1. 1907. Nach dem ersten Weltkrieg, besonders im Herbst 1923, dem Höhepunkt der Inflation, fanden in der Union zahlreiche Erwerbslosenversammlungen statt. Am 25. 7. 1923 gab der „Rote Geiger", Julius Eduard Soermus (s. C 15.3), in diesen Räumen ein Konzert.

Bahnhofstraße 11: In diesem Gebäude befanden sich das Gewerkschaftskartell, die Zentrale des Konsumverbandes Vorwärts und das Jugendheim der SPD-

B 27.2 Arbeiterjugend, deren Vorsitzender der Genosse PAUL MÜLLER war. Am 9. 11. 1918 konstituierte sich in diesem Haus der Freiberger Arbeiter- und Soldatenrat, der, wie überall in Deutschland, im Verlauf der Novemberrevolution entstand.

Scheringerpark/Wilhelm-Pieck-Gedenkstätte: WILHELM PIECK besuchte am 14. 5. 1952 Freiberg und sprach auf einer großen Kundgebung auf dem Obermarkt. Bereits im Jahre 1951 hatte die Arbeiter-und-Bauern-Fakultät Freiberg seinen Namen erhalten. 1970 wurde der FDJ-Kreisorganisation sein Name verliehen, auf deren Initiative 1972 diese Gedenkstätte mit der Büste des ersten Präsidenten der DDR von JOHANNES ROGGE gestaltet wurde.

Thälmannring/Gedenkstätte für Ernst Thälmann: Diese Gedenkstätte, eine Stele aus Rochlitzer Porphyr mit Porträt ERNST THÄLMANNS, ist dem unvergessenen Führer der deutschen Arbeiterklasse gewidmet. Ein Zweitguß der von dem Freiberger Bildhauer GOTTFRIED KOHL geschaffenen Büste wurde der Partnerstadt Gentilly/Frankreich übergeben.

Platz der Oktoberopfer/Denkmal der Oktoberopfer (Bild 3): Im Zusammenhang mit der über Sachsen im Herbst 1923 verhängten Reichsexekutive, die den Einmarsch der Reichswehr in Sachsen, die Absetzung der sächsischen Arbeiterregierung und die Ausrufung des Belagerungszustandes zur Folge hatte, ließ auch die in Freiberg stationierte Reichswehr keinen Zweifel an ihrer antidemokratischen und arbeiterfeindlichen Haltung. Am 27. 10. 1923 schoß sie auf dem damaligen Postplatz in eine spontane Ansammlung der durch die rapide Verschlechterung ihrer Lebenslage und das brutale Vorgehen der Reichswehr empörten Werktätigen. Sie richtete ein schreckliches Blutbad an: 29 Tote, 22 Schwerverwundete und 60 Leichtverwundete waren Opfer des Militarismus geworden. Unter den Toten befanden sich ein dreizehnjähriger Junge und eine Frau. Die Reichswehr hatte sich nicht gescheut, auf diese wehrlosen Menschen zu schießen.

Karl-Liebknecht-Platz/Karl-Liebknecht-Haus (heute Sitz des FDGB): Dieses Gebäude, das bis zum 7. 5. 1945, dem Tag der Befreiung der Stadt Freiberg durch die Truppen der Sowjetarmee, das Zentrum der Faschisten in Freiberg gewesen war, wurde nach der Befreiung vom Faschismus Sitz der KPD-Ortsgruppe Freiberg. Am 8. 4. 1946 reichten sich auf seinem Balkon die damaligen Vorsitzenden der KPD und der SPD die Hände und besiegelten die Einheit der Arbeiterklasse in Freiberg. Diesem symbolischen Händedruck war eine Kundgebung auf dem Obermarkt vorangegangen, auf der die Teilnehmer die Überwindung der jahrzehntelangen verhängnisvollen Spaltung der Arbeiterklasse und die Bildung einer revolutionären Einheitspartei gefordert hatten.

Kreisgericht, Beethovenstraße: Im Jahre 1886 wurde hier AUGUST BEBEL im ersten und bedeutendsten der sogenannten Geheimbundprozesse gemeinsam mit 9 führenden Sozialdemokraten, darunter IGNAZ AUER, zu 9 Monaten Gefängnis verurteilt. Die von FRANZ MEHRING als „Todeskämpfe des Ausnahmegesetzes ...“ bezeichneten Geheimbundprozesse waren der untaugliche Versuch der reaktionären Kreise um BISMARCK, die ständig wachsende sozialdemokratische Bewegung doch noch zu zerschlagen.

Lomonossowstraße 14/Ecke Rinnengasse: Die an diesem Haus angebrachte Gedenktafel bezeugt, daß in dem Gebäude zu Beginn des Jahres 1919 die Ortsgruppe der KPD gegründet wurde. Der Mitbegründer, Genosse Walter Stratmann, war Delegierter des Gründungsparteitages der KPD in Berlin. B 27.2

Schwarzes Roß, August-Bebel-Straße 5 (heute alte Mensa der Bergakademie): Die an diesem Gebäude angebrachte Gedenktafel berichtet von der Gründung der Ortsgruppe der SPD Freiberg am 1. 5. 1873. Das Schwarze Roß war bis zur Errichtung der faschistischen Diktatur im Januar 1933 Kundgebungsort der SPD und KPD und häufiger Schauplatz großer politischer Volks- und Wahlversammlungen sowie heftiger ideologischer Auseinandersetzungen der Arbeiterparteien mit den bürgerlichen Parteien, vor allem auch mit den Nazis.

Otto-Nuschke-Platz/Steinrelief zum Gedenken an die bürgerlich-demokratische Revolution 1848/49: In den Maitagen des Jahres 1849 waren von hier aus fortschrittliche Studenten und Bergarbeiter Freibergs nach Dresden ausgerückt zur Unterstützung der revolutionären Kämpfe um die Reichsverfassung. Kreisamtmann Otto Leonhard Heubner, Abgeordneter des Frankfurter Parlaments, hatte vom Balkon (später abgerissen) des Cafés Vogel — heute Otto-Nuschke-Platz 1 — an die Revolutionäre eine Ansprache gehalten. Vogels Saal war auch am 14. 8. 1848 Gründungsstätte des Freiberger Arbeitervereins.

Gaststätte Wettiner Hof, Wasserturmstraße 36 (heute Schulungsraum): Im Jahre 1924 wurde hier die Ortsgruppe Freiberg des Rotfrontkämpferbundes gegründet. An der Gründungsversammlung nahmen etwa 40 Genossen teil.

Pfarrgasse 1: Ein Zentrum des illegalen Kampfes der Sozialdemokraten während des Sozialistengesetzes war die Wohnung des Maurers und Mitglieds der Sozialdemokratischen Partei Oswald Bieligk. Bei ihm befand sich eine Anlaufstelle für die in der Zeit des Sozialistengesetzes illegal gedruckte und verbreitete Zeitung „Der Sozialdemokrat".

Ehrenfriedhof für die sowjetischen Helden und Gedenkstätte für die Opfer des Faschismus, Ulrich-Rülein-Straße: Auf dem sowjetischen Ehrenfriedhof ruhen 114 Soldaten und Offiziere der ruhmreichen Sowjetarmee, die in den Frühjahrskämpfen 1945 im Raum Freiberg gefallen sind oder später ihren Verwundungen erlagen. Der 1945/46 gestaltete Friedhof mit seinen schlichten Gedenksteinen auf den Gräbern und dem Denkmal des Sowjetsoldaten, geschaffen von Otto Rost, Dresden, eine würdige Gedenkstätte für die im Kampf gegen den Faschismus gefallenen Sowjetsoldaten, ist zugleich ein Mahnmal für die Lebenden, in ihrem Kampf für die Erhaltung des Friedens nicht nachzulassen.
Die Gedenkstätte für die Opfer des Faschismus, ein dreieckiger Stein aus Rochlitzer Porphyr, fand auf dem Friedhof für die sowjetischen gefallenen Helden den ihr gebührenden Platz. In deutscher, russischer, französischer und englischer Sprache steht der Schwur verzeichnet: Euch unsterbliche Opfer des Faschismus nie zu vergessen, sei unsere Pflicht.
Diese Gedenkstätte war am 22. 9. 1946 zunächst auf dem Donatsfriedhof an der Stelle enthüllt worden, wo 1945 unbekannte KZ-Häftlinge ihre letzte Ruhestätte gefunden hatten. Der feierlichen Einweihung war eine Gedenkfeier im Städtischen Festsaal vorangegangen. Dann hatten sich Abordnungen aus Be-

B 27.2 trieben und Einrichtungen der Stadt zu einem Marschzug zum Donatsfriedhof formiert. Die Urne des ersten antifaschistischen Bürgermeisters von Freiberg, des Buchenwaldhäftlings KARL GÜNZEL, wurde nach seinem Tod im Jahre 1960 an der Gedenkstätte der Opfer des Faschismus beigesetzt.

Ulrich-Rülein-Straße/VEB Porzellanwerk Freiberg: Im Turmzimmer der ehemaligen Grubenverwaltung Freiberg wurden 1933 nach der Machtergreifung der Faschisten 38 Antifaschisten aus der Stadt und dem Kreis Freiberg gefangengehalten und grausam gefoltert. Zur Mahnung und zum Gedenken wurde am Verwaltungsgebäude des VEB Porzellanwerk Freiberg eine Gedenktafel angebracht.

B 27.3 Bergbau in Freiberg

Der Silberfund auf der damaligen Christiansdorfer Flur (s. B 27.1) war der Beginn des Freiberger Bergbaus, des frühesten im heutigen Erzgebirge. Er verursachte den Zustrom vieler Bergleute aus dem Harz. Seit 1968 (800 Jahre Freiberger Erzbergbau) befindet sich an der Stelle eine Gedenktafel, wo vermutlich das erste Silbererz entdeckt wurde (Haus Wasserturmstraße 34). Den Verlauf des Hauptstollnganges (s. Seite 21) kann man vom Mundloch des Alten und Tiefen Fürstenstollns aus über Tage bis zum Kreiskrankenhaus verfolgen. In der Stadt erinnern noch die Aschegasse (nach der 1384 erstmals erwähnten Grube Asche; der Name wurde wahrscheinlich von der Pottasche abgeleitet, die die dortigen Seifensieder herstellten), die Stollngasse und der Rote-Grube-Richtschacht (benannt nach der alten Roten Grube) an den Bergbau auf diesem Erzgang.
Das Hauptbergbaugebiet der ersten Blütezeit lag östlich der Altstadt. Der westliche Teil und das Wasserberggebiet blieben wegen ihrer Gangarmut bis in die Gegenwart vom Bergbau fast unberührt. Nach dem Ende der ersten Blüteperiode kam es zwischen 1350 und 1400 zur Gründung der „Knappschaft der Hauer“ und besonders von 1444 bis 1467 zu zahlreichen Klassenkämpfen (s. B 27.1).
In der Zeit der frühbürgerlichen Revolution begann die zweite Blütezeit des Freiberger Bergbaus. Kapitalkräftige Montanunternehmer und Männer wie Dr. ULRICH RÜLEIN VON CALW (s. B 27.4), Bergvogt SIMON BOGNER, Verfasser der Erstausgabe der „Freiberger Berggebräuche“, sowie als Praktiker Oberbergmeister MARTIN PLANER förderten durch ihre Tätigkeit den Freiberger Bergbau maßgebend.
Die Gruben „vor der Stadt“ mußten das Erz in immer größeren Teufen unter den Stollnsohlen abbauen. Deshalb setzte man um 1540 aus der Sohle des stark ansteigenden Alten Fürstenstollns „unter dem Gesprenge“ den Tiefen Fürstenstolln mit geringem Ansteigen an. Mit seinen weiten Verzweigungen blieb er bis zur Fertigstellung des Rothschönberger Stollns für die meisten Gruben die tiefste Wasserlösung. Als Aufschlagwasser für die vielen Kunstgezeuge des sagenumwobenen, bis 350 m tief abbauenden Turmhofer Bergbaus entzog man der Stadt sogar das wertvolle Wasser des Münzbachs. Die Turmhofer Gruben erbrachten von 1531 bis 1595 eine Ausbeute von 680160 Güldengroschen. Sie

besaßen zwei eigene Schmelzhütten an der Mulde. Von diesem Bergbau haben sich Zeugen in Form von teilweise umgebauten Gebäuden und einer ummauerten Halde zwischen Dammstraße und der Straße Hinter der Stockmühle erhalten. Weitere Halden dieses Bergbaus findet man noch westlich der Hegelstraße (Seilerberg).

Durch den Dreißigjährigen Krieg kam der Bergbau um die Stadt kurzzeitig zum Erliegen. Der gedruckte Ausbeutbogen vom Quartal Trinitatis 1643 verzeichnet keinerlei Ausbeute mehr. Überhaupt hatte der Bergbau in und um die Stadt im 17. Jh. einen verhältnismäßig geringen Anteil an der Silberproduktion und den verteilten Ausbeuten des ganzen Freiberger Reviers. Dies änderte sich erst mit Beginn des 18. Jh., als man verstärkt die alten Grubenbaue angriff. Die Kuhschacht-Fundgrube (Huthaus Wernerplatz 15, um 1750) erreichte von 1693 bis 1765 eine neue Glanzzeit. Ihre Tiefbaue hielt man mit 4 übereinanderhängenden Kunstgezeugen wasserfrei. Ein Pferdegöpel, der auf dem jetzigen Wernerplatz stand, übernahm die Förderung.

Im heutigen Stadtgebiet lagen damals außerdem noch die Gruben Neubeschert Glück und Schlüssel. Letztere erwarb 1752 den später nach ihr benannten Schlüsselteich am jetzigen Ernst-Thälmann-Ring. 1839 kam das Grubenfeld zur Himmelfahrt-Fundgrube. Weitere Berggebäude des 18. Jh. waren: Prophet Samuel, Himmelfahrt Christi (beide um Olbernhauer Straße), Methusalem (Schmiedestraße), Moses, Junger Kuhschacht und Segen Gottes (Huthaus Ulrich-Rülein-Straße 11).

Die Ereignisse des Siebenjährigen Krieges brachten Freibergs Bergbau beinahe zum Erlöschen. Allein im Jahre 1756 wurden im gesamten Revier 28 Gruben auflässig. Die erlittenen „Bergwerks Schäden“ wirkten noch jahrzehntelang nach, so daß besonders technische Neuerungen, trotz Gründung der Bergakademie (s. B 27.4), in den Stadtgruben erst sehr spät zum Einsatz kamen. Eine Anlage dieser Zeit war das 1795 erbaute Seilerhaus (Brander Straße 100) mit der sich nach N hin erstreckenden, etwa 480 m langen und 7 m breiten Seilerbahn zum Herstellen der Bergseile.

Jenseits der Muldener Hütten förderten in der Nähe des linken Ufers der Freiberger Mulde die Gruben Morgenstern und Neuer Morgenstern größere Mengen silberhaltiger Erze. 1774 brach man bei dieser Grube auch Petunse (Feldspat) für die Porzellanmanufaktur Meißen. Von den ehemals sehr umfangreichen Übertageanlagen haben sich nur noch Halden und Kunstgrabenreste erhalten.

Unter Leitung des Oberberghauptmanns von Herder wurden die Anlage tieferer Hauptstolln und die Beschaffung von Wasserkräften besonders gefördert. So legte man von 1822 bis 1855 den Hauptstollnumbruch und 1844—77 den schon 1838 durch ihn geplanten Rothschönberger Stolln (s. B 3 u. 20) an. Aufschlagwasser wurde herbeigeführt durch die Vollendung der „oberen Wasserversorgung“ (Kunstgräben, Röschen und Teiche von Dörnthal bis Cämmerswalde) 1826—39 sowie der Wernerrösche (mit Kunstgraben und einzelnen Röschen) 1827—55, die bevorzugt die Muldener Hütten versorgte, nur bei Wasserüberschuß auch die Grube Morgenstern, wo sie noch erhalten ist.

Sichtbare Erfolge in der Erzförderung konnte seit 1831 die vorher unbedeutende Grube Himmelfahrt samt Abraham aufweisen. Sie brachte Freibergs Bergbau noch einmal auf eine zuvor nie erreichte Höhe. 1859 besaß sie eine Belegschaft

B 27.3 von 2882 Mann. Durch Übernahme anderer Gruben konnte sie sich bedeutend vergrößern und großzügige Über- und Untertageanlagen errichten. 1880 büßten bei einem Bruch der Fahrkunst im Himmelfahrter Abrahamschacht elf Bergleute beim Sturz in die Tiefe ihr Leben ein. Dieses Ereignis war das schwerste Grubenunglück im Freiberger Bergbau. Von 1752 bis 1896 hatte die Grube 473705 kg Feinsilber ausgebracht, bis 1913 der Betrieb eingestellt werden mußte (s. Seite 25).

Kurzzeitig wurde 1937 der Bergbau Freibergs für die faschistische Rüstungsindustrie wieder aufgenommen. Nach Kriegsende konnten 1946 auch die Freiberger Werke in Volkseigentum übergeführt werden. Zur wichtigsten Schachtanlage wurde der David-Richtschacht ausgebaut, der über 700 m Tiefe erreichte. 1961 kam es durch Vereinigung des VEB Bleierzgruben Albert Funk, des VEB Freiberger Bleihütten und des VEB Feinzink zum VEB Bergbau- und Hüttenkombinat Albert Funk Freiberg. Aus ökonomischen Gründen mußte die Förderung in den Freiberger Gruben 1969 aufgegeben werden. Heute liefert dieses Kombinat mehr als die Hälfte der Warenproduktion des gesamten Kreises und nimmt bei der Verarbeitung von Edelmetallen und verschiedenen Buntmetallen eine volkswirtschaftliche Schlüsselposition in der DDR ein.

Die Über- und Untertageanlagen der ehemaligen Grube Himmelfahrt bilden einen einzigartigen Denkmalkomplex des historischen Gangerzbergbaus. Dazu gehören auch die Anlagen der ehemaligen Wasserversorgung, die Halden und weiteren Bergbaudenkmale in den umliegenden Gemeinden. Diese Zeugen für das Mühen und Schaffen vieler Generationen geschickter Berg- und Hüttenleute haben nicht nur für die Stadt Freiberg und ihre Umgebung hohe Bedeutung, sondern auch für die ganze DDR und sogar für das Ausland. Weisen sie doch die Entwicklung der Produktivkräfte in einem wichtigen Industriezweig an einem Beispiel nach, das einst auf alle Kontinente ausstrahlte.

Auswahl Freiberger Bergbaudenkmale

Alte-Elisabeth-Schacht (Bild 19)

Grube in heutiger Form von 1847 bis 49 (vorher Pferdegöpel). Besaß Hilfsfunktion (wie auch Reiche-Zeche- und Rote-Grube-Richtschacht) für den Bau des Rothschönberger Stollns. 1934 Errichtung eines Schaubergwerkes; jetzt im Besitz der Bergakademie — zusammen mit Reiche Zeche als Lehrgrube genutzt. Erhalten sind:

- Scheidebank von 1856, später als Betstube eingerichtet, Orgel aus dem 18. Jh.;
- Schachthaus mit Hängebank-Einrichtung;
- Maschinenhaus — darin die von 1848 stammende älteste erhaltene Dampfförderanlage des Erzbergbaus und drittälteste überhaupt, außerdem die 1938 hierher umgesetzte Wassersäulenmaschine (s. B 20) vom 8. Lichtloch des Rothschönberger Stollns;
- Kesselhaus;
- Fachwerkbau von 1936 (1962 erweitert) — darin zwei alte Hüttengebläse: das Schwarzenberg-Gebläse von 1829/30 —, gußeisern, neugotische Stilelemente, bis 1936 in der Halsbrücker Hütte, war ursprünglich in der Antons-

hütte (s. Bd. 20, H 8) eingesetzt, und das Kastengebläse von 1868/69 (aus Holz) von dem Hammerwerk Obere Ratsmühle bei Freiberg; B. 27.3
- Bergschmiede;
- 2 Erzrollenmundlöcher;
- Untertageanlagen des 16.—20. Jh.

Reiche-Zeche-Richtschacht

Als Grube 1384 erstmals urkundlich erwähnt, heutiger Schacht 1841 begonnen. Gebäude vom Ende des 19. bis 20. Jh.: Schornstein, Schachthaus, altes Maschinenhaus mit Glockenturm, letztes erhaltenes Fördergerüst des Freiberger Bergbaus von 1953, an der Stelle eines um 1885 errichteten. Schachtanlage mit der größten landschaftlichen Sichtwirkung.

Abrahamschacht

Ursprünglicher Hauptschacht der Grube Himmelfahrt. Erhalten sind: Treibehaus (1839), Huthaus (1813), Mannschaftshaus (um 1790), Verwaltungsgebäude (1846), Bergschmiede (1834), Erzrolle und Erztunnel (1841/42), Setzwäsche (1834), Scheidebank (1840/42).

Turmhof-Richtschacht (Dresdner Straße)

Erhalten sind: Poch- und Wäschgebäude (1845), Erzwalzwerk und Setzwäsche (1862), Kunstgrabenbrücke (1844/45), Pochrad (1846).

Rote-Grube-Richtschacht (Roter Weg)

Schacht 1846 begonnen. Treibehaus (1856) war ein hoher Fachwerkbau (Abb. 38) — beim Luftangriff 1944 durch Volltreffer zerstört. Kehrrad von 1856 unter Tage in 80 m Tiefe erhalten.

Einzelobjekte

- 3 Anlagen am Roten Graben: Mundloch des Verträgliche-Gesellschaft-Stollns um 1800; Huthaus des Verträgliche-Gesellschaft-Stollns um 1810; Mundloch des Turmhof-Hilfsstollns um 1820.
- Erzförderung vom David-Richtschacht zur Himmelfahrter Wäsche (Mittlere Ratsmühle): oberes Erzbahntunnelmundloch (1855), 1981 wieder instand gesetzt; unteres Mundloch, Erzbahndamm mit 5,5 m hoher Trockenmauer. Anlagen zwischen David-Schachthalde und Mulde.
- Juliusschacht: Treibehausfundamente (1869) an der Weisbachstraße.
- Huthaus Geharnischter Mann (Unterhofstraße 2) um 1750.
- Huthaus Löfflerschacht (Unterhofstraße 2a) um 1750.
- Pulverturm der Grube Herzog August (hinter der Gaststätte Am Seilerberg) um 1820.
- Herders Ruhe: Grabmal des 1838 verstorbenen Oberberghauptmanns Siegmund August Wolfgang von Herder in der Halde der Grube Heilige Drei Könige westlich der Reichen Zeche.

B 27.4 Bergakademie Freiberg (Bilder 14 und 15)

Der Beschluß zur Gründung der Bergakademie Freiberg am 13. 11. 1765 war folgerichtig Ergebnis einer jahrhundertelangen Lehrtradition und Beginn einer weltoffenen Wissenschaftsentwicklung. Der Freiberger Bergbau war im 16. Jh. in solche Tiefen und Lagerstättenbereiche vorgedrungen, daß arme Erze Schwierigkeiten in der Verhüttung bereiteten, eindringendes Grundwasser Pumpmaschinen erforderte und benachbarte Gruben unter Tage Schwierigkeiten in der Bestimmung ihrer Grenzen hatten. Diese Probleme waren nicht mehr allein auf die übliche handwerkliche Weise zu lösen, sondern gaben Anlaß zur Entwicklung der Montanwissenschaften.
Nach ersten Keimen wissenschaftlicher Tätigkeit im „Bergbüchlein" des Freiberger Stadtarztes Ulrich Rülein von Calw (1500) finden wir ein umfassendes System der Montanwissenschaften im literarischen Werk des Chemnitzer Arztes und Bürgermeisters Georgius Agricola (Erscheinungsjahre seiner montanwissenschaftlichen Werke 1530—56). Auf der Basis dieser Erkenntnisse und der bergmännischen Praxis wurden in Freiberg — nachweislich ab 1617 — in Privatunterricht Markscheider, Metallurgen und technische Bergbeamte ausgebildet. Seit 1702 wurde diese Unterrichtsform durch die Einrichtung einer Stipendienkasse mit jährlichen Haushaltsmitteln zu einer festen Form montanwissenschaftlicher Ausbildung. Der bekannteste Vertreter dieser Periode der Freiberger montanwissenschaftlichen Lehrtradition war der Bergrat Johann Friedrich Henckel (1675—1744), der bereits ein chemisch-metallurgisches Unterrichtslabor unterhielt. Sein berühmtester Schüler war der spätere russische Gelehrte Michail Wassiljewitsch Lomonossow (1711—65).
Als nach dem Siebenjährigen Krieg die sächsische Regierung Anstrengungen unternahm, die darniederliegende Wirtschaft des Landes wieder zu heben, machten der Generalbergkommissar Friedrich Anton von Heynitz und der Freiberger Oberberghauptmann Friedrich Wilhelm von Oppel den Vorschlag, in Freiberg eine Bergakademie zu gründen. Sie hatten erkannt, daß der Ertrag der Bergwerke nur durch eine bessere Leitung der Betriebe und durch die Anwendung der Natur- und Technikwissenschaften gehoben werden konnte. Dieser Vorschlag wurde aufgegriffen. Am 21. 11. 1765 unterschrieb der damalige sächsische Regent Prinz Xaver das Gründungsdekret, und zu Pfingsten 1766 begannen die Vorlesungen in den Fächern Mathematik, Mechanik, Zeichnen, Mineralogie, Metallurgische Chemie und Hüttenkunde, Markscheidekunde, Bergbaukunde und Probierkunde (Vorläufer der Chemie).
In den ersten hundert Jahren — solange im sächsischen Bergbau das Direktionsprinzip bestand — studierten an der Bergakademie einerseits Stipendiaten, also gebürtige Sachsen, die ein Stipendium erhielten und sich dafür zu einer Tätigkeit im staatlichen Bergbau- und Hüttendienst Sachsens verpflichteten, und andererseits Studenten auf eigene Kosten aus den verschiedensten Ländern Europas, ja auch aus Nord- und Südamerika. Dieser Zulauf wurde bedingt durch das hohe wissenschaftliche Niveau, das die Bergakademie von Anfang an auszeichnete. Demgemäß finden wir in der Geschichte der Bergakademie jener Zeit Wissenschaftler von Weltruf.
Abraham Gottlob Werner (1749—1817) schuf in der Mineralogie eine bahn-

brechende Kennzeichenlehre und ein Mineralsystem, verselbständigte die Petrographie, war Mitbegründer der Geologie als Wissenschaft und organisierte die erste umfassende geologische Landesaufnahme Sachsens. B 27.4

WILHELM AUGUST LAMPADIUS (1772—1842) entdeckte den Schwefelkohlenstoff, wandte erstmalig auf dem Kontinent Gasbeleuchtung an und richtete (vor JUSTUS VON LIEBIG) für die Studenten ein chemisches Praktikum in einem Hochschullabor ein.

JULIUS LUDWIG WEISBACH (1806—71) gilt als Mitbegründer des wissenschaftlichen Maschinenwesens, erbrachte bleibende wissenschaftliche Leistungen besonders in der Hydraulik und Strömungsmechanik und begründete die „Neue Markscheidekunst", d. h. die Vermessungstechnik mit Theodolit und Nivelliergerät im Bergbau.

FERDINAND REICH (1799—1882), Mitbegründer der Geophysik, entdeckte zusammen mit dem Metallurgen THEODOR HIERONYMUS RICHTER (1824—98) das chemische Element Indium.

Berühmtester Schüler jener Periode der Bergakademie war ALEXANDER VON HUMBOLDT.

Als Einrichtung der sächsischen Bergbehörde war die Bergakademie in den ersten hundert Jahren ihres Bestehens dem Erzbergbau, der Buntmetallurgie und dem Direktionsprinzip noch zu einer Zeit verhaftet geblieben, als der Steinkohlenbergbau, das Eisenhüttenwesen und die Betriebsform des freien kapitalistischen Unternehmens das Montanwesen bestimmten. Zurückgehende Studentenzahlen gaben deshalb Anlaß zu einer Reform, mit der der 1871 als Nachfolger WEISBACHS berufene GUSTAV ANTON ZEUNER (1828—1907) beauftragt wurde. In wenigen Jahren führten ZEUNERS Reformen zu einem neuen Aufblühen der Bergakademie, nun aber als technische Hochschule den Bedürfnissen der kapitalistischen Montan-Großindustrie angepaßt, ohne Direktionsprinzip und Stipendiaten alten Stils, mit Direktoratsverfassung, ab 1899 Rektoratsverfassung, ab 1872 den Diplom-Bergingenieur und ab 1903 den Diplomingenieur als akademische Grade der Absolventen verteilend und ab 1905 mit Promotionsrecht ausgestattet. Auch in dieser Periode studierten in Freiberg zahlreiche Ausländer und wurden an der Bergakademie beachtliche wissenschaftliche Forschungsergebnisse erzielt, die nun aber meist stärker auf das Berg- und Hüttenwesen konzentriert waren. Der Chemiker CLEMENS WINKLER (1838—1904) entdeckte (im Haus Brennhausgasse 5; Bild 7) im Freiberger Erz das chemische Element Germanium (s. C 11) und lieferte damit einen glänzenden Beweis für die Richtigkeit und Brauchbarkeit des Periodischen Systems der Elemente von D. I. MENDELEJEW. Der Bergbaukundler KARL KEGEL schuf u. a. die wissenschaftlichen Grundlagen für die Braunkohlenbrikettierung. Im 20. Jh. erlangten die Probleme des nun technisch komplizierten Braunkohlenbergbaus und der Braunkohlenveredlung Bedeutung in Forschung und Lehre der Bergakademie.

Nach einem Niedergang der Bergakademie in den Jahren des Faschismus und insbesondere im zweiten Weltkrieg wurde die Hochschule am 8. 2. 1946 auf Befehl und mit Unterstützung der sowjetischen Militäradministration wieder eröffnet. Alte und junge Wissenschaftler, die sich zum sozialistischen Aufbau bekannten, unterrichteten eine von Jahr zu Jahr steigende Zahl von Studenten, die zum Teil aus der 1949 gegründeten Arbeiter-und-Bauern-Fakultät kamen.

B 27.4 Die Absolventen aus dieser jüngsten Periode der Geschichte der Hochschule übernahmen seit 1950 führende Positionen in Staat und Gesellschaft, insbesondere im Bergbau und Hüttenwesen der Deutschen Demokratischen Republik. In der Lehre dieser Zeit erlangten das 1950 gegründete Fernstudium und seit etwa 1955 das Ausländerstudium besondere Bedeutung. Von den zahlreichen Forschungsergebnissen der Bergakademie in den letzten Jahrzehnten sei als Beispiel der 1949—51 entwickelte Braunkohlen-Hochtemperatur-Koks von Erich Rammler und Georg Bilkenroth genannt.

Der Aufschwung der Bergakademie in der Zeit 1950—80 spiegelt sich in einer großen Zahl von Neubauten wider. Die wichtigsten davon sind: die Chemischen Institute (1955), das Metallhütten-Institut (1957), das Institut für Tagebautechnik (1957), die Institute für Geologie und Geophysik (1958), Studentenwohnheime (1955—73), Mensagebäude (1973—75; Bild 15) und Hochschulbibliothek Georgius Agricola (1977—80).

B 27.5 Stadtkern als Denkmal des Städtebaus und der Architektur

Der bis Mitte des 19. Jh. von einer Stadtmauer umgebene, jetzt von Ringanlagen begrenzte Freiberger Stadtkern stellt durch eine noch weitgehend erhaltene Bebauung des 16. Jh. und seinen Dom mit Kunstwerken von europäischer Bedeutung ein Denkmal von hohem Rang dar, das Bestandteil der zentralen Denkmalliste der DDR ist (Abb. 32).

Die Gründe für das Überdauern des historischen Stadtbildes sind mehrfache. So erlebte die Stadt ihren letzten umfassenden Stadtbrand 1484. Nach dem Dreißigjährigen Krieg ging ihre wirtschaftliche Kraft so zurück, daß es im 17. Jh. nur noch zu einer geringen, im 18. Jh. zu fast keiner Bautätigkeit kam. Sie beschränkte sich in vielen Fällen nur auf Fassadenveränderungen (Abb. 33). Auch die Gründerzeit führte zu relativ wenigen Eingriffen in die alte Stadtsubstanz, nachdem die einstigen Klöster (s. B 27.1) schon lange vorher als Folge der Reformation verschwunden waren. Als wesentliche sind zu nennen die Beseitigung weiter Teile der Stadtbefestigung einschließlich der fünf Stadttore zwischen 1816 und 1877 sowie der Abbruch der alten Jakobikirche 1890. Von den Zerstörungen des zweiten Weltkrieges blieb die Altstadt verschont.

Zur Charakterisierung des Denkmals Altstadt Freiberg sind folgende Feststellungen nötig: Betrachtet man das Gesamtdenkmal, so ist es weniger das Ergebnis einer bewußten städtebaulichen Gestaltung, sondern mehr das zufällige Produkt eines Jahrhunderte währenden Prozesses, geformt durch das jeweilige architektonische Gefühl einer Epoche. Bei der Dichte städtebaulicher Dominanten (Abb. 31), von denen heute nur noch ein Teil erhalten ist, bildeten sich bei fast jeder Bautätigkeit städtebauliche Beziehungen heraus.

Das Straßen- und Platzgefüge des Stadtkerns, dessen komplizierte Entwicklung bereits dargelegt wurde (s. B 27.1), tritt uns heute nicht in der Form des 13. Jh., sondern in seiner spätmittelalterlichen Verdichtung entgegen (Abb. 34). So umfaßte ursprünglich der Obermarkt (Bild 5) die Gesamtfläche zwischen Karl-Marx-Straße und Petriplatz, wobei die Petrikirche direkt am Markt lag.

Während die wichtigsten städtebaulichen Dominanten, die Kirchen und auch die Burg, der Frühzeit der Stadt angehören und ihre Lage nicht durch eine städte-

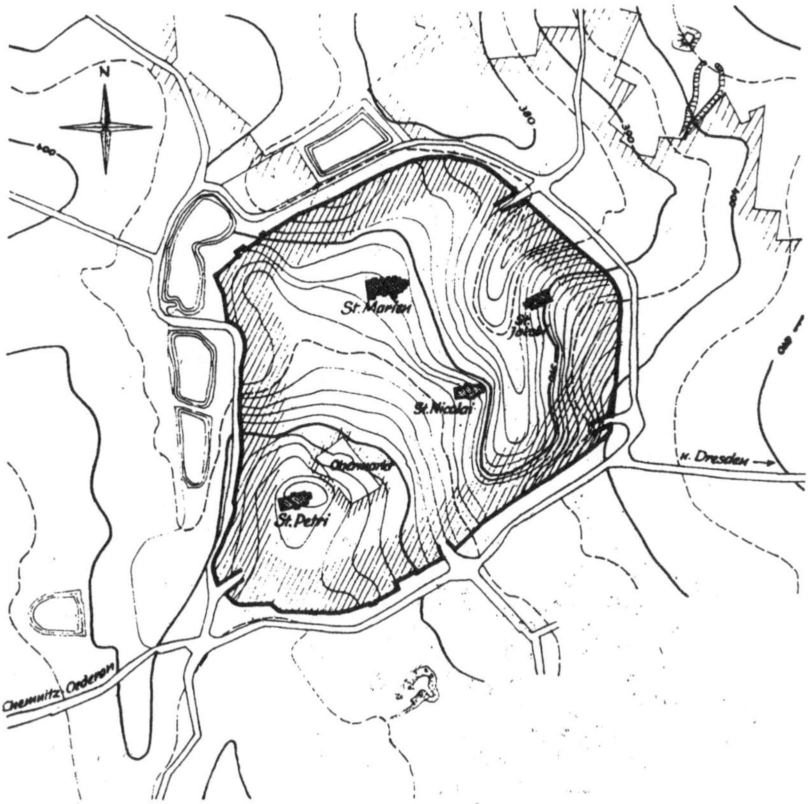

Abb. 31. Städtebauliche Dominanten, alte Umwehrung und Höhenliniendarstellung im Stadtkern Freibergs, Mitte 18. Jahrhundert (aus RAUDA 1957)

bauliche Gesamtidee, sondern aus der Anlage des jeweiligen Stadtteils erklärbar ist, gehört die Struktur der Wohnhausbebauung einer späteren Zeit an. Wenn auch die Keller der heutigen Wohnhäuser oft älter sind, reichen sie doch nicht in das 13. Jh. zurück. Noch sind uns die damaligen Grundstücksgrößen und deren Bebauung unbekannt. Dies gilt besonders für die im Burglehn, aber auch östlich des Münzbaches einst vorhandenen Höfe mit möglichen Eigenbefestigungen.

Die erhaltene historische Wohnhaussubstanz bildet das spätmittelalterliche soziale Gefüge der Stadt ab. Größere Gebäude finden sich in der Oberstadt. Sie gehörten vorrangig dem gehobenen Stadtbürgertum und Kaufleuten. Das Domviertel, das Burglehn, umfaßte die Wohnsitze des Landadels, sogenannte Freihöfe, die Gebäude des 1480 gegründeten Kollegiatsstiftes sowie zum Schloß gehörige Bereiche. Das Nikolaiviertel muß als Handwerkergebiet gesehen werden. Im Jakobiviertel wohnten, wie auch in den Vorstädten, häufiger Berg- und Hüttenarbeiter.

Abb. 32. Karte der Baudenkmale in Freiberg (Entwurf W. HÄHLE nach Unterlagen des Instituts für Denkmalpflege, Arbeitsstelle Dresden)

Die Freiberger Wohnhausbebauung des 16. Jh. blieb mit obersächsischen Architekturformen, die für das Gebiet zwischen Dresden und Weimar sowie bis Wittenberg bekannt waren, noch der Spätgotik verhaftet. Typisch sind hohe Traufdächer, profilierte Fenstergewände und heute nur noch wenige erhaltene Rundbogenportale (Abb. 33). Die Erker gehören, mit Ausnahme Korngasse 1, dem 17. Jh. an. Häufig lassen die Fenster die innere Raumaufteilung erkennen. Oft treten zu verschiedenen Zeiten entstandene Häuser zu Gruppen zusammen. Wie denkmalpflegerische Untersuchungen der letzten Jahre zeigten, waren viele Häuser durch Simse gegliedert. Stets waren die Fenster von meist leicht erhöhten Putzbändern eingerahmt. Dadurch hoben sie sich wirkungsvoll von grobkörnig geputzten, häufig weißen Hauswänden ab. Ihre Farbigkeit erhielten die Häuser nur durch graue, ockerfarbene oder auch rötlich gestrichene Architekturelemente.

Abb. 33. Haustüren in Freiberg

linke Seite
von oben nach unten:

Domgasse 6, Am Dom 2,
Kesselgasse 24

rechte Seite von oben nach unten:

August-Bebel-Str. 15,
Korngasse 8, ursprünglicher Zustand,
Herderstraße 2

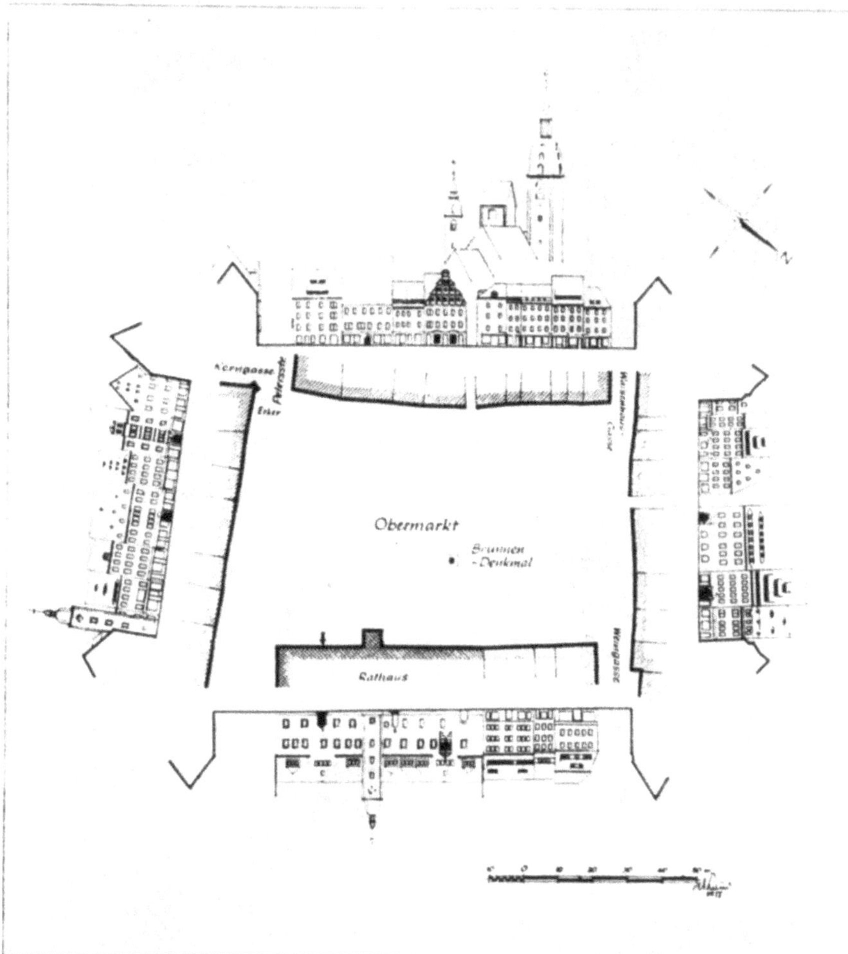

Abb. 34. Raumbild des Obermarktes (aus RAUDA 1957)

Die Freiberger Bürgerhäuser des 16. Jh. sind funktionell ausgesprochene Wohnhäuser. Trotz des um 1550 lebhaften Silberbergbaus ist ihre Architektur als schlicht zu bewerten, da die Gewinne des Bergbaus in die Residenzstadt Dresden oder in Handelszentren wie Leipzig abwanderten.
Da im Rahmen dieser Publikation keine der Vielzahl der Kunstdenkmale Freibergs auch nur annähernd gerecht werdende Beschreibung erfolgen kann, sei auf entsprechende Literatur verwiesen. Lediglich der Dom als bekanntestes dieser Objekte erfährt eine kurze Würdigung. Er steht seit längerer Zeit im Mittelpunkt denkmalpflegerischer Bemühungen.
Der Dom ist ein Bauwerk, an dem sich wichtige Ereignisse und Entwicklungen

der Stadt künstlerisch darstellen. Im Äußeren des großen spätgotischen Baues fällt das hohe Satteldach mit dem kleinen Dachreiter über dem Ostgiebel ins Auge; die zwei asymmetrischen Türme an der Westseite sind unvollendet geblieben. Der gotische Chor, der in den Platzraum des Untermarktes hineinragt, wurde zu einer wettinischen Grabkapelle der Renaissance umgestaltet. Südlich und westlich des Doms liegen der spätgotische Kreuzgang und die Annenkapelle. Vor der Goldenen Pforte an der Südseite des Doms wurde am Anfang unseres Jahrhunderts ein Schutzbau in Formen des Jugendstils errichtet. B 27.5

Die Goldene Pforte (s. B 10) ist eines der bedeutendsten plastischen Kunstwerke aus der Zeit der deutschen Spätromanik, „an Pracht selten, an innerem Adel niemals überboten" (DEHIO 1905). Es handelt sich um ein gestuftes Gewändeportal mit Figuren und reichem plastischem Schmuck an den Gewänden, am Tympanon und an den Archivolten. Um 1230 wurde die ehemals farbig gefaßte Goldene Pforte an die Turmfront der älteren Marienkirche angefügt. Wie Ausgrabungen ergeben haben, war diese Marienkirche eine kreuzförmige Basilika mit zwei Türmen im W und wohl auch Türmen über den polygonalen Nebenapsiden; auch die Hauptapsis war polygonal gebrochen. Der zur Zeit der Stadtgründung um 1180/90 errichtete Bau lag im Burglehn (s. B 27.1); der Landesherr war auch der Bauherr.

Kunstgeschichtlich ebenso bedeutend wie die Goldene Pforte ist die aus Holz geschnitzte Triumphkreuzgruppe, die den Lettner krönt. Von diesem haben sich sonst nur wenige Reste erhalten. Im 14. Jh. wurde der Chor verlängert. Von den Bildwerken des 15. Jh. ist das große Vesperbild von etwa 1430 besonders erwähnenswert.

Nach der Erhebung der Pfarrkirche zum Dom im Jahre 1480 wurde die Basilika durch eine große dreischiffige Hallenkirche (Bild 12) ersetzt, die durch ihre Raumweite und durch die umlaufende Emporenarchitektur für die Spätgotik exemplarisch ist. Der um 1500 beendete Neubau, in dessen Südwand die Goldene Pforte übertragen wurde, ist überaus reich mit Altären und Skulpturen ausgestattet gewesen. Davon erhielten sich die Zyklen der klugen und törichten Jungfrauen und der Apostel, letzterer wohl von PHILIPP KOCH geschaffen, sowie weitere Figuren von dessen Hand, wie die Figur des Christophorus. Als bedeutendstes Werk ist die Tulpenkanzel zu nennen, ein frei im Raum stehendes vegetabiles Gebilde mit einem eigenartigen Figurenprogramm, geschaffen von HANS WITTEN um 1508/10 aus Porphyrtuff vom Zeisigwald im heutigen Karl-Marx-Stadt (s. Bd. 33, F 1).

Nach Einführung der Reformation 1537 wurde, nachdem im Chor der erste evangelische Wettiner der albertinischen Linie begraben worden war, dieser Raumteil nach und nach zu einer wettinischen Grabkapelle umgestaltet. Das erste Renaissancemonument großen Ausmaßes ist hier das sogenannte Moritzmonument, 1559–61 von ANTONIUS VON ZERROEN in Antwerpen gearbeitet. 1589–95 wurde der Chor außen umgestaltet und innen mit einer zweigeschossigen Epitapharchitektur der Renaissance ausgekleidet. Der Entwurf stammt von GIOVANNI MARIA NOSSENI, der hier hauptsächlich sächsische Marmorarten zur Anwendung brachte. Die in Metall gegossenen Figuren der Wettiner in ewiger Anbetung vor dem Altar modellierte der Florentiner CARLO DE CESARE. An der Decke ist das Jüngste Gericht vor gemaltem Grunde plastisch dargestellt.

B 27.5 In der Begräbniskapelle befindet sich auch die sogenannte Schwesterngruft, eine Grabmalsarchitektur mit barocken Figuren, von der Hand BALTHASAR PERMOSERS um 1703/04 geschaffen. In der Freiberger Werkstatt der Hillger gegossene Messing-Grabplatten der Wettiner und deren Zinnsärge – in der Nordkapelle aufgestellt – vervollständigen den Eindruck des kurfürstlichen Mausoleums des 17. Jh.

Auch in der Hallenkirche befinden sich zahlreiche bedeutende Epitaphe aus dieser Zeit. Im Altaraufbau von 1649 ist ein interessantes Abendmahlsbild von 1560 eingesetzt. Als zweite Kanzel stiftete der Bürgermeister JONAS SCHÖNLEBE die von einem Bergmann getragene, figurenreiche sogenannte Bergmannskanzel, 1638 von HANS FRITZSCHE gearbeitet.

Aus der Barockzeit stammen die beiden Silbermannorgeln. Die große, dreimanualige, für den Dom gearbeitete Orgel schuf GOTTFRIED SILBERMANN 1711–14. Ihr organologisch höchst bedeutsames Werk umkleidet der nicht minder großartige Prospekt mit Plastiken von JOHANN ADAM GEORGI. Die Fürstenlogen an der Nordseite wurden 1728 nach dem Plan MATTHÄUS DANIEL PÖPPELMANNS ausgeführt.

Auch die Annenkapelle und die Kreuzgänge beherbergen zahlreiche Grabsteine und Kunstwerke; am wertvollsten ist die sogenannte Monhauptsche Madonna, 1513 wohl von FRANZ MAIDBURG geschaffen.

Zur Erhaltung der Freiberger Altstadt werden umfangreiche Instandsetzungs- und Sanierungsarbeiten durchgeführt. Dabei wird versucht, bei Wohnhäusern verlorene Architekturdetails wieder herzustellen (z. B. Portal Obermarkt 1, Bild 9, Simse, Gewände und Wappen am Hilligerhaus Waisenhausstraße 7), wie auch die neue Farbgebung an der des 16. Jh. zu orientieren. Im Innern gelingt es zunehmend, verdeckte Teile alter Innenausstattungen freizulegen (Alnpeckhaus Korngasse 1, Hilligerhäuser Petriplatz 4 und Waisenhausstraße 7, Schönlebehaus Obermarkt 1). Neubauten passen sich der historischen Umgebung an (z. B. Domgasse 1; Untermarkt 11 und 19; Heubnerstraße 12, 14, 16). Im Rathaus konnte in der Lorenzkapelle eine figürliche spätgotische Ausmalung freigelegt und restauriert werden. Die Wiederherstellung des Schlosses Freudenstein (Bild 10) in seiner Renaissancegestalt wurde eingeleitet.

Eine Aufzählung muß genügen für ausgewählte weitere wichtige Denkmalobjekte: die Nikolaikirche, die Petrikirche, die Neue Jakobikirche; das Domherrenhaus (Stadt- und Bergbaumuseum; Bild 11), das Rathaus (Bild 1), im Innern Ratsarchiv mit Freiberger Stadtrecht um 1300; der Ratskeller als städtischer Repräsentationsbau und Kaufhaus; Reste der Stadtbefestigung: Stadtmauer und Türme (Bild 2); von den Freihäusern seien genannt: Schönlebehaus Kirchgasse 11 (Bild 4), Oberbergamt; Schönbergischer Hof Kirchgasse 15; Unterhof Mönchstraße 1. Von den Wohnhäusern gehören an der Spätgotik: August-Bebel-Str. 13, Rölinghaus Enge Gasse 1, Alnpeckhaus Korngasse 1, Petriplatz 7, Pfarrgasse 11, Waisenhausstraße 10; der Renaissance: Lißkirchnerhaus Obermarkt 17, Obermarkt 10, Hilligerhaus Waisenhausstraße 7; dem Manierismus: Karl-Marx-Straße 27, Schönlebehaus Obermarkt 11; dem Frühbarock: Obermarkt 4, Obermarkt 6; dem Hochbarock: August-Bebel-Straße 1a, Karl-Marx-Straße 23.

Die Kreisstadt Freiberg fungiert als mittelstädtisches Zentrum für ein Gebiet, das im wesentlichen die Kreise Freiberg und Brand-Erbisdorf umfaßt. Die Handels-, Bildungs-, Kultur- und Verwaltungsfunktionen dominieren in der Altstadt. Als einziger größerer industrieller Produktionsbetrieb ist hier der VEB Lefatex (Leder-Faser-Textilien) mit einem sehr vielseitigen Fertigungsprogramm lokalisiert. Unweit davon befindet sich das Forschungsinstitut für Leder- und Kunstledertechnologie. Die Altstadt mit ihren Baudenkmalen, der alten Bergakademie und Museen ist zugleich Schwerpunkt des Tourismus.

Von den beiden Freiberger Museen verfügt das Stadt- und Bergbaumuseum am Dom über reichhaltige Sammlungen zur Kunst- und Kulturgeschichte von Stadt, Bergbau und Hüttenwesen. In Verbindung mit der Entwicklung des Bergbaus wird hier die Geschichte Freibergs bis in die neueste Zeit in zahlreichen Exponaten dargestellt. Ferner besitzt das Museum eine bedeutende Sammlung spätgotischer Holzplastiken des obersächsischen Raumes. Seine Sonderausstellungen und Konzerte bereichern das Freiberger kulturelle Leben.

Das 1864 gegründete Naturkundemuseum in der Waisenhausstraße legt vor allem Gewicht darauf, den Einfluß des Bergbaus auf die Freiberger Landschaft sichtbar zu machen, und widmet dem Komplex „Landeskultur und Naturschutz" besondere Aufmerksamkeit. Die wichtigsten Minerale des Freiberger Bergreviers werden dem Besucher ebenso nahegebracht wie Darstellungen der zahlreichen Halden, Röschen, Kunstgräben und -teiche, die der Freiberger Landschaft ihr Gepräge geben. An Sammlungen existieren solche von heimischen Vögeln, Hölzern und Geweihen sowie Herbarien. Seit vielen Jahren behandeln die Vortragsreihen des Museums naturwissenschaftliche Probleme.

Über reiche, der Öffentlichkeit zugängliche Sammlungen verfügt die Bergakademie. Das Traditionskabinett in der Nonnengasse stellt an wertvollen Exponaten die reiche Geschichte der Hochschule, aber auch der Montanwissenschaften im Erzgebirge dar. Von besonderer Bedeutung ist die hier verwahrte Modellsammlung, deren Anlage ins 18. Jh. zurückreicht. Unter den geowissenschaftlichen Sammlungen soll die Mineralogische Sammlung hervorgehoben werden, die mit ihren 66000 Stufen die größte Sammlung dieser Art in Mitteleuropa ist.

Freiberg hat sich vorwiegend südlich der die Stadt durchziehenden Fernverkehrsstraße 173 entwickelt. In Bahnhofsnähe entstanden die Papiermaschinenwerke (Pama), die Besteckfabrik und am Roten Weg eine Spinnerei des VEB Vereinigte Leinenindustrie. Mehr als die Hälfte aller Freiberger wohnt heute südlich der elektrifizierten Eisenbahnstrecke. Beginnend mit der Siedlungsbebauung der zwanziger und zum Teil der dreißiger Jahre wurden seit 1956 auf dem Seilerberg und dem Wasserberg (Bild 6) komplexe Neubaugebiete errichtet. 5 Schulen, Poliklinik, Sporthalle, Schwimmhalle, Versorgungszentrum Unicent sowie über 10 Kindereinrichtungen stellen nur eine Auswahl der Infrastruktur dar. Das jüngste Neubauviertel, begrenzt durch Claußallee, Lessingstraße und Hainichener Straße, entstand seit 1984 im westlichen Flurteil Friedeburgs.

Ältere und neuere Eigenheimsiedlungen schließen sich an ältere Bebauung westlich des historischen Kerns an. In dieser aufgelockerten Bauweise befinden sich

B 27.6 das Forschungsinstitut für Aufbereitung, die Leitung des Bergbau- und Hüttenkombinates, die Frauenklinik, die Arbeiter-und-Bauern-Fakultät, das Forschungsinstitut für Nichteisenmetalle, an das sich der nach 1945 errichtete Komplex der Bergakademie (s. B 27.4) beiderseits der Leipziger Straße anschließt. Mit dem VEB Präzisionsmechanik an der Hainichener Straße ist der größte Industriebetrieb der Weststadt genannt, die mit Parkanlagen, Teichen, Freilichtbühne und Johannisbad auch beliebte Stätten der Naherholung aufweist. An der Straße nach Karl-Marx-Stadt schließen sich das Glückauf-Stadion und das Feierabendheim an. Der Naherholung dienen auch der Hospitalwald mit dem Waldbad Großer Teich (s. C 5) und der Loßnitz-Forst (s. A 19).
Bauerngehöfte und viele Eigenheime prägen das westlich der Leipziger Straße gelegene Lößnitz, zu dessen Ortslage auch die Molkerei und eine Gärtnerische Produktionsgenossenschaft gehören. Weiter östlich wird das dörflich geprägte Loßnitz im unteren Münzbachtal abgeschlossen von dem Kulturhaus und dem VEB Spezialgehäusebau. 700 m nördlich befindet sich unweit des ehemaligen Gutes Fürstenhof eine große Schweinemastanlage des VEG Freiberg.
Der Osten Freibergs wird von großen Industrieflächen eingenommen. An der Halsbrücker Straße wurden der VEB Geologische Forschung und Erkundung sowie als Industrieforschungseinrichtung Anfang der sechziger Jahre das Brennstoffinstitut des Gaskombinates Schwarze Pumpe errichtet. Noch weiter landwärts folgt die Konsum-Großbäckerei. Von der Reichen Zeche zieht sich ein zusammenhängender Komplex von Industrie-, Bauwirtschafts- und Lagerflächen bis zur Frauensteiner Straße. Größter Betrieb ist das Bergbau- und Hüttenkombinat Albert Funk mit Lehrwerkstatt (Reiche Zeche), Rationalisierungsbetrieb (Davidschacht), Transportbetrieb (Abraham-, Turmhofschacht), Betriebsschule und Sportzentrum am Schachtweg sowie dem Umspannwerk und den Hüttenbetrieben zwischen Frauensteiner und Dresdner Straße, darunter der neuen Zink- und der neuen Zinnhütte (Bild 18). Am Davidschacht wurden die Porzellanfabrik und an der Reichen Zeche das Institut für Bergbausicherheit errichtet. Nahe der Frauensteiner Straße liegen zwei Produktionsstätten des VEB Lederbekleidung und Lederhandschuhe, der VEB Landmaschinen, die Asbest- und Glaswollweberei, die Schuhfabrik Pionier (Bild 21), Konsum- und HO-Fleischverarbeitungsbetriebe sowie am Ortsausgang der Gießereineubau des VEB Papiermaschinenwerke.
In der Altbausubstanz südlich des Bahnhofs (Brander, Olbernhauer, Zuger Straße) haben kleinere Industriebetriebe ihren Standort. Die wichtigsten sind das Sächsische Metallwerk und zwei Textilbetriebe. Weitere industrielle Arbeitsstätten, darunter der VEB Leonische Feindrähte (s. B 28), das große Kondensatoren- und das Armaturenwerk sowie mehrere Textilbetriebe, verteilen sich entlang der Berthelsdorfer und der Silberhofstraße. An der Ausfallstraße nach Berthelsdorf entstand als profilbestimmender Wissenschaftlicher Industriebetrieb der Mikroelektronik ein Neubau des VEB Spurenmetalle. Die städtebauliche Verbindung zur Frauensteiner Straße stellt die Dr.-Rudolf-Friedrichs-Siedlung her.

Halsbach, Stadtteil von Freiberg (Bild 29) **B 28**

Nördlich der Straße nach Dresden liegt zwischen den ehemaligen Waldhufenfluren von Conradsdorf und Hilbersdorf die frühere Rittergutsflur Halsbach. Auf ihrem westlichen, den Steilhang zur Freiberger Mulde umfassenden Teil entstand – ob vor dem 17. Jh., ist unbekannt – eine Streusiedlung für Berg- und Hüttenleute, früher *Das Dörfchen* genannt. An sie südlich anschließend, entwickelte sich Ende des 19. Jh. auf Hilbersdorfer Flur die Häusergruppe von Neuhilbersdorf. Zu Halsbach gehört auch die an der Straße nach Conradsdorf auf der Hochfläche nördlich des Gutes gelegene Häuserzeile der Kreuzermark; angelegt wohl im 18. Jh., stellt der Name eine Flurbezeichnung im Sinne von Mark = Grenze dar.

Das isoliert auf der Hochfläche nach Kreuzermark zu befindliche einstige Rittergut gehörte zu den Freiberg umgebenden Großhöfen. Angelegt südlich des kleinen Habichtsbaches, wird es erstmalig 1294 allodium dictum *Habichsbach* genannt (weitere Namenbelege für den Ort: 1468 *Haylßbach*, 1474 *Halsbach*, in Angleichung an benachbarte Ortsnamen, s. B 20). Seine Besitzer waren häufig Freiberger Patrizier und Bürger. Im 19. Jh. gehörte zum Gut auch die an der Straße nach Naundorf gelegene, mit einer Schankwirtschaft und einer Schmiede verbundene Ziegelscheune. Durch die Demokratische Bodenreform gelangten die Flächen des Rittergutes zur Aufteilung. Neben Siedlerstellen im Gutsbereich wurden 9 Neubauerngehöfte errichtet. Nachdem die Halsbacher Bauern sich zunächst der LPG in Hilbersdorf angeschlossen hatten (s. B 31), obliegt jetzt die Bodenbearbeitung der LPG Pflanzenproduktion Bobritzschtal-Süd. In der Halsbacher Flur fand man ein Flachbeil, das in die Jungsteinzeit gehört (Abb. 35).

Interessant und für Bergarbeiterdörfer geradezu typisch sind die historischen Schulverhältnisse (Akten der Amtshauptmannschaft 1884/85): Unterricht, von nur wenigen Kindern besucht, wurde etwa 1800 durch einen alten Schneider erteilt. Mit Zunahme der Schülerzahl kamen tageweise Freiberger Seminaristen nach Halsbach. Gegen 1820 war „ein verabschiedeter Soldat, ein gemeiner Wüstling und Trunkenbold ..." der Lehrer, 1824 bis 1863 ein „fahrender Gehülfe bei Landschullehrern, ... roh von Sitten" für 80 Kinder tätig. Der Unterricht erfolgte damals in einem kleinen, am Ende des Siedlerweges gelegenen Haus. Nach einer halbjährigen Vakanz wurde 1864 die infolge geringer Leistungsfähigkeit der Schulgemeinde schlecht bezahlte Stelle einem „früher wegen Trunksucht entlassenen" Lehrer übertragen, dem 1884 alle 148 Kinder anvertraut waren. Die durchschnittliche Unterrichtszeit betrug „täglich 1 Stunde und 52 Minuten". Als Unterrichtsstätte stand jetzt die 1838 errichtete Schule Siedlerweg 4 zur Verfügung. Erst mit dem Neubau einer zweiklassigen Schule 1887 verbesserten sich die Verhältnisse etwas. Anschluß an das herrschende Bildungsniveau wurde jedoch erst im Gefolge der demokratischen Schulreform nach 1945 gewonnen. Seit 1970 werden die Halsbacher Schüler an der POS Naundorf unterrichtet.

Die Fernverkehrsstraße nach Dresden berührt Halsbach. Sie nutzte vor dem Bau der heutigen Straßenbrücke 1925–28 die durch einen großen Spitzbogen und eine hohe Rampe ausgezeichnete, 1569 errichtete Hammerbrücke (Bild 30).

B 28

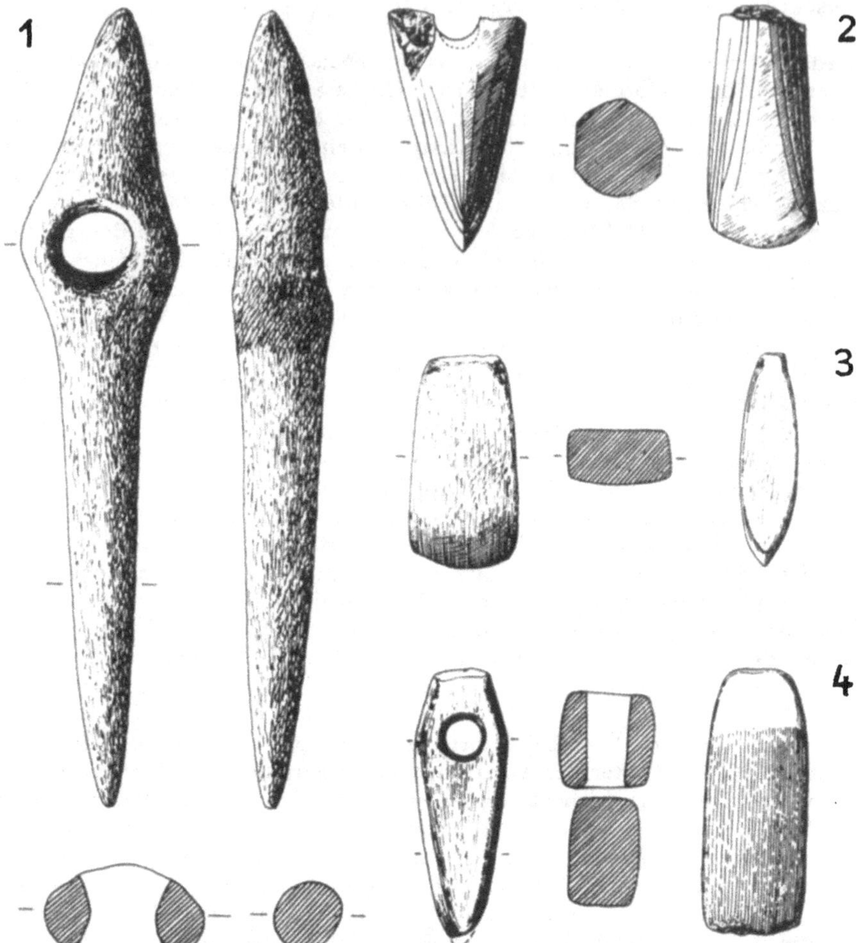

Abb. 35. Urgeschichtliche Funde

Spitzhaue von Niederschöna (1), Schneidenteil einer facettierten Axt von Freiberg (2), Flachbeil von Halsbach (3), Axthammer von Freiberg (4)

1 Mittelsteinzeit

2 und 3 Jungsteinzeit

4 Bronze-/frühe Eisenzeit **(Verkleinerungsverhältnis 1 : 3)**

Die alte Straße hatte bis zur Anlage der heutigen Kehren (1830) auf der Halsbacher Seite geradlinig zur Brücke hinabgeführt, sie gelangte auf der anderen Seite über den Hammerberg und die jetzige Ulrich-Rülein-Straße nach Freiberg. Direkt unterhalb der Hammerbrücke lag Thieles Hammer. Er gehörte zur Stadt und war Teil der Freiberger Fabrik für Leonische Waren, eine der größten sächsischen Manufakturen. Von ihm ist das durch ein mächtiges Walmdach ausgezeichnete Herrenhaus von 1739 erhalten. Das in der SCHNEIDERschen Karte 1678 als Kupferhammer verzeichnete Werk wurde 1692/93 erweitert; der mit einem kurfürstlichen Privileg zur Lieferung von Messingarbeiten für das sächsische Heer versehene THOMAS WEBER arbeitete zusammen mit einem vom Messinghammer in Graslitz (Kraslice) in Böhmen abgeworbenen Drahtzieher und einem Gürtlergesellen aus Nürnberg, um Messingdraht und Lahn (= breit gewalzter Draht) herzustellen. 1749 verfügte die Manufaktur über 8 Drahtzieherwerkstätten, 8 Plattmühlen, 6 Spinnmühlen und 30 Spinnmaschinen. Außerdem arbeiteten für sie 24 Posamentiermeister an 60 Stühlen, ferner 300 Klöpplerinnen. 1801 zählten zu ihr 1800 Arbeitskräfte. Seit 1886 besteht die um 1840 zur Herstellung echter Gold- und Silberdrähte sowie von Militäreffekten erweiterte Fabrik, jetzt VEB Leonische Feindrähte Freiberg, in Freiberg. Im Muldetal gegenüber Halsbach befinden sich heute im Bereich der Mittleren Ratsmühle, die 1855 bis 1889 als Himmelfahrter Davider Wäsche ausgebaut war, der VEB Rohpappen, oberhalb die Abteilung Rationalisierungsmittelbau des Rationalisierungsbetriebes im Bergbau- und Hüttenkombinat Albert Funk anstelle der 1540 gegründeten Freiberger Papiermühle. B 28

Im nördlichen Ortsteil befindet sich an der Mulde die Halde des Rudolph-Erbstollns mit dem darauf um 1822 erbauten Huthaus. Die zum Antrieb der Pumpen erforderliche Energie gelangte von einem am anderen Muldeufer befindlichen Wasserrad durch ein über den Fluß geführtes Gestänge zum Schacht. Oberhalb grenzte an die Hammerbrücke die Untere-Turmhofer-5.-Maß-Hütte, die von 1639 bis 1730 als Schwefel- und Vitriolwerk genutzt wurde. Die Bezeichnung Alte Schwefelhütte für ein um 1830 errichtetes, durch einen eigenartigen geschweiften Giebel ausgezeichnetes Wohnhaus erinnert daran. Unterhalb lag bis 1754 die Untere-Turmhofer-3.-und-4.-Maß-Hütte, von der eine Schlackenhalde herrührt.

Das für die Stadt, besonders aber für die Hütten unentbehrliche Brennholz wurde mittels des Muldewassers aus den Wäldern des oberen Erzgebirges herabgebracht. Die seit 1537 in den Händen der Stadt befindliche Freiberger Muldeflöße — Holzflößen ist schon seit 1438 nachweisbar — endete zuerst in Weißenborn. 1569 wurde der Floßgraben bis Halsbach geführt. Im Bereich der Hammerbrücke gelangte das Holz ans Ufer. Eine Erweiterung bis in die Wälder von Fleyh in Böhmen erfuhr die Muldeflöße 1624/29 durch den Bau der bei Claußnitz einmündenden Neugrabenflöße; Haus Talstraße 12 ist im 18. Jh. als Floßhaus erbaut worden. Eingestellt wurde die Muldeflöße 1874 infolge des erhöhten Steinkohlenverbrauchs und der günstigeren Transportmöglichkeiten per Eisenbahn.

Etwa 500 m nördlich von Halsbach liegt östlich der Mulde ein heute teilweise verfüllter Tagebau, in dem seit der Wende 17./18. Jh. in unregelmäßigen Abständen Achat abgebaut wurde. Das Vorkommen wurde im 18. Jh. auch unter Tage durch die Schwerspatgruben Weichelts Hoffnung und Reicher Trost aufgefahren. Der eigentliche Achatgang liegt in einer von 0,1 bis 1,2 m wechselnden Mächtigkeit vor. Er gehört zu einem NW—SO streichenden Gangsystem, welches in die Roteisen-Baryt-Formation (eba) zu Beginn des zweiten Mineralisationszyklus (s. Seite 7) gestellt wird. Auch nach 1946 wurden geringe Achatmengen gelegentlich im Tagebau gewonnen, doch hat das Vorkommen keinerlei

B 28 wirtschaftliche Bedeutung. Achat läßt sich heute noch als Lesestein in der streichenden Fortsetzung des ehemaligen Aufschlusses finden. Er wird wegen seines roten lagenförmigen Aufbaus und seiner nierenförmigen Oberfläche auch als Korallenachat bezeichnet und tritt zusammen mit Quarz, Amethyst und seltener mit Schwerspat auf. Häufig können wechselnde Lagen von Quarz, Amethyst und Achat festgestellt werden. Der Halsbacher Achat, der in seiner Ausbildung manche Gemeinsamkeit mit dem in Schlottwitz im Müglitztal hat, diente ausschließlich zu Schmuckzwecken. Im Grünen Gewölbe zu Dresden befinden sich einige besonders schöne Stücke davon. Infolge seines wechselhaften Aufbaus und seiner Rissigkeit ist er für technische Zwecke unbrauchbar.

B 29 Freiberger Mulde

Die Freiberger Mulde, eine der Hauptentwässerungsadern des sächsischen Erzgebirges, weist bei ihrer Vereinigung mit der Zwickauer Mulde im Gebiet nördlich von Colditz ein Einzugsgebiet von 2984,6 km² auf, von denen 1846,8 km² auf die Zschopau entfallen. Der natürliche mittlere Abfluß der 124 km langen Freiberger Mulde wird bei Colditz mit 35,3 m³/s angegeben, wobei dieser Wert durch Talsperrenbauten und Wasserentnahmen Veränderungen unterworfen ist.
Die Freiberger Mulde hat erst im jüngeren Pleistozän ihren heutigen Unterlauf angenommen. Sie floß im Frühpleistozän, wie Schotterreste belegen, als „Nossener Mulde" nordwärts zur Elbe, wobei vermutlich auch die Weißeritzflüsse in sie mündeten. Für das Altpleistozän ist ein „Döbelner Muldelauf" in Richtung Torgau und für das Mittelpleistozän ein „Riesaer Muldelauf" belegt (Barsch 1965). Mit der schrittweisen Verlegung des Unterlaufes nach W flossen der Freiberger Mulde Striegis und Zschopau zu. Dadurch erhielt das heutige Einzugsgebiet eine stark asymmetrische Gestalt.
Die Muldequelle liegt etwa 1 km südlich der Staatsgrenze zur ČSSR, wo der Muldenbach oberhalb von Moldava (Moldau) etwa 830 m ü. NN am Nordrand der Kammhochfläche entspringt. Bis Muldenhütten ist der Oberlauf vorwiegend als Kerbsohlental mit einzelnen kurzen Talweitungen und einem Gefälle von 1:25 bis 1:130 etwa 100 bis 150 m eingetieft. Der Mittellauf, bis Döbeln ebenfalls vorwiegend als Kerbsohlental ausgebildet, hat sich 50 bis 100 m eingetieft und besitzt, bei mächtiger Aulehmbildung, ein Gefälle von 1:130 bis 1:500. Den Unterlauf bildet schließlich ein weniger als 50 m tiefes Sohlental mit einer breiten Aue und einem Gefälle von 1:1000.
Die natürliche Wasserführung der Freiberger Mulde wird gegenwärtig durch die Gimmlitztalsperre bei Lichtenberg und besonders durch die Freiberger Wasserhaltung beeinflußt. Als natürlicher mittlerer Abfluß wurden für den Pegel Mulda 1,43 m³/s, für den Pegel Hilbersdorf 3,85 m³/s und für den Pegel Rhäsa bei Nossen 7,14 m³/s ermittelt. Die Wasserqualität verschlechtert sich ab Mulda zunehmend durch verschiedene Industrieanlagen. Unterhalb von Freiberg wird die Belastung so stark, daß organisches Leben abschnittsweise völlig erlischt.
Am Muldetalhang oberhalb des Turmhofer Hilfsstollns hat sich infolge hoher Bodenfeuchtigkeit eine Farngemeinschaft ausgebildet. Der Waldfrauenfarn (*Athyrium filix-femina*) befindet sich hier ebenso wie der Gemeine Wurmfarn

(*Dryopteris filix-mas*) und der Dornige Schildfarn (***Polystichum aculeatum***). Die Hänge um den Muldenhof nördlich von Halsbach sind dicht mit Traubeneichen bewachsen, die aber hinsichtlich Höhenwuchs und Schaftbildung unter ungünstigen Umweltbedingungen zu leiden haben. Im Schatten dieses Eichenbestandes wächst in Massen der kalkmeidende Adlerfarn (***Pteridium aquilinum***), dessen Wedel oft die Höhe von 200 cm erreichen. B 29

Zwischen Freiberg und Halsbrücke begleitet den westlichen Muldehang der Rote Graben (s. B 20 u. 21), der zu den ältesten bergbaulichen Wasserhaltungsanlagen im Freiberger Bergrevier zählt. Seinen Namen verdankt er dem im Wasser abgesetzten Brauneisen. Die dem Graben zufließenden Grubenwässer haben eine recht konstante Temperatur von 7 °C bis 8 °C. In seinem Wasser treten neben mikroskopisch kleinen Protozoen auch Kleinkrebse und Wasserkäfer auf. Höhere Pflanzen wurden nicht festgestellt, es kommen lediglich Braun- und Fadenalgen vor.

In der Pflanzenwelt, die den Roten Graben begleitet, herrscht bei Halsbach das Blaue Pfeifengras (*Molinia caerulea*) vor. Es gilt als Anzeiger bodennahen Grundwassers. Dieses dichte Horste bildende Gras bevorzugt Halden und Gräben im O und N Freibergs, welche im Bereich der kiesig-blendigen Bleierzformation liegen (s. Seite 7).

Muldenhütten, Ortsteil von Hilbersdorf **B 30**

Auf das heutige Muldenhütten bezieht die Namenforschung die Nennungen von Hüttenanlagen 1318, 1353, 1367 und 1370 an der Mulde. Es entstand eine Vielzahl von Anlagen, aus denen sich die südliche Obere Muldener oder Krumme Hütte sowie die nördliche Untere Muldener, auch Neue Hütte oder Stückofenhütte genannt, herausbildeten. Beide lagen auf Hilbersdorfer Flur. Für die vereinigten Muldener Hütten entstand wegen der mit dem Röstprozeß anfallenden schädlichen Abgase 1858/59 ein 58 m hoher, auf der Höhe gelegener Schornstein, der 1934/35 durch einen 84 m hohen ersetzt wurde.

Seit 1847 produzierte auf dem Gelände von Alter Morgenstern innerhalb des nördlichen Muldebogens eine private Arsenikhütte, die 1862 in die Untere Hütte verlegt wurde. Zu ihr gehört der erhaltene markante, quadratische Schornstein. Anfallendes Kupfer und Nickel versandte man zur Weiterverarbeitung nach Halsbrücke, Aue oder Oberschlema. 1857 wurde in Muldenhütten eine Zinkhütte, 1863 eine Tonwarenfabrik eingerichtet.

Von großer Bedeutung für die Hütte war der Bau der Eisenbahn Tharandt—Freiberg 1860—62, wobei die Grundsteinlegung der 150 m langen und 42 m hohen Muldebrücke am 7. 6. 1860 erfolgte. Bereits vor Eröffnung des regulären Bahnbetriebes am 10. 8. 1862 war vom 18. 12. 1861 an die Nutzung des Muldenhüttener Bahnhofs möglich. In den ersten 8 Monaten wurden schon vom Freitaler Revier 26019 t Kohle und andere Güter antransportiert. 1862 bis 1873 besaß die damalige Haltestelle die Bezeichnung Hilbersdorf.

Mit Hilfe der Eisenbahn war es möglich, ausländische Erze, deren Anteil 1909 82% betrug, heranzuschaffen. Seit 1863 erfolgte auch der Silbertransport zur Dresdener Münze (s. B 27.1) per Bahn, bis 1887 die Verlegung der sächsischen

B 30 Staatsmünze nach Muldenhütten (Münzzeichen E) stattfand, die hier bis 1953 bestand. Um die beim Verhüttungsprozeß anfallenden schwefelhaltigen Gase unschädlich zu machen, begann bei den Freiberger Hütten die Herstellung von Schwefelsäure. Besondere Bedeutung besaß das von Clemens Winkler entwickelte Kontaktverfahren, das 1878 in Muldenhütten erstmalig fabrikmäßig durchgeführt wurde.

Der Bahnanschluß und der Bedarf des Bergbaus bewirkten den Bau der 1892 eröffneten, südöstlich der Hütte am vorderen Rammelsberg gelegenen Hilbersdorfer Dynamitfabrik, von der heute noch die zahlreichen Schutzwälle erhalten sind. Mehrfache Explosionen führten zur Gefährdung der Bahnanlagen, insbesondere aber zu tödlichen Unfällen. 1931 wurde die Dynamitherstellung eingestellt, die Anlagen wurden abgebrochen.

Heute gehört Muldenhütten als eine Abteilung der Hütte Freiberg zum VEB Bergbau- und Hüttenkombinat Albert Funk. In den letzten Jahren wurden umfangreiche Neuanlagen, auch für den hier ansässigen VEB Spurenmetalle, errichtet, für die 1979 und 1982 als neue Kennzeichen zwei 200 m hohe Schornsteine emporwuchsen. Beim Bau der neuen Bleischrotthütte, die 1984 den Probebetrieb aufnahm, wurden erhebliche Mittel zur Gewährleistung des Arbeits-, Gesundheits- und Umweltschutzes aufgewendet. Die heutige Bedeutung der Hütte liegt in der Verarbeitung von Sekundärrohstoffen für den RGW-Bereich.

Trotz umfangreicher, das Werkbild bestimmender Neubauten weist Muldenhütten mit seinem über 400jährigen staatlichen Betrieb und seiner über 650jährigen Geschichtstradition noch eine bemerkenswerte historische Substanz auf. Das 1827 erbaute und bis 1954 betriebene Zylindergebläse ist das älteste Sachsens. Die Gebäudegruppe der Alten Bleihütte, in der Unteren Hütte gelegen, stellt in ihrer Erscheinungsform einen geschlossen erhaltenen Hüttenbereich vom Ende des 19. Jh. dar. Das Huthaus, ein großer verputzter Fachwerkbau aus dem 18. Jh., zeigt einen eingelassenen Stein mit der Jahreszahl 1655.

B 31 **Hilbersdorf,** Kreis Freiberg

Das nach seinem Lokator Hildebrand (1272 *Hildebrandisdorf*, 1351 *Hillenbrandisdorf*, 1445 *Hilberstorf*) benannte, einst 24 Hufen umfassende Waldhufendorf liegt zwischen 340 m (Muldebrücke) und 380 m ü. NN in einem kleinen östlichen Seitental der Freiberger Mulde. Durch Hilbersdorf führt die Straße von Freiberg nach Dippoldiswalde, die die Mulde mittels einer 1968 neugebauten Brücke quert. Ein älterer Muldeübergang wurde 1405 erstmals erwähnt.

Die Siedlung besaß eine deutliche Trennung in 15 Bauernhöfe des Oberdorfes mit 12 Hufen und in die unteren 12 Hufen, die zu einem ritterlichen Herrengut, wahrscheinlich später Erbgericht (Dorfstraße 1), gehörten. Vom Gut wurden zu unbekannter Zeit die beiden oberhalb der Muldebrücke liegenden Großhöfe abgetrennt, der markante Hohe Hof, Bahnhofstraße 4, und das nördlich liegende Gut LPG-Weg 12. Als Besitzer von Hilbersdorf wird 1272 der Freiberger Bürger Heinrich Becherer genannt, der den Ort dem Freiberger Johannishospital übereignete. 1485 gelangten alle Dorfeinkünfte an das Freiberger Kollegiatstift.

Durch einen aus Stangen, Sträuchern und Büschen gebildeten Dorfzaun führte 1561 ein unteres Dorftor. Das Viehtor führte zu der südlich gelegenen Gemeindeweide, dem Viehbigt. Innerhalb des Zaunes lag der Dorffrieden, der die Hofreiten, also die Gutsgebäude einschließlich der anliegenden Gärten, sowie die Vorhäupter als Teil der der Gemeinde gehörenden Aue umfaßte. Wie noch heute mied die Dippoldiswalder Straße die Dorfaue, indem sie das Oberdorf nördlich umging. 1640 gab es in Hilbersdorf 16 Güter und 11 Gärtneranwesen. 1671 werden 14 Hüfner, 16 Gärtner bzw. Häusler sowie 8 Hausgenossen erwähnt. Bis 1739 nahm die Zahl der Häusler und Hausgenossen als Folge des Bergbaus auf 28 bzw. 18 zu. B 31

Die aus dem bergmännischen Sprachgebrauch stammende Bezeichnung „rammeln" (Zusammenscharung von Erzgängen) gab dem Berg, auf dem sich der Hauptteil des Hilbersdorfer Bergbaus abspielte, seinen Namen. Silber-, Kupfer- und Zinnerze wurden hier über Jahrhunderte hinweg abgebaut. Die auf dem Rammelsberg gelegene Rote Grube erreichte 1577 mit über 114 Zentnern Zinn die höchste je gelieferte Zinnmenge im Freiberger Bergrevier. Lange zuvor – schon 1402 – hatten die Meißner Markgrafen den Stolln der hier gelegenen Grube Storenberg für 320 Schock Groschen gekauft und ließen ihn auf eigene Kosten weiter in den Berg treiben. Silberlieferungen vom Rammelsberg sind seit 1477 bezeugt. Die Hauptbetriebszeit des Rammelsberger Bergbaus lag im 16. Jh., als von 1524 bis 1600 über 4200 kg Silber ausgebracht wurden. Buschick (1852) nennt für die Zeit von 1524 bis 1632 immerhin 68 auf dem Rammelsberg gelegene Gruben, von denen zum Teil heute noch bedeutende Halden und Pingen zu sehen sind. Nur wenige Gruben gelangten später zu größerer Bedeutung. Von 1838 an machte sich die Grube Friedrich zu Niederbobritzsch stärker auf dem Rammelsberg bemerkbar. 1864 wurde sie in eine Metallbergbaugesellschaft umgewandelt und später von Junge-Hohe-Birke-Fundgrube übernommen, die 1886 an den sächsischen Staat kam. Die Übertageanlagen des Theodorschachtes (Huthaus von 1856, Ruine des Dampfkesselhauses und Halde) sind letzte Zeugen dieser Zeit.

Hilbersdorfs weitere Entwicklung als Berg- und Hüttenarbeiterdorf wurde besonders von den benachbarten Muldener Hütten bestimmt. Mitte des 19. Jh. nahmen die Rauchschäden so zu, daß 1855–1868 vom Staat 11 Güter, darunter das Erbgericht und der Hohe Hof, aufgekauft und 3 Güter, darunter das Erbgericht, als Staatsgüter weiter betrieben wurden. Im Hohen Hof, dessen Hauptgebäude aus der Zeit um 1530 stammt, wurde 1866 ein Bezirksarmenhaus für die Amtshauptmannschaft Freiberg eingerichtet, dem 1899 ein neues Siechen- und Versorgungshaus für 80 Personen angegliedert wurde. Bei Machtbeginn des Faschismus 1933 diente das Haus vorübergehend zur Unterbringung von politischen Häftlingen, nach 1945 als Feierabendheim bis 1952, um danach (1953) zu einem Kreispflegeheim umgewandelt zu werden, das umfassend rekonstruiert und durch ein Bettenhaus erweitert wurde.

Der soziale Charakter Hilbersdorfs als Ort mit einer ausgeprägten Arbeiterschaft bewirkte 1903 die Gründung einer Ortsgruppe der SPD. Seit 1919 besaßen die Vertreter der Arbeiterklasse die Vorherrschaft in der Gemeindeverordnetenversammlung. Durch den Bau von Wohnhäusern, durch Anlage von Siedlungsgrundstücken seit 1931, durch Anschluß an das Freiberger Gasnetz 1927/28

B 31 erhielt Hilbersdorf einen vorstädtischen Charakter, der durch den Bau großer Wohnblocks vor allem für Arbeitskräfte in Muldenhütten 1950—58, 1960—63 und 1974 in der Bahnhofstraße verstärkt wurde.

Trotz seiner nichtdörflichen Struktur besitzt Hilbersdorf noch interessante Denkmale der Volksarchitektur. Neben dem Fischergut — Bauernhaus von 1754 — Dorfstraße 52, sind zu nennen die Bauernhäuser Dorfstraße 18 (um 1700) mit gefaster Schwelle und Hüttensteig 19 mit vorkragendem Fachwerkobergeschoß.

Eine Kirche wird erstmalig in der Urkunde von 1272 erwähnt, 1432 als Kapelle bezeichnet. Sie war bis 1895 kirchlich Conradsdorf zugeordnet und stellt einen rechteckigen Emporensaal mit einem Ostturm dar (Dehio 1965), dem Mittelalter gehören der durch stärkere Mauern gekennzeichnete Ostteil wie auch das romanische Rundbogenportal an.

Der Turm wurde 1890 erhöht. Im Inneren findet man einen Kanzelaltar des 18. Jh. und einen Taufstein von 1767. Die Silbermannorgel von 1724, jetzt im Musikinstrumentenmuseum in Leipzig, wurde 1907 durch eine pneumatische Jehmlich-Orgel ersetzt. Auf dem Friedhof erhielten 5 im April 1945 ermordete KZ-Häftlinge eines Transportes aus Buchenwald ihre letzte Ruhestätte.

1925 war für die Landwirtschaft eine überaus große Zahl von Nebenerwerbsbetrieben charakteristisch; von 82 Betrieben besaßen 62 unter 2 ha, 7 zwischen 2 und 5 ha. Durch die Bodenreform wurden die 146 ha Ackerland und 5 ha Wald des Staatsgutes unter 19 landlose Bauern, 4 Umsiedler und 23 landarme Bauern verteilt. Wald des Staatsforstes erhielten 8 landlose Bauern und Arbeiter zur Urbarmachung. 1953 schlossen sich 13 Bauern und Landarbeiter in der LPG Lenin zusammen, 1955 erfolgte die Vereinigung mit der LPG Helmut Just in Halsbach. Damals wurden bereits 47% der landwirtschaftlichen Nutzfläche beider Gemeinden genossenschaftlich bearbeitet. Nördlich der unteren Ortslage werden landwirtschaftliche Gebäude des Müllergutes für Rindermast im Rahmen der LPG Thomas Müntzer in Niederbobritzsch genutzt; die Bodenbearbeitung erfolgt durch die LPG (P) Bobritzschtal-Süd in Niederbobritzsch.

B 32 Schmohlhöhe

Der noch erhaltene alte Naundorfer Viehweg führt südwestwärts kurz vor der Einmündung in den Lehmweg an seiner höchsten Stelle über die Schmohlhöhe (432 m ü. NN), die ein kleiner trigonometrischer Festpunkt markiert. Lesesteinhaufen mit Granitblöcken zeugen von den flachgründigen schuttreichen Verwitterungsböden der Kleinkuppe. Mit ihr endet das Niederbobritzscher Kleinkuppenland (Abb. 1, Anhang A) im NW. Wenig nördlich zieht beiderseits der F 173 das sanftwellige Niederschöna-Naundorfer Riedelgebiet fast ohne Flurgehölze nach NW zur Irmershöhe (s. B 24), jenseits deren sich die kleine Sandsteinstufe am Südrand des Hetzdorfer Riedelgebietes abhebt. Auch die sehr flachen Dellen südlich der Schmohlhöhe sind teilweise noch mit lößartigen Sedimenten ausgekleidet, aber das Granitgebiet zeichnet sich bereits hier auffällig durch abwechslungsreiche kleine Flurgehölze ab.

Niederbobritzsch, Kreis Freiberg, **B 33**

zieht sich als beiderseits der Bobritzsch angelegtes Waldhufendorf über eine Länge von mehr als 6 km hin (Bild 34) und gehört damit wie Colmnitz zu den längsten Gemeinden des Freiberger Gebietes. Der Ortsname leitet sich vom Gewässernamen ab (altsorb. *bobr* = Biber, bzw. *Bobrica* = Biberbach; 1280 *Bobirtsch*, 1293 *Boberiz*, 1361 *inferior Bobricz*, 1438 *Nydern Bobericzsch*, 1539 *Niderbobritsch*).

Bis Ende des 19. Jh. wurde besonders westlich des Ortes auf dem sogenannten hinteren Rammelsberg (s. B 31) zum Teil intensiver Bergbau auf Silber, Kupfer und Zinn betrieben. Die letzten Zinngruben wurden 1690 gemutet. Um 1780 nahmen Eigenlehner den schon im 16. Jh. mit Erfolg bebauten Drei-Könige-Spat unter dem Namen Friedrich-Erbstolln erneut in Abbau. 1837 begann man den Tiefen-Friedrich-Erbstolln vom linken Bobritzschufer aus in diese Grubenbaue zu treiben. Sein Mundloch lag oberhalb des Erbgerichtes. Das kleine Huthaus mit Krüppelwalmdach und Dachgaupe hat sich westlich des Ortes auf einer Halde erhalten (Juchhöh, Abb. 42). An der Ortsgrenze mit Oberbobritzsch zweigte am linken Ufer der Bobritzsch der Lorenz-Gegentrum-Kunstgraben ab, der bis nach Conradsdorf führte. Reste seines Verlaufes sind noch im Gebiet der Eisenbahnlinie Freiberg—Dresden sichtbar.

1838 gingen die Einwohner der Landwirtschaft, dem Bergbau und dem Hüttenwesen nach. 1869 wurde eine Postexpedition für Ober-, Niederbobritzsch und Naundorf eröffnet, nachdem 1862 die von Freiberg nach Dresden führende Eisenbahnlinie eingeweiht worden war.

Der verschlungene Flußlauf bringt es mit sich, daß die Dorfstraße auf zahlreichen Brücken über die Bobritzsch hinweggeführt werden muß. Im 19. Jh. werden 8 steinerne und 3 hölzerne Brücken erwähnt. Bemerkenswert sind die zweibogige Brücke bei Nr. 38 aus dem 18. Jh. (Bild 35) sowie die flachbogigen Brücken bei Nr. 117 und 138 aus dem 19. Jh. Das Gewässer war reich an Forellen und Aalen, an denen das Erbgericht Fischereirechte besaß. Das Bobritzschwasser trieb 7 Mahl-, 5 Öl- und 2 Schneidemühlen.

In Niederbobritzsch gibt es einige Fachwerkbauten vom Anfang des 18. Jh. (Nr. 123, Pfarrhaus Nr. 151) sowie der ersten Hälfte des 19. Jh. (Nr. 52, Nr. 79, Nr. 137 und Nr. 159). Die Dorfkirche wurde einer Inschrift am Chorstrebepfeiler zufolge 1513 errichtet. Der gestreckte einschiffige Bau mit geringfügig eingezogenem, dreiseitig geschlossenem Chor wird von einem 1853 erbauten Westturm flankiert. Der einfache hölzerne Altar und die Kanzel stammen aus dem 17. Jh. (Dehio 1965).

Auf dem Friedhof befinden sich 5 Soldatengräber des letzten Weltkrieges sowie von dem am 17. 4. 1945 von Conradsdorf nach Oberbobritzsch durchgeführten Todesmarsch von 1000 KZ-Häftlingen die Gräber 5 oder 6 namenloser Opfer der faschistischen Barbarei. Durch seine sarkophagartige Gestaltung fällt das am Friedhofseingang befindliche Denkmal für die Toten des ersten Weltkrieges auf.

Im mittleren Teil von Niederbobritzsch, das Sitz des Gemeindeverbandes Bobritzschtal-Süd ist, hat sich mit einigen Neubaublöcken, Kaufhalle, Staatlicher Arzt- und Zahnarztpraxis, Sportplatz, Kinderkrippe, Oberschule, Technikstütz-

B 33 punkt, ZBO und Agrochemischem Zentrum am Bahnhof der Siedlungsschwerpunkt herausgebildet. Stallanlagen, wie die große Milchviehanlage der LPG Thomas Müntzer östlich des Unterdorfes, eine Bullenmastanlage und ein Kartoffellagerhaus sind Einrichtungen der agrarischen Produktionsstruktur des Ortes. Die Ackerflächen des Gemeindeverbandes und die von Weißenborn bewirtschaftet die LPG Pflanzenproduktion Bobritzschtal-Süd mit Sitz in Niederbobritzsch. Mehrere 100 Einwohner sind in Freiberg, teilweise auch in Muldenhütten oder Weißenborn beschäftigt. Nördlich der Eisenbahn liegt ein vom Sohrbach gespeistes Freibad. Ein kleiner Holzbetrieb kann als einziger Industriebetrieb erwähnt werden.

Ein auflässiger, doch kaum verwachsener Bruch im Granit von Naundorf—Niederbobritzsch (s. Seite 8), der Schotter lieferte, liegt unmittelbar nördlich des Dorfes am westlichen Bobritzschhang. Die etwa 25 m hohe Bruchwand wird von einem nur sehr geringmächtigen Deckgebirge überlagert. Der meist stark zerklüftete Granit, der auch den 413 m hohen nordwestlich benachbarten Buchberg aufbaut, ist fein- bis mittelkörnig ausgebildet. Er besteht aus Feldspäten, vor allem aus fleischfarbenem Orthoklas und weißlichem bis grünlichem Plagioklas, aus Quarz und aus Biotit. In einzelnen Partien des Gesteins treten Orthoklaskristalle bis 3 cm Länge auf und geben dem Granit ein porphyrisches Aussehen. Kleinere Granitaufschlüsse befinden sich noch mehrfach zwischen Niederbobritzsch und Naundorf. Der einzige heute noch in Betrieb befindliche Bruch, südwestlich von Naundorf gelegen und zur Betriebsabteilung Naundorf des VEB (B) Natursteinwerke Zöblitz gehörig, liefert Schotter und Splitt (s. B 25).

B 34 Colmnitzbach

Auf einförmiger Gneishochfläche entspringt südlich von Pretzschendorf ungefähr 512 m ü. NN der etwa 14 km lange Colmnitzbach. Kaum 20 m ist das nordwärts gerichtete und flachhängige breite Muldental eingetieft. Erst in Niedercolmnitz nimmt die Neigung der Hänge zu. Äußerst eindrucksvoll wandelt sich das Tal wenig unterhalb, wo der Colmnitzbach den ziemlich abtragungsresistenten quarzarmen Porphyr des Tharandter Waldes in einem steilhängigen, felsigen und bis zu 70 m tiefen Kerbsohlental durchschneidet (Bild 37) und seine Südwestecke, das Tännicht, abgetrennt hat. Der mit hohem Gefälle (um 10 m/km) pendelnde Wasserlauf dient hier als Aufzucht- und Fischschongewässer.

Der windexponierte Tännichtgipfel hat mit 460 m ü. NN die größte Höhe des Tharandter Waldes überhaupt, die gebirgswärts erst 5 km weiter südlich, bei Oberbobritzsch, überschritten wird. Die wasserdurchlässigen Schutt-, Salm- und Sandlehmbraunerden des Tännichts und des Colmnitz-Durchbruchstales liefern überwiegend trockene Standorte. Am oberen Ortsende von Naundorf mündet der Colmnitzbach in 349 m ü. NN in die Bobritzsch, wo das Tal im Gneis wieder sanftere Formen annimmt.

Etwa 1 km östlich der Gippenhäuser (s. B 25) steht am nördlichen Talhang des Colmnitzbaches eine Reihe von Felsklippen an. Es handelt sich bei dem Gestein um quarzarmen Porphyr, der im Oberkarbon aufdrang und im Tharandter Wald zum Teil zu ausgedehnten Deckenergüssen führte (s. B 17). Der meist grauviolett gefärbte massige Porphyr ist stark geklüftet und bildet schroffe, gezackte Felsen, die sich basteiartig über dem Talgrund erheben und einen schönen Ausblick auf die Mäander des Colmnitzbaches gewähren. B 34

Eine der markantesten Felsklippen wird Lips-Tullian-Felsen genannt. Dieser Name geht auf den bekannten Räuberhauptmann LIPS TULLIAN zurück, der mit seiner Bande zu Beginn des 18. Jh. vom Osterzgebirge bis Tharandt zahlreiche schwere Einbrüche in Wohnstätten und Kirchen verübte. Nach seiner Festnahme wurde er 1715 in Dresden hingerichtet. An dem nach ihm benannten Felsen sollen er und seine Leute ein Versteck eingerichtet haben.

Colmnitz, Kreis Freital B 35

Das sich längs des Colmnitzbaches von der Flurgrenze Pretzschendorfs im S bis zum Engtal zwischen Tharandter Wald und Tännicht — auch Tännigt — (s. B 34) im N über fast 6 km von 456 m ü. NN auf 400 m herabziehende Dorf wird 1348 als Lehen des FRIEDRICH VON MALTITZ genannt. 1350 tritt die Namenform *Kolbenicz* auf (zu altsorb. *cholm* = Hügel, also Ort am Hügelbach, 1483 *Colmenicz*, 1552 *Kolmitz*). 1483 nennen die Urkunden DIETRICH VON SCHÖNBERG als Lehnsherrn, 1498 das Jungfrauenkloster Freiberg, 1526 RUDOLPH VON BÜNAU. Ein Colmnitzer Rittergut entstand im 17. Jh. 1606 wurden die Güter Nieder- und Obercolmnitz unterschieden, 1764 wie 1858 nur noch ein Rittergut genannt, das gegen Ende des 19. Jh. die Gemeinde erwarb. Seine Ländereien verpachtete sie an Bauern des Dorfes, Gebäude wurden zu Wohnzwecken ausgebaut. Wirtschaftsräume nutzt heute die genossenschaftliche Landwirtschaft.

Die Kirche ist mittelalterlichen Ursprungs und wurde 1776 umgebaut. Ihr einschiffiger Saal mit geradem Ostabschluß wird im W von einem Turm mit achteckigem Glockengeschoß und Haube begrenzt (DEHIO 1965). Hinter dem aus dem späten 18. Jh. stammenden Altar steht ein Grabstein von 1627. Die Schule des Ortes wurde 1880 errichtet, eine ihrer Vorgängerbauten fiel 1812 einem Brand zum Opfer.

Die gesellschaftlichen Einrichtungen des Ortes, zum Beispiel die Schulgebäude, Kindergarten, Staatliche Arzt- und Zahnarztpraxis oder das Feierabendheim, verteilen sich fast auf die gesamte Ortslänge. Mehrere 100 Auspendler fahren täglich nach Freital oder Freiberg, teilweise auch nach Dorfhain oder nach Dresden zur Arbeit. In der Industrie des Ortes bieten Betriebsteile des VEB Elektronische Bauelemente Teltow, des VEB Bodenbearbeitungsgeräte Leipzig, der Polstermöbelindustrie Oelsa-Rabenau und ein Plastbetrieb Beschäftigung, in der Landwirtschaft die LPG Pflanzenproduktion Colmnitz und die LPG Tierproduktion Neuer Weg, in der Milchviehhaltung dominiert und etwas Schweinemast getrieben wird. Zur Gemeinde gehören der Wohnplatz Folge westlich von Niedercolmnitz und ein Teil der Siedlung am Bahnhof Klingenberg-Colmnitz, der für die Verkehrsanbindung von Colmnitz bedeutungsvoll ist. Von diesem gingen auch bis um 1970 die Kleinbahnstrecken nach Frauenstein und Oberdittmannsdorf aus. Colmnitz ist Mitglied des Gemeindeverbandes Tharandt.

B 35 Das untere Colmnitztal, der Tharandter Wald und die nahe gelegene Talsperre Klingenberg bilden landschaftlich reizvolle Wander- und Erholungsräume von überörtlicher Bedeutung.

C 1 **Memmendorf,** Kreis Flöha,

nordöstlich Oederans in einer mittleren Höhenlage von 400 bis 460 m ü. NN gelegen, wird von der von Oederan nach Frankenstein führenden Eisenbahnstrecke durchschnitten. Am oberen Ortsende grenzt es mit dem Gasthof Goldner Stern (Ende 18. Jh.) an die von Karl-Marx-Stadt nach Dresden führende F 173.
Der Ort wurde urkundlich 1403 als *Emmerndorf* erwähnt (1456 *Emerdorff*, 1482 *Memmerndorf*, 1493 *Memmendorff*; mehrdeutig, am ehesten zum Vogelnamen Ammer, kaum vom Personennamen Ammer, Emmer). In der Kolonisationszeit als Waldhufendorf angelegt, wurden Ort und Flur später teilweise parzelliert. Memmendorf gehörte jahrhundertelang zum Rittergut Börnichen, besaß ein Vorwerk sowie ein Lehngericht und war verwaltungsmäßig lange Zeit dem Amt Schellenberg-Augustusburg unterstellt. Der Ort besitzt keine eigene Kirche, seine Bewohner sind nach Frankenstein eingepfarrt.
Neben Ackerbau und Viehzucht war für Memmendorf in der Vergangenheit der Bergbau charakteristisch. Vorkommen von Silbererzen und Kalkstein boten eine gute Basis für einen umfangreichen Bergbau, der sich seit 1547 nachweisen läßt. 1556 wurde der Hilfe-Gottes-Erbstolln auf VINZEL ZEINERS Gütern erwähnt, welcher sich im Lauf der Zeit zur bedeutendsten Grube entwickelte. Seine Halden sind heute noch etwa 0,5 km westlich des Ortes zu sehen. 1833 stellte man den Betrieb ein und übernahm das Beilehn Neuer Segen Gottes zu Kirchbach (s. C 7). Die Grube wurde 1924 nochmals verliehen, ohne daß es zu bedeutendem Erzabbau kam.
Während der Demokratischen Bodenreform erhielten auch in Memmendorf Kleinbauern und Landarme aus dem einstigen Besitz des Rittergutes Börnichen Ackerland und Wald zugeteilt. Im Zuge der sozialistischen Umgestaltung der Landwirtschaft wurde im Ort bereits am 12. 8. 1952 als zweite LPG des Kreises Flöha die LPG Ernst Thälmann (Typ I) gegründet, die am 11. 12. 1958 in eine LPG vom Typ III umgewandelt wurde. Eine bedeutende Rolle kam im Ort der am 26. 3. 1960 gegründeten LPG Einheit (Typ III) zu, welche sich am 1. 1. 1969 mit der LPG Ernst Thälmann zusammenschloß. Am 1. 1. 1974 erfolgte im Verlauf der Konzentration der landwirtschaftlichen Genossenschaftsbetriebe die Vereinigung der Memmendorfer LPG mit der im benachbarten Frankenstein ansässigen LPG V. Parteitag. In der zweiten Hälfte der siebziger Jahre wurde die Memmendorfer Flur vorübergehend von einer Kooperativen Abteilung Pflanzenproduktion in Gahlenz bearbeitet. Auch heute bildet die Produktionsgrundlage der trotz einiger Neubaublöcke weitgehend dörflich geprägten Gemeinde die Landwirtschaft. Memmendorf gehört dem Gemeindeverband Klein-Erzgebirge an, dessen Ackerflächen von der LPG Pflanzenproduktion Oederan bewirtschaftet werden.
Am oberen Ortsende von Memmendorf befindet sich in sanfter Wiesenmulde am Hochflächenrand der etwa 1 ha große Fledermausteich. Er gehört zu den

wenigen größeren Stillgewässern unseres Gebietes, die nicht durch den Bergbau entstanden sind. Kurz gehaltene Schopfweiden und einzelne alte Eichen säumen den gepflegten Fischteich, in dem sich Karpfen und große Goldfische (Urfen) tummeln. Unterhalb des Dammes markiert ein Erlenwäldchen eine Insel mit üppiger Sumpfvegetation. C 1

Westlich von Memmendorf bis westlich von Frankenstein erstreckt sich im obersten Teil der präkambrischen Osterzgebirgischen Serie innerhalb und im Hangenden von Muskowitgneisen bzw. an der Grenze zwischen einem Granitgneis und einem Muskowitgneis ein Dolomitlager. Es ist mit Unterbrechungen auf etwa 4 km Länge zu verfolgen und erreichte eine Mächtigkeit von etwa 12 m. Seine Abgrenzung zum Hangenden und Liegenden ist sehr wahrscheinlich tektonisch bedingt. Das Dolomitlager wurde 1715 durch Bergleute entdeckt, die im Gebiet von Memmendorf Silbererze abbauten.

Der Dolomit streicht NNO—SSW, sein Einfallen beträgt 30—60° nach NW. Bereits JOHANN CARL FREIESLEBEN und CARL FRIEDRICH NAUMANN wiesen bei ihren geologischen Untersuchungen in der Mitte des 19. Jh. nach, daß das Lager nicht aus einem einheitlichen Zug, sondern aus einem System voneinander getrennter, jedoch gleichaltriger Vorkommen besteht. Der Dolomit, sein Gehalt an Magnesiumkarbonat beträgt etwa 40%, wurde im Untertagebau gewonnen. Davon zeugen heute noch schluchtartige, langgestreckte Pingenzüge und Haldenreste im Bereich des Memmendorfer Kalkberges. Anstehender Dolomit ist nur noch sehr selten und in geringem Umfang anzutreffen, häufiger sind weißliche bis gelbliche Dolomitstückchen in den Halden zu finden. Das abgebaute Gestein wurde bei Memmendorf durch 4 Kalköfen, bei Frankenstein durch weitere 3 verwertet, bis um 1890 der Betrieb infolge weitgehender Erschöpfung der Vorräte eingestellt wurde. 1947/48 wurden nochmals Untersuchungsarbeiten durchgeführt, die aber keinen Abbau zur Folge hatten.

Das Dolomitlager ist floristisch bemerkenswert. Im Pingen- und Haldengelände fallen die hier stockenden Laubwäldchen auf, so daß man durch sie den Verlauf des Kalkzuges am linken oberen Gehänge des Kemnitzbaches verfolgen kann. Der Memmendorfer Anteil der Bewaldung wurde bereits 1946 unter Schutz gestellt. Den basenreichen Untergrund besetzt ein anspruchsvoller Laubmischwald, dessen Boden mit einer meist dichten Krautflora bewachsen ist, wobei das reiche Auftreten von Waldsegge (*Carex sylvatica*), Quirlweißwurz (*Polygonatum verticillatum*), Hohem Baldrian (*Valeriana exaltata*) und der Orchidee Großes Zweiblatt (*Listera ovata*) besonders auffällt. Der tief eingesenkte, mehrere Pingen umfassende Kalkgraben des mittleren Kalkzugbereiches ist im Baumbestand einem Ahorn-Eschen-Schluchtwald ähnlich. In der größten Pinge liegen zahlreiche Gesteinsblöcke, die mit Moosen überzogen sind und von großen Wedeln üppig entwickelter Farne beschattet werden. Neben wohlbekannten Arten hat hier der in Sachsen nur selten anzutreffende Stachelige Schildfarn (*Polystichum aculeatum*) mit einer Reihe schöner Exemplare seinen Standort. Die grasigen Waldränder führen mit der Aufrechten Trespe (*Bromus erectus*) ein kalkliebendes Gras, das dem Erzgebirge fehlt und im übrigen Sachsen nur zerstreut auftritt. Die Bestände dieses einst reichlich vorhandenen Grases sind jetzt stark zusammengeschrumpft, da sich ihre Standorte an der Grenze zur landwirtschaftlich genutzten Fläche befinden. Auch von den noch in den vierziger Jahren beacht-

C 1 lichen, besonders die Pingenränder besetzenden Vorkommen des Rundblättrigen Wintergrüns (*Pyrola rotundifolia*) sind heute nur noch Reste übriggeblieben. Im südlichen Waldteil, ehemals als Park genutzt, findet man neben der einheimischen Flora auch einige ortsfremde Pflanzen. Manche dieser offenbar schon im vorigen Jahrhundert eingebrachten Arten, zu denen wohl auch Akelei (*Aquilegia vulgaris*) und Eisenhut (*Aconitum variegatum*) zu zählen sind, machen den Eindruck völliger Einbürgerung. Dies gilt auch für die Klapper- oder Pimpernuß (*Staphylea pinnata*), einen kalkliebenden Strauch mit gefiederten Blättern und häutigen, aufgeblasenen Früchten, der sich hier selbständig vermehrt. Es gilt vor allem für den Großblättrigen Milchlattich (*Cicerbita macrophylla*), eine Zierpflanze aus dem Kaukasus, die in Sachsen nur an wenigen Orten anzutreffen ist. Sie bedeckt am Hechtloch mit ihren ansehnlichen Grundblättern eine größere Fläche und kann gegen Sommerende auch mannshohe Blütenstände entwickeln.

Die kurzrasige Fläche am Nordrand der geschützten Bereiche ist mit den Rosetten des Mittelwegerichs (*Plantago media*) bestickt, einer wärme- und basenliebenden Pflanze, die im Bergland und, wie hier bei Memmendorf in 420 m Höhe, auch bereits im oberen Hügelland nur auf kalkreichen Böden zu finden ist. Man begegnet diesem Wegerich, dessen Blütenähre durch lila Staubfäden und Wohlgeruch auffällt, auch am nahen, mit Kalkschotter befestigten Feldweg. In Menge traf man ihn auf den heute in den Weidebetrieb eingegliederten Frankensteiner Halden an, die auch mit einem kleinen Bestand des kalksteten Fransenenzians (*Gentianella ciliata*), der hier nach 1950 entdeckt wurde, die größte Seltenheit des Kalkzuges aufzuweisen hatten. Leider ist diese in Sachsen an natürlichem Standort sonst nur noch im Vogtland anzutreffende Pflanze infolge der landwirtschaftlichen Veränderungen seit etwa 1970 im Gebiet von Memmendorf und Frankenstein nicht mehr zu finden.

C 2 Oberreichenbacher Tal

Floristisch bedeutend ist das Tal des Oberreichenbacher Baches, welcher in nördliche Richtung nach Oberschöna zur Großen Striegis hin fließt und etwa in der Mitte zwischen beiden Dörfern aus W den Kirchbach aufnimmt. Im Talstück zwischen der Kirchbachmündung und Oberschöna weist ein ansehnlicher Teich reichlich Schilfrohr (*Phragmites australis*) und im Unterwasserbereich das Krause Laichkraut (*Potamogeton crispus*) auf.

Im Erlicht westlich dieses Teiches sowie am Bach und in der schattigen Aue südlich davon kann man mehrfach Bestände des Straußfarns (*Matteuccia struthiopteris*) vorfinden und im ganzen Verlauf des Tales den Reichtum an Geißbart (*Aruncus sylvestris*) bewundern. Das bewaldete linke Steilgehänge bei der Einmündung des Kirchbacher Tales hat durch Beweidung gelitten, so daß von der Laubmischwaldflora hier nur einige Exemplare der Haselwurz (*Asarum europaeum*) übrigblieben. Süße Wolfsmilch (*Euphorbia dulcis*), Schuppenwurz (*Lathraea squamaria*), Einbeere (*Paris quadrifolia*) und auch Kellerhals (*Daphne mezereum*) kann man jedoch noch an anderer Stelle des Tales entdecken. Die großen Bestände der Verschiedenblättrigen Distel (*Cirsium heterophyllum*), welche die Auenwiesen südlich von Kirchbach zur Sommerzeit mit einer Fülle roter Köpfchen bedeckten, sind dem Umbruch gewichen. Heute begegnet man dieser auffälligen, den montanen Charakter anzeigenden Pflanze noch vereinzelt am Rande dieser Wiesen und weiterhin hier und da am linken, zum Ranisberg (s. C 17) aufsteigenden Seitentälchen zwischen Kirchbach und Oberreichenbach, wo bei 450 m Höhe die duftende Bärwurz (*Meum athamanticum*) auf restlichen Triften und die Quirlweißwurz (*Polygonatum verticillatum*) im Waldsaum ebenfalls auf das Bergland hinweisen. Hier, wie vor Jahrzehnten, auf Arnika und Orchideen zu stoßen, dürfte kaum noch gelingen. Wohl aber erfreuen noch immer die nassen Wiesen dieses Tälchens und die versumpften Teichböden durch die Blütenmenge, die Scharfes Schaumkraut (*Cardamine amara*) und Sumpfdotterblume (*Caltha palustris*) im Frühling zur Schau stellen. C 2

Das reichlich 2 km² große Buchholz bedeckt überwiegend die Hänge des Oberreichenbacher Bachtales, insbesondere den etwa 40 bis 60 m hohen und steileren rechten Hang. Obwohl Fichtenforst dominiert, wirkt das Waldbild durch zahlreiche eingestreute Laubgehölze verschiedenen Alters abwechslungsreich. Besonders auffällig ist die oft in kleinen Horsten anzutreffende Birke. Ahorn, Eiche, Esche, Vogelbeerbaum, beide Holunderarten, hin und wieder auch Buche und Lärche fallen als wesentliche Beigehölze auf.

Oberschöna, Kreis Freiberg, C 3

liegt südlich der von Karl-Marx-Stadt nach Dresden führenden Eisenbahnstrecke, die unweit des Bahnhofes Frankenstein (s. A 22) den Oberlauf der Großen Striegis in einem 1866/68 nach Plänen von R. WILKE errichteten Eisenbahnviadukt überquert (Bild 41). An dem Fluß entlang senkt sich der Ort von etwa 370 bis 350 m ü. NN ab.

Da Oberschöna im Hersfelder Eigen liegt und den in der Urkunde von 1185 nicht näher bezeichneten Dörfern eines Ministerialen Eckard zugerechnet werden muß, wird es sicher kurz vor den Rodungen Markgraf OTTOS, also vor 1156, angelegt worden sein. Die ehemalige Regelmäßigkeit der inneren Flurstruktur stellte ein Musterbeispiel mittelalterlicher geodätischer Meßkunst dar (Abb. 36). Erst 1318 wurde Oberschöna als *Schonowe* urkundlich erwähnt (1364 *Schonow superior*, 1383 *Schoenawe*, 1480 *Oberschonaw* = Ort in der oberen schönen Aue). 1838 wird der damalige sächsische Kultusminister HANS GEORG VON CARLOWITZ als Herr auf Oberschöna genannt, einer der engsten Freunde des Dichters FRIEDRICH VON HARDENBERG (NOVALIS), der selbst mehrmals in Oberschöna weilte.

Die Vergrößerung des Rittergutes Oberschöna im 17. Jh. stellt ein typisches Beispiel des Bauernlegens (s. Seite 18) nach den Verwüstungen des Dreißigjährigen Krieges dar, indem verfallene Höfe billig aufgekauft oder einfach nur übernommen wurden. Insgesamt eignete sich der Grundherr zu den ursprünglichen 4 Hufen seines Herrenhofes 14 Hufen Bauernland an, trotz der Proteste der Einwohner, die nun wesentlich höheren Belastungen ausgesetzt waren. Auf dem „Zähl- und Zeltplan" hinter dem früheren herrschaftlichen Brauhaus (Dorf-

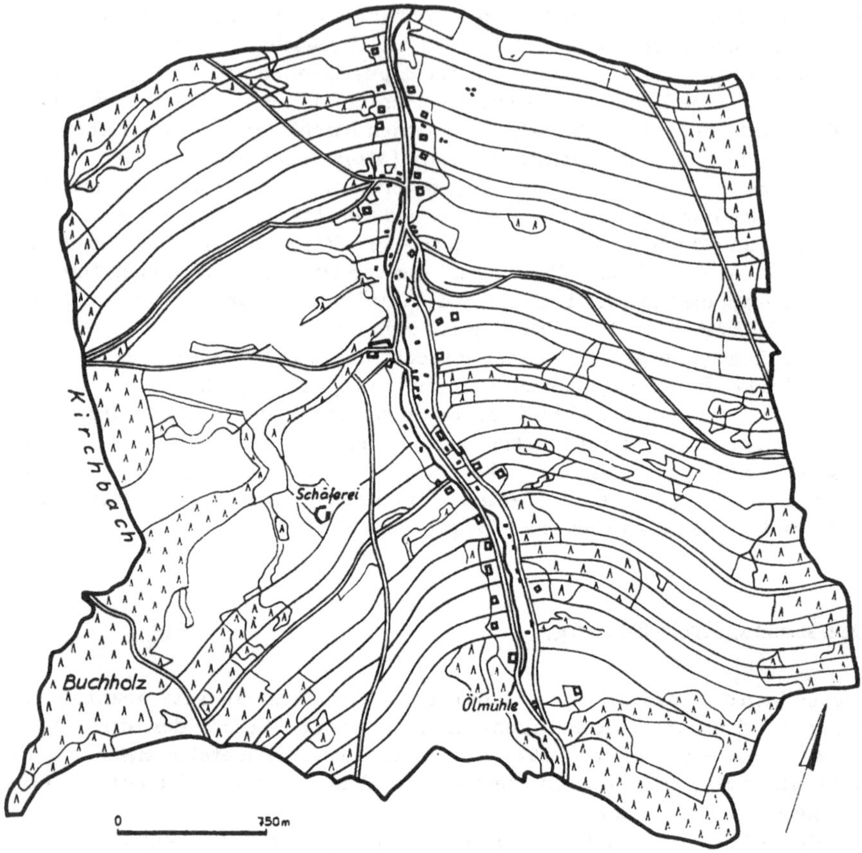

Abb. 36. Flur Oberschöna (nach LANGER 1931)

straße 36) wurden die Ausspänner und Fröner gezählt, bevor sie ihren Hofdienst antraten.

Neben der in Oberschöna von jeher vorherrschenden Landwirtschaft spielte früher der Bergbau eine nicht unbedeutende Rolle. An den einstigen Silberbergbau erinnern das um 1780 erbaute Huthaus der Grube Hohneujahr (Nr. 80), die Stoßherdwäsche (Bild 40) von Dorothea-Erbstolln (Nr. 78) und das unmittelbar daneben gelegene Stollnmundloch der Grube Unverhoffter Segen Gottes. Auf der Stollnsohle hat sich der 1790 bis 1792 ausgeschlägelte und überwölbte Raum für das Kunstrad dieser Grube erhalten. Die noch deutlich wahrnehmbaren Reste eines Kunstgrabens am rechten Striegistalhang stammen in ihrem oberen Teil vermutlich aus dem 16. Jh., denn 1574 bekam die Grube Erzengel „Eyn Wasser" auf HANS BIRNERS Gütern für ein Kunstgezeug verliehen. Von 1720 bis 1730 entstanden besonders viele Gruben. Die bedeutendste war der Unverhoffter-Segen-Gottes-Erbstolln, der an der rechten Striegistalseite, nördlich der heutigen F 173, baute. 1786 kaufte man für diese Grube den seit 1671 nachweisbaren Martinschen Eisenhammer und errichtete in ihm eine Erzwäsche, die spätere Dorotheaer Stoßherdwäsche. Der 1843 erfolgte Zusammenschluß mit der Grube Dorothea, die schon längere Zeit westlich des Ortes Silbererze abbaute, erhielt vielen Bergleuten ihre Erwerbsquelle. Die endgültige Einstellung des zum Teil recht umfangreichen Oberschönaer Bergbaus erfolgte 1894. C 3

Die Kirche wurde nach einem 1761 erfolgten Brand ihres Vorgängerbaus in den folgenden 10 Jahren unter Benutzung mittelalterlicher Reste als Rechtecksaal errichtet. Der flachgedeckte, von Emporen eingerahmte Innenraum wird von dem 1766 von J. G. Stecher verfertigten, bereits stark klassizistisch geprägten Kanzelaltar beherrscht. Die eine Kelchform aufweisende Sandsteintaufe ist mit 1765 bezeichnet (Dehio 1965). Unweit der Kirche steht das 1722 erbaute Pfarrhaus.

Von Fachwerkhäusern sollen genannt werden: das Gebäude der früher zum Gut gehörigen Hofmühle (Dorfstraße 28; erbaut 1830) mit einer noch erhaltenen Maschinenausstattung, die Schmiede (Nr. 7) aus der zweiten Hälfte des 18. Jh. sowie das Bauernhaus Dorfstraße 20 (Mitte 18. Jh.). Das älteste Wohngebäude, das Gärtneranwesen Nr. 11 mit verputzten Andreaskreuzen, gehört noch dem 17. Jh. an.

Am 15. 8. 1952 wurde in Oberschöna die LPG Zukunft (Typ I) aus 10 landwirtschaftlichen Betrieben gebildet und bereits am 27. 3. 1954 in den Typ III umgewandelt. 1975 wurde diese inzwischen erweiterte LPG mit der im benachbarten Kleinschirma (s. A 27) entstandenen LPG vereinigt. Angeschlossen wurden ihr 1965 die ebenfalls in Oberschöna bestehenden LPGs vom Typ I Striegistal (gegründet 9. 4. 1960) und 7. Oktober (gegründet 20. 9. 1958). Neben der LPG Zukunft existierte Mitte der siebziger Jahre in Oberschöna eine Kooperative Abteilung Pflanzenproduktion.

Der untere Ortsteil von Oberschöna mit der F 173, einigen Neubaublöcken, einer Gaststätte, der neugebauten Polytechnischen Oberschule mit Turnhalle und Sportplatz, der hoch gelegenen industriemäßigen 1000er Milchviehanlage (Bild 39) der LPG Zukunft bildet den Schwerpunkt des Ortes. Neubauten von Eigenheimen und die Modernisierung bestehender Wohnhäuser, beispielsweise in der Siedlung an der Kirche, kennzeichnen den äußeren Wandel der bevorzugten Wohngemeinde auch für Beschäftigte in der Kreisstadt. In einem Seitental nach Kirchbach hin entwickelte sich ein Nah- und Wochenend-Erholungsgebiet. Unweit davon liegt auch eine ehemalige Schäferei. Oberschöna mit seinem Ortsteil Wegefarth (s. A 25) ist Sitz des Gemeindeverbandes An der Striegis.

Steinberg C 4

Zwischen dem Striegistal und dem Steinberg, etwa 0,8 km nordöstlich von Oberschöna, findet man etliche heute auflässige Steinbrüche, in denen bis in die sechziger Jahre Quarzit abgebaut wurde. Besonders eindrucksvoll ist der Oberbruch auf der langgestreckten Kuppe des Steinberges, welcher den größten geologischen Aufschluß im Freiberger Gebiet darstellt. Er steht seit 1977 unter Naturschutz.

C 4 Die Oberschönaer Quarzitbrüche gehören zu einer Zone mit zahlreichen Quarzitvorkommen, welche sich von Oberschöna und dem Hospitalwald bei Freiberg nach SO über Brand-Erbisdorf und Burkersdorf bis nach Frauenstein erstreckt. Wir erkennen in den Brüchen bei Oberschöna, daß neben dem eigentlichen Quarzit, welcher massig und bankig ausgebildet und grauweiß gefärbt ist, auch Quarzitschiefer mit Übergängen zu Muskowitglimmerschiefer und zu Muskowitgneisen auftreten. HUEBSCHER konnte 1964 nachweisen, daß der gesamte etwa 100 m mächtige Quarzitkomplex gefaltet ist. Er wird als eine Einlagerung im Freiberger Kerngneis angesehen und heute an die Basis der Osterzgebirgischen Serie (Anhang C) gestellt (HOFMANN 1974 u. a.). Das Alter des Quarzitkomplexes beträgt etwa 700 Millionen Jahre. Im Handstück lassen sich vor allem Quarz, Feldspat, heller Muskowitglimmer, selten dagegen der dunkle Biotitglimmer erkennen. Als Beimengungen treten außerdem in geringem Maße Albit, Schwefel-, Arsen- und Kupferkies, Zinkblende und Bleiglanz auf.
Die Entstehung des Quarzites ist bis heute noch nicht völlig geklärt. Auch die das Blatt Oederan erstmals kartierenden Geologen kamen zu keiner einheitlichen Beurteilung. Anfangs deuteten sie den Quarzitkomplex als ein Sediment, später hingegen als pegmatitführendes, also magmatisches Gestein. Auch HUEBSCHER (1964) beurteilte den Oberschönaer Quarzit als ein umgewandeltes Ganggestein, als einen äußerst quarzreichen, lagenartig in den Gneis eingedrungenen Pegmatit. HOFMANN vertrat demgegenüber 1974 die Meinung, daß es sich um ein metamorphes Sediment handele. Der Quarzit wurde zunächst lange Zeit als Schottermaterial gewonnen, zuletzt aber durch das Bergbau- und Hüttenkombinat Albert Funk Freiberg zur Ferrosiliziumherstellung abgebaut, da sein SiO_2-Gehalt zwischen 96,5 und 99% liegt.

C 5 Hospitalwald

Auf dem nordwestlichen Teil der Brand-Erbisdorfer Hochfläche dehnt sich bis nahe an den Stadtrand von Freiberg der 4,5 km^2 große Hospitalwald aus, einstmals teilweise im Besitz des schon 1225 genannten Freiberger Johannishospitals. Weite Teile seines Bereiches sind stauvernäßt. Die über 2 km^2 große und sehr flache Quellmulde des Schirmbaches (s. A 26) reicht vom Zuger Gasthaus Letzter Dreier bis zum ehemaligen Quarzitsteinbruch und westwärts bis zum Ziegelweg und über den Steinweg hinaus. Sie ist durchweg von dichten quartären Lehmdecken ausgekleidet, denen Quarzitblöcke eingestreut sind. Ein Teil des Lehmvorkommens wurde einst nahe dem Letzten Dreier in Ziegeleigruben abgebaut.
Im Hospitalwald, einem beliebten Naherholungsgebiet für Freiberg, finden wir den heute zum Waldbad mit künstlichem Sandstrand und einem kleinen Campingplatz umgestalteten Großteich (ehemals 6 ha) sowie den reichlich 4 ha großen fischreichen Mittelteich. Im westlichen Teil des Hospitalwaldes, nahe Oberschöna, wurden in mehreren Brüchen Quarzite abgebaut. Im Ostteil des Waldgebietes westlich von Resten der Grube Beschert Glück findet man den Hungerborn, einen stillgelegten, mit Wasser gefüllten, heute verschütteten Schacht. Hier befand sich eine alte Versammlungsstätte der Bergarbeiter, die 1737 Kampf-

maßnahmen gegen die Einschränkung ihrer Rechte berieten und beschlossen (s. B 27.1).
Die Fauna des Hospitalwaldes wird durch das Vorkommen von Reh- und Schwarzwild, von Schwarzspecht, Grauspecht, Waldlaubsänger, Tannenmeise, Weidenmeise, Waldspitzmaus, Zwergspitzmaus und Kreuzotter gekennzeichnet. Seit dem Frühjahr 1982 wird auch der Kolkrabe hier beobachtet. Die von Müllhalden bedrohten Laichgewässer des Moorfrosches (*Rana arvalis*) und der Knoblauchkröte (*Pelobates fuscus*) sind für eine Höhe von 460 m ü. NN und die Bodenverhältnisse eine Besonderheit. Im Gegensatz zum Goldlaufkäfer (*Carabus auratus*) trifft man in diesem Waldgebiet als montane Art den Goldglänzenden Laufkäfer (*Carabus auronitens*) an. Für den Hospitalwald wie für die engere Umgebung Freibergs überhaupt seien an regional interessanten Tierarten noch aufgeführt: die Langohrfledermaus (*Plecotus auritus*), die Bartfledermaus (*Myotis mystacinus*), die Zwergfledermaus (*Pipistrellus pipistrellus*) sowie die Wasserfledermaus (*Myotis daubentoni*), von der am 7. 9. 1981 an den Kreuzteichen in Freiberg 19 Exemplare beringt wurden. Von den Nagetieren seien die Kleinaugenwühlmaus (*Pitymys subterraneus*) und die Wasserspitzmaus (*Neomys fodiens*) erwähnt, auch die Rötelmaus (*Clethrionomys glareolus*), welche den Hirschholunder meterhoch entrinden kann. Die Erdmaus (*Microtus agrestis*), ursprünglich im feuchten Grasland zu Hause, wirkt auf die Aufforstungen schädigend ein. Alle haben sie als natürliche Feinde die Eulen, welche nicht nur im Hospitalwald, sondern teilweise auch, wie der Waldkauz, im Stadtinneren Freibergs anzutreffen sind.

Buchberg C 6

Dort, wo sich die prächtige von Oederan in Richtung Hainichen führende Ahornallee geradlinig nach N wendet, markiert, knapp 100 m über der Stadt Oederan, der wiederbegrünte Stumpf einer mächtigen abgebrochenen Linde inmitten eines Ackers den Buchberg (467 m ü. NN). Von hier bietet sich ein weiter Ausblick nach SW und S bis zum Erzgebirgskamm, der dem vom Ranisberg (s. C 17) nur wenig nachsteht. Von der Straße aus schaut man über Frankenstein und das obere Striegisgebiet bis zu den Schornsteinen um Freiberg und zum Tharandter Wald im O. Etwa 1 km in nordwestlicher Richtung kennzeichnet der hölzerne trigonometrische Punkt der Udohöhe (496 m ü. NN, s. Bd. 28, Zschopaugebiet, C 3) den zweithöchsten und 2,5 km westwärts die bewaldete Karolinenhöhe (499 m) den höchsten Punkt des Börnichen-Harthaer Rückens (Abb. 1), den hier hauptsächlich Albitphyllite aufbauen. Dieser isolierte und teilweise plateauartige, windoffene und rauhe Höhenrücken gehört einem größeren lokalen Luvgebiet an, das von Hainichen gegen SO reicht. Vorwiegend mäßige, teils auch ärmere Verwitterungsböden haben Wald auf etwa 25% dieses markanten Höhenrückens zur Folge.

C 7 **Kirchbach,** Kreis Flöha

Zum Gemeindeverband Klein-Erzgebirge gehört auch die östlich von Oederan, nahe am Kreis Freiberg gelegene Landgemeinde Kirchbach, die sich in Höhenlagen von 440 bis 460 m ü. NN in einer Talmulde südlich des windoffenen Kalten Feldes und westlich des Buchholzes erstreckt. Der Ort, als zweireihiges Waldhufendorf in der Kolonisationszeit gegründet, erfuhr seine ersten urkundlichen Erwähnungen 1376 als *Kirbach* (vgl. Kirmes von Kirchmesse) bzw. *Kirchbach* (= der Kirchort am Bache). Er wurde wie viele Gemeinden seiner Umgebung lange Zeit vom Amt Schellenberg-Augustusburg verwaltet. Grundherrschaftlich war Kirchbach bis 1376 im Besitz des Benediktinerklosters Chemnitz, wurde danach markgräflich und dem Amt Schellenberg zugeordnet und schließlich 1652 dem Grundherrn von Oberschöna übereignet.

Bergbau auf Silber läßt sich seit 1548 nachweisen. Zu lokaler Bedeutung gelangte die Grube Neuer Segen Gottes, die 1573 verliehen und 1600 erbbereitet (s. Seite 22) wurde; das eingeschossige Huthaus der Grube steht noch heute auf einer kleinen Halde nördlich des Dorfes. Nach längerer Unterbrechung im Dreißigjährigen Krieg wurde die Grube von 1697 an wieder abwechselnd von Eigenlehnern und Gewerken betrieben. 1789 kam sie als Beilehn zur Grube Hilfe Gottes zu Memmendorf (s. C 1), die 1855 den Betrieb einstellte.

Die 1777 erneuerte Dorfkirche zeichnet sich durch einen schlichten, flachgedeckten Rechtecksaal mit Walmdach und Dachreiter aus. Im Inneren befinden sich ein großer pilastergeschmückter Kanzelaltar und eine Sandsteintaufe aus dem Jahre 1778 (Dehio 1965). Nahe dem südöstlichen Eingang zum Friedhof steht ein kleines Steinkreuz aus Gneis. An seiner Vorderseite sind eine Armbrust und mehrere Vertiefungen eingeritzt. Es wurde 1920 am Bachufer aufgefunden, wohl durch ein Hochwasser freigespült, erst 1963 wiederentdeckt und 1968 am heutigen Standort aufgestellt (Wendt 1979).

Nachdem während der Demokratischen Bodenreform aus dem Grundbesitz der Familie von Carlowitz in Kirchbach 4 Neubauernstellen geschaffen worden waren, erfolgte am 29. 6. 1955 die Gründung der LPG Otto Nuschke (Typ I), welche seit dem 26. 11. 1959 als Typ III arbeitete. Eine weitere, am 21. 9. 1961 gegründete LPG mit dem Namen Heimatscholle, die aus 2 vorher bestehenden LPGs vom Typ I hervorgegangen war, schloß sich am 1. 12. 1968 der LPG Otto Nuschke an. Diese wiederum vereinigte sich am 1. 1. 1974 mit der in Gahlenz arbeitenden LPG Karl Marx, aus der eine Kooperative Abteilung Pflanzenproduktion mit dem Verwaltungssitz in Gahlenz hervorging, die aber heute die Tierproduktion besorgt. Die Ackerflächen von Kirchbach werden von der LPG Pflanzenproduktion Oederan bewirtschaftet.

In Kirchbach ist der Reichtum der Dorfwiesen an Waldgoldstern (*Gagea lutea*) bemerkenswert. Dieses im Volksmund Märzengras genannte Liliengewächs ist für viele Dörfer des unteren Berglandes bezeichnend, fehlt jedoch den Ortschaften in der Gegend östlich Oederans entweder ganz oder ist dort auf wenige Grasplätze beschränkt. Mit Buschwindröschen (*Anemone nemorosa*) und Scharbockskraut (*Ranunculus ficaria*), oft auch mit dem Himmelschlüssel (*Primula elatior*), gehört es zum Frühlingsaspekt der Fuchsschwanzwiesen. Auch eine weitere „Dorfpflanze", den Aromatischen Kälberkropf (*Chaerophyllum aromaticum*), findet

man in Kirchbach. Dieser Doldenblütler ist für die Dörfer östlich der Wasser- C 7
scheide zwischen Zschopau und Flöha bzw. Striegis sehr charakteristisch, besiedelt neben den grasigen Weg- und Straßenrändern aber auch die schattigen Talgründe, was gerade hier im Gebiet des Oberlaufes der Großen Striegis und ihrer Nebentäler sehr auffällt.

Linda, Ortsteil von St. Michaelis, **C 8**

ein etwa nur 1 km langes Dorf, liegt in einem Seitental der Großen Striegis 420 bis 475 m ü. NN. Bereits 1186 wird es als eines der westlich der Striegis liegenden Eckardschen Dörfer indirekt erwähnt. 1351 wird villa *Linden* genannt (1367 *zcu Lynde*, 1439 *Lindaw*, 1486 *zur Linde*, 1592 *Lindau* = Siedlung an der Linde). Etwa 300 Jahre lang war eine Familie Rül(ic)ke Besitzer des Rittergutes Linda. Neben dem Stammgut besaßen diese Grundherren Ober- und Niederlangenau, Gränitz, den Struthwald sowie Güter in Erbisdorf. Mit Otto Rülicke starb 1672 die Familie aus. In die Literatur sind die Familie Rülke wie auch die Orte Linda und Langenau durch Rainer Maria Rilkes lyrische Ballade „Die Weise von Liebe und Tod des Cornets Christoph Rilke" eingegangen.
Das 1044 Acker (1842) umfassende Waldhufendorf (Abb. 37) mit damals 2 Gutsblöcken gliederte sich in 2 Teile (Langer 1928). Westlich zog sich eine gefächerte Bauernflur mit 13 Hufen auf die Höhen nach Oberreichenbach hin. Vorwiegend im östlichen Teil lag, beiderseits der Striegis, das nicht verhufte Land des ehemaligen Rittergutes. Ein Waldgebiet im NO, das Lindaer Holz, bildet den südlichen Ausläufer des Freiberger Hospitalwaldes.
Bevor hier der erste Bergbau getrieben wurde, erhielten Christoph und Wolf Rülcke 1526 die Erlaubnis, am Ort eine Hütte zu bauen. Diese Lindaer Hütte

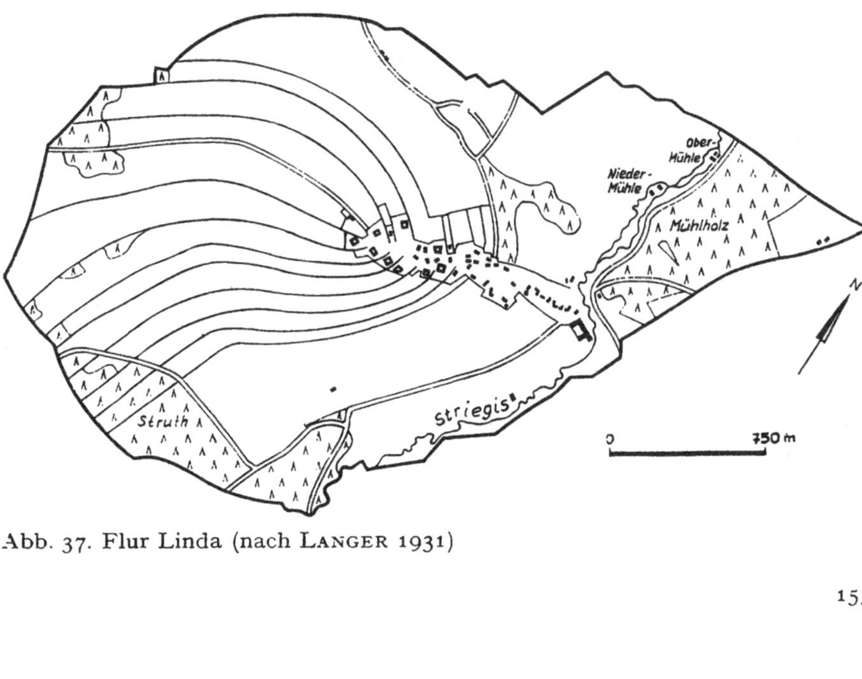

Abb. 37. Flur Linda (nach Langer 1931)

C 8 stand nahe der Einmündung des St. Michaeliser Dorfbaches in die Striegis. Sie übertraf 1549 durch ihre 9 Öfen und mit einem Holzkohlebedarf von 650 Wagen alle anderen Freiberger Hütten.

Am 10. 11. 1539 berichtete der Bergmeister ANDREAS KÖHLER an Herzog HEINRICH von den ersten Silberfunden „zu der linde". Zur Entwässerung der Gruben wurde damals der Wernerstolln in den Berg getrieben. Nach dem Dreißigjährigen Krieg war Sieben-Planeten-Erbstolln, im S der Flur gelegen, die bedeutendste Grube des Ortes. Seit 1783 war sie Beilehn der nahe gelegenen Himmelsfürst-Fundgrube (s. C 11). Ihr umgebautes Huthaus, mehrere Halden, ein noch gut erkennbarer Kunstgraben (um 1790) und das ehemals zur Grube gehörende gemauerte Mundloch des Weißhaldner Stollns sind noch erhalten. Unter Denkmalschutz steht unterhalb des Ortes das gemauerte Mundloch des umfangreichsten Hauptentwässerungsstollns des Brander Bergbaugebietes, des Thelersberger Stollns (s. C 10 u. 12; Bild 36).

Im Striegistal waren noch im 19. Jh. mehrere Mühlen in Betrieb. Für 1838 wurden, außer dem Rittergut, 67 Feuerstätten genannt. Während der Demokratischen Bodenreform 1945 gelangten 161 ha Land an 39 Personen. Die weitere Entwicklung der sozialistischen Landwirtschaft erfolgte in engster Verbindung mit der LPG im Hauptort St. Michaelis (s. C 10). Eigenheime, die neue Konsumverkaufsstelle und ein Sport- und Freizeitzentrum prägen das Gesicht des Ortes mit. Loch- und Schrödermühle im Striegistal dienen als Betriebsferienheime.

Kirchlich gehörte Linda stets zu Oberschöna. Eine Kapelle beim ehemaligen Rittergut wird 1540 als verfallen bezeichnet. Bemühungen zum Bau eines eigenen, als Kapelle bezeichneten Betsaales führten 1697 zum Erfolg. Dem heutigen, jüngeren Fachwerkgebäude wurde 1892 ein neues Schulhaus angegliedert. Am Friedhof befindet sich die Grabstelle des 1944 vom faschistischen Ortsbauernführer ermordeten polnisch-ukrainischen Bürgers MICHAEL MASZOWSKI. Durch ihre Lage im Dorfbild hervorgehoben sind die Fachwerkhäuser Nr. 42 und 67 (um 1800).

Am Weg nach Kirchbach, an der Kreuzung mit dem von Oberreichenbach nach St. Michaelis führenden Mühlweg, stand neben dem Heerborn bis 1905 im Buchholze die sagenumwobene Heerfichte. Noch 1910 lag hier ein beliebter Zigeunerrastplatz.

C 9 Lindaer Höhe

Zwischen dem oberen Tal der Großen Striegis und dem Tal des Oberreichenbacher Baches zieht ein knapp 1 km breiter zungenförmiger Ausläufer der Memmendorf-Oberreichenbacher Hochfläche (Abb. 1) noch fast 3 km nordwärts. Auf diesem finden wir südlich der Lindaer Straße unweit einer Stromfreileitung einen kleinen trigonometrischen Punkt. Er markiert die überackerte Lindaer Höhe (506 m ü. NN), deren Umgebung im NW, W und S einen eindrucksvollen Hochflächencharakter besitzt (Bild 43). Im NW kennzeichnen der Turm der Udohöhe und der Wingendorfer Schäfereibusch den fast gleichhohen Börnichen-Harthaer Rücken. Im N und NO reicht das Sichtfeld bis über Bräunsdorf hinab zum Zellwald, gegen SO über das Striegistal im Vordergrund und über die Brand-Erbisdorfer Hochfläche, den Freiwald und das Tännicht (593 m ü. NN) im Mittelgrund bis Frauenstein und zum Kamm des Osterzgebirges sowie zu den Saydaer Höhen. C 9

St. Michaelis, Kreis Brand-Erbisdorf **C 10**

Die 2,5 km lange Wohngemeinde zieht sich in einem rechten Nebental der Großen Striegis von etwa 400 m ü. NN bis 450 m im nahtlosen Übergang zu Brand-Erbisdorf hinauf. Erwähnt wird es 1348 (*Sanct Michahelen*) anläßlich des Verkaufs des Dorfes durch die Herren von Honsberg an das Kloster Altzella. Dieser Vorgang spricht (s. C 12) gegen eine Zugehörigkeit des Ortes zur Klosterschenkung Markgraf Ottos. In Übereinstimmung mit Tippmann (1980) wird St. Michaelis deshalb den Eckardschen Dörfern zugerechnet (s. C 8). Infolge der Belebung des Bergbaus erwarb 1532 Herzog Georg (der Bärtige) das Dorf. Der Name (1409 *Sente Michel*, 1428 *Michillsdorff*, 1503 *Sant Michel*, 1555 *St. Michael*) bedeutet soviel wie Ort mit der Michaelskapelle.

Die Größe der Flur wird mit 48 Hufen (Mitte 16. Jh.) und 39,5 Hufen (Mitte 18. Jh.) angegeben. Auf ihr kam neben der Landwirtschaft über Jahrhunderte hinweg dem Bergbau eine vorherrschende Rolle zu, der im Bereich von Himmelsfürst (s. C 11) die Gemarkung stark in Mitleidenschaft zog.

Die ältesten Grubenanlagen des 14. und 15. Jh. haben kaum Spuren hinterlassen. Das Mundloch des vermutlich aus dem 14. Jh. stammenden Brandstollns lag oberhalb der Kirche im Goldbachtal. Es war bereits 1630 verschüttet. Im 16. Jh. entstanden am Dorfbach viele Pochwerke und Wäschen, von denen ebenfalls keine Anlagen mehr erhalten blieben. Der von diesen kleinen Aufbereitungsanlagen stammende feine Poch- und Wäschschlamm, die sogenannte Flut, fiel in solchen Mengen an, daß ihre Nutzung bergrechtlich geregelt werden mußte. Am linken Hang des Dorfbaches führte man um 1580 Aufschlagwasser von dem Langenauer Bach (Kuhbach) durch einen Kunstgraben auf die Kunstgezeuge der im Oberdorf gelegenen Ausbeutgruben Elias, Einhorn und St. Wenzel. Wasser erhielt man aber auch vom Roten Vorwerksteich (Teichdamm noch westlich des Narvawerkes erhalten), der Ende des 16. Jh. die im Goldbachtal (volkstümlich Branddelle) bauenden Gruben Junger St. Stephan und St. Leonhard mit Aufschlagwasser belieferte. Die Aufschlag- und Hubwasser der Gruben flossen durch den Thelersberger Stolln (s. C 8), der mit mehreren Verzweigungen unter dem Ort verläuft, in die Striegis ab.

Mehrere Huthäuser haben die Jahrhunderte überdauert. So liegt auf der Feldflur zwischen Hospitalwald und Goldbachtal weithin sichtbar das auf einer kleinen Halde errichtete Huthaus der Grube Trost Israel (Ende 17. Jh.). Bei der Senke der F 101 steht noch das sogenannte Götzenhäusel. Im 18. Jh. erbaut, diente es der Grube Friedlicher Vertrag als Huthaus (jetzt mit Scheunenanbau). Im Dorf selbst steht das gut erhaltene Huthaus Himmelskrone (um 1700). Von der nahe daran gelegenen ehemals bedeutenden Matthias-Fundgrube (s. C 12) haben sich noch die mit hoher Stützmauer umgebene Halde und das darauf befindliche Huthaus (von 1835, später Gaststätte Goldene Höhe) erhalten. Bis 1837/38 besaß der zugehörige Schacht eine Pferdegöpelanlage. Man ersetzte sie

durch einen Wassergöpel (Kehrradantrieb). Von 1951 bis 1953 wurde der Johannisschacht zu Untersuchungsarbeiten genutzt und im Bereich des heutigen Hauptgebäudes des VEB Narva der Max-Roscher-Schacht abgeteuft.
Die kleine Michaeliskirche, der Überlieferung nach einst Wallfahrtskapelle am ehemaligen Fürstenweg von Freiberg zur Augustusburg, enthält nach MERTENS (1973) noch Mauerwerk aus dem 13. Jh. Sie besitzt eine einfache Sandsteintaufe (um 1500) sowie zwei Glocken (15. Jh., 1516).
Im südwestlichen Dorfteil lag an der Striegis eine Schneidemühle, die Barthelmühle. Eine weitere Mühle befand sich im Unterdorf und gehörte zum Gericht. Das Lehngericht (Mannlehn) wurde am 6. 10. 1651 in ein Erblehngericht (Weiberlehn) umgewandelt.
Im Zuge der Demokratischen Bodenreform 1945 wurden 166 ha des Rittergutes Linda an 41 Personen verteilt und 25 Neubauernstellen geschaffen. Am 19. 12. 1952 wurde die LPG Albert Funk, die auch das Gebiet von Linda bewirtschaftete, gegründet. Sie vereinigte sich später mit der LPG in Berthelsdorf (s. D 5). Ihre Rinder- und Kälberzucht wurde in Großställen oberhalb des einstigen Ritterguts Linda konzentriert. Ferner besteht in St. Michaelis eine hochmoderne Schweinezuchtanlage der LPG zu Burkersdorf, die auch Ställe in Linda besitzt. Nahe von Neubaublöcken südlich vom Ort fallen Hochsilos, auf der Halde von Trost Israel der große neue Schafstall und Eigenheimsiedlungen am nördlichen Ortsrand oder an der Straße nach Himmelsfürst auf. Die Pflanzenproduktion erfolgt in St. Michaelis und Linda durch die LPG Ernst Thälmann in Brand-Erbisdorf.

C 11 **Himmelsfürst,** Ortsteil von St. Michaelis

Der Ortsteil Himmelsfürst nimmt den südlichen Teil der Dorfflur von St. Michaelis ein. Er umfaßt einzelne Wohnhäuser, ehemalige Grubengebäude und den Haltepunkt Himmelsfürst an der Bahnlinie von Brand-Erbisdorf nach Langenau. Das hier liegende Grubenfeld, welches in der ersten Hälfte des 19. Jh. etwa 1000 Beschäftigte zählte, gehörte einstmals zu den wichtigsten Silberabbaugebieten Deutschlands (Bild 23).
Seit 1573, als erstmals eine Grube Himmelsfürst als Ausbeutgrube genannt wurde, tauchte dieser Grubenname immer regelmäßiger bis in das 18. Jh. hinein in den Ausbeutbögen auf. Haupterzlieferant dieser Grube wurde im 18. Jh. der Teich-Flache. Auf ihm entdeckte man 1749 eine Stufe „fein Silber $1^{1}/_{4}$ Centner schwer" (FRENZEL 1874), die auf 2566,5 Taler taxiert wurde. Weitere große Silberfunde folgten, so daß von 1769 bis 1831 ununterbrochen 32 Taler Ausbeute pro Kux und Quartal verteilt werden konnten.
Himmelsfürst-Fundgrube gelang es durch ihren großen Reichtum, mehrere Nachbargruben zu erwerben (Junger Himmelsfürst; Sieben Planeten 1783, s. C 8; Weißer Schwan samt Volle Rose 1829; Gelobt-Land-Fundgrube 1854). Im Laufe der Zeit wurden bedeutende Schächte angelegt (Fundschacht, Frankenschacht, Grüne-Rose-Schacht, Dorotheaschacht um 1795, Vertrau-auf-Gott-Schacht 1779, Abb. 38, Reicheltschacht 1816, Lade-des-Bundes-Schacht 1847, Glück-auf-Schacht 1859). Hinzu kamen umfangreiche Förder-, Wasserhaltungs-

Abb. 38. Bergwerksanlagen um 1900; Vertrau-auf-Gott-Schacht Grube Himmelsfürst, Treibehaus Rote Grube Freiberg, Prinz-Leopold-Göpel Zug

C 11 und Aufbereitungsanlagen sowie Verwaltungsgebäude und Bergschmieden, die größtenteils zwischen Reichelt- und Frankenschacht lagen. Im Jahre 1818 konnte man 500 Ausbeutemedaillen prägen lassen, die auf der Rückseite die Übertageanlagen der Grube zeigen.

Nachdem ab 1832 die Anbrüche nachgelassen hatten, kam es seit 1857 besonders auf den Kreuzen der Gänge August-Flacher, Kalb-Stehender und Silberfund-Stehender erneut zu großen Silbererzanbrüchen (1857–60 etwa 186000 Taler Gewinn). In dem Himmelsfürster Silbermineral Argyrodit entdeckte CLEMENS WINKLER (s. B 27.4) 1886 das Element Germanium. 1886 mußte die Grube für 650000 Mark an den Staat verkauft werden, der den Betrieb 1913 einstellen ließ. Himmelsfürst, die reichste Grube des Freiberger Bergreviers, erbrachte von 1710 bis 1896 über 600000 kg Feinsilber. Nach 1945 wurden ihre Erzgänge wieder abgebaut, zuerst von der SAG Wismut und von 1951 bis zur Stillegung 1969 von dem VEB Bleierzgruben bzw. Bergbau- und Hüttenkombinat Albert Funk. Der Franken- und der Vertrau-auf-Gott-Schacht wurden für die Wetterführung (Frischluftversorgung) unterhalten. Heute sind der VEB Meliorationsbau, ein Betriebsteil der Muldaer Holzwaren- und Möbelwerke sowie die Zentrale Betriebsschule des Lichtspielwesens, alle Am Schacht auf Langenauer Flur gelegen, wichtige Arbeitsstätten auch für die Einwohner von St. Michaelis und Himmelsfürst.

Erhaltene Denkmale des Grubenkomplexes Himmelsfürst (Auswahl):

1. Huthaus (Nr. 177): 1858/59, zweigeschossig, Dachreiter mit Glocke von 1773 und Wetterfahne.
2. Bethaus (Nr. 176): eingeschossig mit flachem Walmdach, umgebauter Rest des um 1858 bis auf das Erdgeschoß abgetragenen alten Huthauses aus der Zeit um 1750. Orgel der ehemaligen Betstube im Stadt- und Bergbaumuseum Freiberg: Orgelpositiv von Orgelbauer und Tischler JOHANN GOTTLOB MÜLLER aus Oberneuschönberg, 1789 gefertigt; Orgel selbst älter.
3. Wassergöpel-Treibehaus des Dorotheaschachtes (Nr. 171): zweigeschossiger Bau, 1781 als Treibehaus errichtet, um 1856 als Steigerwohnhaus umgebaut, heute Wohnhaus. Dazugehörige Halde 1890 beim Eisenbahnbau eingeebnet.
4. Treibehaus des Frankenschachtes: 1889 erbaut, dazugehöriges Kessel- und Dampfmaschinengebäude mit Schornstein als gesprengte Ruinen erhalten.
5. Stangenschachthaus: kleines Schachthaus mit Satteldach über den Gestängeschächten der Kehrradanlage, 1781 mit Feldgestänge zum Dorotheaschacht erbaut, 1790 Feldgestänge zum Frankenschacht angeschlossen.
6. Aufbereitungsgebäude: eingeschossig, Holzfachwerkbau um 1850, im Inneren als Folgeeinrichtung Sägegatter.
7. Erzbahndamm, Erzrolle, Brückenpfeilerreste der ehemaligen Erzbahn zur Mittelwäsche (jetzt VEB Textilreinigungskombinat Karl-Marx-Stadt) und zur unteren oder alten Wäsche, angelegt 1853/54 (Abbildungen in BLEYL 1917).
8. Bergschmiede: hallenartiges Gebäude, um 1890, jetzt Lagerhalle.
9. Dampfpochwerk: hallenartiges Gebäude (neben 8.), um 1890, mit Schornstein, jetzt Lagerhalle.
10. Pulverturm: auf fast quadratischem Grundriß errichteter Steinbau, um 1750, östlich vom Huthaus.

11. Kehrradstube des Reicheltschachtes: in die heute zum größten Teil abgefahrene Halde 1816 Radstube eines Kehrrades eingebaut, schönes Gneisgewölbe, 1980 teilweise zerstört, wird wieder aufgebaut. C 11

12. Kunstgräben: zwischen Reichelt- und Frankenschacht, Reste bergmännischer Wasserwirtschaft des 18. und 19. Jh.

Brand-Erbisdorf, Kreis Brand-Erbisdorf C 12

Die heutige Kreisstadt Brand-Erbisdorf resultiert aus der am 1. 4. 1912 vollzogenen Vereinigung des einstigen Waldhufendorfes Erbisdorf mit der um 1500 ohne eigene Flur entstandenen regellosen Bergmannssiedlung und späteren Stadt Brand (Abb. 39). Bis dahin hatte die Entwicklung beider Orte eigenständige Wege genommen, wobei Brand vorwiegend auf den Bergbau ausgerichtet, Erbisdorf dagegen auch landwirtschaftlich orientiert war. Die ausgesprochene Haldenlandschaft der Stadt und ihrer Umgebung mit zahlreichen bergbaulichen Gebäuden nimmt Höhen zwischen 450 m und 515 m ü. NN ein.

Abb. 39. Stadtansicht von Brand (aus Sachsens Kirchengalerie 1838)

Nach der Gründung von Brand-Erbisdorf, die auf Verfügung der sächsischen Regierung ohne die Einwilligung von Erbisdorf erfolgte, förderte der Stadtrat angesichts der für 1913 beabsichtigten Einstellung des Bergbaus Industriegründungen, welche zahlenmäßig die von Freiberg wesentlich übertrafen. Die älteste größere Fabrik war die 1898 gegründete Holzindustrie AG, jetzt VEB Vereinigte Sitzmöbelindustrie. 1916 entstanden die Tafelglaswerke Bertahütte, nachdem schon 1901 zwei Tafelglashütten und 1905 die Sächsische Glasindustrie mit bis zu 400 Arbeitskräften und die Poncetschen Glaswerke gegründet worden waren.

C 12 Von Bedeutung war die 1912 von Berlin nach Brand-Erbisdorf verlegte Maschinenfabrik für Automobile Lüders, aus der 1913 das Elite-Motorenwerk hervorging. In den als stattlicher Klinkerbau gestalteten, heute unter Denkmalschutz stehenden Werkanlagen arbeiteten 1926 über 1000 Arbeiter und Angestellte an der Herstellung von Autos, außerdem von Maschinen für die Schokoladenindustrie. Aus dem Elitewerk entwickelten sich nach Anschluß an einen Betrieb im heutigen Karl-Marx-Stadt die Elite-Diamant-Werke.

Katastrophale Folgen hatte die Weltwirtschaftskrise; sie führte 1932 zum Bankrott von nahezu der gesamten Brander Industrie. Wie stark sich die Arbeitslosigkeit 1931/32 auswirkte, mögen folgende Zahlen andeuten: 1931 hatten von 32 Schülern einer Schulklasse nur die Eltern eines Schülers Arbeit. Bei einer Einwohnerzahl von 5906 Personen waren 1932 auch 331 Jugendliche arbeitslos, die Hälfte der Bewohner lebte von Arbeitslosen- oder Fürsorgeunterstützung. 1932 bestand kein Glaswerk mehr. Auch das Elitewerk stellte seine Produktion ein und wurde erst nach 1933, als Betrieb für die faschistische Rüstungsproduktion, wieder eröffnet. Am 1. 1. 1935 ging es in die DKW GmbH über und wurde später der Auto-Union angeschlossen. Neu gegründet wurde 1936 die Schleifmaschinenfabrik Graupner, das spätere Dampfhammerwerk.

Nach der Befreiung vom Faschismus im Mai 1945 und insbesondere mit der Erhebung von Brand-Erbisdorf zur Kreisstadt am 1. 9. 1952 setzte eine verstärkte bauliche und industrielle Entwicklung ein. Zwischen 1953 und 1960 entstand das erste Neubaugebiet an der Straße des Friedens mit 310 Wohnungen. Hier wurde 1959 die Polytechnische Oberschule 7. Oktober eröffnet. Mit dem 1956 fertiggestellten Kino Theater der Freundschaft erhielt die Stadt einen würdigen Saal für Veranstaltungen. Als Schulneubau wurde 1973 die POS Wilhelm Pieck eingeweiht. Ein zweites neues Wohngebiet besteht in Brand-Nord (1987: 1555 Wohnungseinheiten). Bis 1983 wurden in Brand-Erbisdorf etwa 2100 Wohnungen neu gebaut, die nun über die Hälfte der Bürger der Stadt nutzt. Randlich zum neuen Wohngebiet schufen die Einwohner an der Dr.-Wilhelm-Külz-Straße Sportplatz und Spielstätten, in die sie eine Halde einbezogen. Der Erzengler Teich (s. D 6) wurde zum Naherholungszentrum ausgebaut, das kleine Heimatmuseum im Huthaus Einigkeit am Reußen besitzt viele bergbauhistorische Sachzeugen.

Die beiden größten Betriebe der Stadt zählen jeder knapp 2000 Beschäftigte. Der eine entwickelte sich durch umfassende Erweiterung und Rekonstruktion von 1971 bis 1976 zum VEB Preß- und Schmiedewerke Einheit, auf seinem Gebiet eine zentrale sozialistische Produktionsstätte innerhalb der DDR. Er hatte sich 1951 durch Zusammenschluß des VEB GUS Dampfhammer und Gesenkschmiede, des VEB Preß- und Hammerwerk Langenau sowie des Preß- und Stanzenwerkes gebildet. Der andere stellt einen für Brand-Erbisdorf völlig neuen Industriezweig dar; als VEB Leuchten- und Leuchtstofflampenwerk Narva Rosa Luxemburg nahm er 1968 die Produktion auf (Bild 25). Zum Werk gehören Betriebsschule, Kinderkrippe, Sportplatz und Wohnheime. Auf dem Industriegelände befindet sich auch eine Produktionsabteilung des VEB Spurenmetalle. In die Altbausubstanz von Brand sind in der Umgebung des Bahnhofs weitere industrielle Arbeitsstätten eingeordnet, so der VEB Vereinigte Sitzmöbelindustrie Neuhausen, das Fahrzeugwerk Olbernhau, die Keksfabrik und Baubetriebe.

Ein anderes Industriegelände schließt sich an die dörfliche Bebauung von Erbisdorf an und umfaßt eine weitere Produktionsstätte der Sitzmöbelindustrie, das Korksteinwerk und eine Reihe von Kleinbetrieben. An der Straße nach Langenau nutzt ein Betriebsteil des Kreisbetriebes für Landtechnik Karl Marx das Haldengelände des ehemaligen Gelobt-Land-Schachtes. Die LPG Pflanzenproduktion Ernst Thälmann bewirtschaftet die Flächen des Gemeindeverbandes (s. Seite 30). C 12

Erbisdorf C 12.1

Der Ursprung des Dorfes Erbisdorf ist neuerdings strittig. Lange Zeit hielt man die Erwähnung von *Erlewinstorph* (= Dorf des Erlwein) vom Jahr 1250 für die älteste, als Markgraf OTTO diesen Ort dem Kloster Altzella übereignete. Im Kaufvertrag von 1209 erwarb das Kloster aber *Erlwinesberc* aus der Hand eines LAUDO VON DÖBELN. TIPPMANN (1980) schließt sogar einen Zusammenhang mit den Eckardschen Dörfern nicht aus (s. C 8). Später schrieb man *Erwigestorff* (1401/03), *Erwisdorff* (1404/05) und schließlich *Erbisdorff* (1428).
Die ursprüngliche Dorfanlage — Flurnamen deuten auf fränkische Bauern als Siedler hin — erstreckte sich auf eine Länge von 1,5 km an dem der Striegis zufließenden Dorfbach entlang von SO nach NW. 1532 erwarb den Ort im Zusammenhang mit dem aufblühenden Bergbau von Brand und St. Michaelis Herzog GEORG DER BÄRTIGE vom Kloster Altzella. Die Flur umfaßte neben 44 Hufen noch unvermessene Überscharstücke, die offensichtlich als Gemeindeweide dienten, sowie an der Straße nach Großhartmannsdorf das Haberbergsche Mannlehn. Als Frondienste mußten Holzkohlefuhren vom Floßplatz Blumenau im Flöhatal zu den kurfürstlichen Schmelzhütten im Münzbachtal geleistet werden.
Eine Schule bestand wohl seit 1633. Im Dreißigjährigen Krieg wurde Erbisdorf so in Mitleidenschaft gezogen, daß 5 Güter jahrzehntelang wüst lagen. Sie fielen später dem Möhringschen Großgut und dem landlosen Erbrichter von Brand zu. Am 6. 10. 1624 brannten 40 Wohnungen ab.
Die mit einem rechteckigen mittelalterlichen Westturm versehene Erbisdorfer Kirche weist ein breites Schiff mit einem 3/8-Chorschluß auf. Chor und auch Schiff zeigen noch einzelne, überarbeitete gotische Fenster. Veränderungen des mit einer neuen Empore versehenen Saales wurden 1624, 1870 und 1930 vorgenommen. Das profilierte innere Portalgewände zur Sakristei gehört der Mitte des 16. Jh. an.
Das Innere bewahrt Reste eines Schnitzaltars von FRANZ DITTERICH D. Ä. 1603, ferner einen lebensgroßen steinernen Bergmann, vermutlich von SAMUEL LORENTZ um 1585 gefertigt. Die Orgel stammt von ADAM GOTTFRIED OEHME 1770—74. Bemerkenswert ist ein großes zinnernes Taufbecken von 1516 aus St. Michaelis (DEHIO 1965). In der Vorhalle stehen die Grabsteine von ANNA HÖRNIG († 1686) und von dem 1666 gestorbenen ELIAS STEIGER, einem Steiger auf dem Thelersberger Stolln. Bemerkenswert sind weiterhin der Schlußstein des Kirchhofportals mit 2 Bergleuten und Bergbauwappen sowie an der Außenseite der Kirche das Sandsteinepitaph von FRIEDRICH SALOMON RABE (1793 bis 1841), Obersteiger des Thelersberger Stollns.

C 12.1 Das am Rand des alten Friedhofes gelegene, durch ein großes Walmdach ausgezeichnete Pfarrhaus wurde 1708—10 erbaut, das Diakonatsgebäude 1724, aber 1881 verändert. Das Haus Kirchweg 2 stellt die alte Schule von Erbisdorf dar. Das Herrenhaus des ebenfalls an den alten Kirchhof grenzenden Erbgerichtes Erbisdorf zeigt rückseitig im Erdgeschoß noch Fenstergewände der zweiten Hälfte des 16. Jh., für die Hofansicht war ein Umbau um 1840 bestimmend. Der an der Thälmannstraße gegenüber gelegene Fachwerkbau des einstigen Erbgerichtsgasthofes gehört der Zeit um 1830 an. Auf dem alten Friedhof an der Mauer zum neuen Friedhof befindet sich eine Gemeinschaftsgruft antifaschistischer Widerstandskämpfer.

C 12.2 Brand

Mit der Belebung des Bergbaus entstand nach 1500 auf dem in der nördlichen Erbisdorfer Flur gelegenen Höhenzug die unregelmäßig angelegte Bergmannssiedlung *ufm Brande* (1538). Die Ortsbezeichnung geht auf einen Flurnamen zurück (1441 *Brent, Brendstucz,* 1470 *Brandstollen,* um 1480 *Brandstutz*; *auf dem Brand* meint einen Kohlenmeiler, unter *Stutz* verstand man einen steilen Hang). 1590 ist vom Städtchen Brand die Rede, das weder eigene Flur noch Bürgermeister, Rat und volles Marktrecht besaß. Sogar kirchlich war es nach Erbisdorf eingepfarrt. Gewisse Rechte standen den Bewohnern im Zusammenhang mit dem Status des Bergfleckens zu: Bierbrauen, Befreiung von Frondiensten, Ausübung bestimmter Handwerke. 1532 gelangte auch Brand aus dem Besitz des Klosters Altzella in den des Herzogs GEORG. Erst mit der Einführung der Städteordnung erhielt 1834 das damals 2087 Einwohner zählende Brand die volle Stadtverfassung. Das Wappen zeigte ursprünglich Schlägel und Eisen mit 4 Rosen, seit 1833 Schlägel und Eisen über einem Bienenkorb mit fliegenden Bienen.

Eine Brander Schule befand sich seit 1560 in dem Huthaus der Grube Zum heiligen Kreuz, das 1817 abbrannte. Neue Schulen wurden 1818 und 1883 errichtet. Das Recht auf einen Wochenmarkt erhielt der Flecken 1620, das auf einen Jahrmarkt aber erst 1832. Das Bergamt besaß in Brand ein Sessionshaus, wo ein Berggeschworener und mehrere Bergofficianten amtierten. 1786 kam es zur Gründung eines Bergstiftes, wofür die Bergarbeiterschaft durch eine sogenannte Betschicht die Hälfte der Kosten von 666 Talern selbst aufbrachte.

Die Brander Bergarbeiter zeichneten sich oft durch revolutionäres Verhalten aus, Lebensmittelverteuerungen führten 1790 in Freiberg zu Tumulten (s. B 27.1), die auch von Brander Bergleuten unterstützt wurden. Nach im Gefolge der Pariser Revolution 1830 in Sachsen ausbrechenden Unruhen kam es auch in Brand zu Erhebungen; nach ihrer Niederschlagung wurden zwei Bergleute verurteilt. Die Revolution von 1848 wirkte sich in Brand durch Bildung eines Staatsbürgervereins, Aufstellung einer Kommunalgarde und am 11. 2. 1849 durch Gründung des Bergarbeitervereins aus. Das am 19. 3. 1849 neugewählte Stadtverordnetenkollegium erkannte die in Dresden gebildete Provisorische Regierung an und wurde daher nach dem Sieg der Konterrevolution am 21. 8. 1849 zwangsweise aufgelöst. Die Neuorganisierung der Arbeiterschaft erfolgte 1867 im Allgemeinen

Deutschen Arbeiterverein; aber erst 1903, wahrscheinlich infolge Destruktion der konservativ eingestellten Knappschaft, einer unter gewissem Unternehmereinfluß stehenden Art Gewerkschaft, kam eine SPD-Ortsgruppe zustande, und 1921 wurde im ehemaligen Kempes Gasthaus in der Bahnhofstraße eine Ortsgruppe der KPD gegründet. C 12.2

Brand besitzt nur relativ wenige bemerkenswerte Bauwerke. Der am Markt (Bild 26) befindliche, durch ein Mansarddach gekennzeichnete Brander Hof, das einstige Erbgericht, ist ein Ende des 18. Jh. errichtetes frühklassizistisches Gebäude. Er läßt sich auf das bereits 1526 erwähnte *Schenkhauß uff Brand* zurückführen. Die auf dem Markt befindliche Bergmannsplastik vom Heimatfest 1929 wurde 1982 durch eine Kopie ersetzt. Goethestraße 2 steht das 1818 eingeweihte Schulhaus. Im ehemaligen Hotel Stadt Dresden, heute Kaufhaus am Markt, wurde am 12. 5. 1867 die Ortsgruppe des Allgemeinen Deutschen Arbeitervereins gegründet. Hier vollzog sich auch im April 1946 die Vereinigung von KPD und SPD zur Sozialistischen Einheitspartei Deutschlands. Nachdem schon 1951 an der Sonnenwirbelhalde ein OdF-Ehrenmal errichtet worden war, entstanden 1975 in den Grünanlagen an der Ernst-Thälmann-Straße Ehrenhain und Gedenkstätte für die gefallenen Sowjetsoldaten mit einer schlichten Leninbüste.

Das Gebiet von Brand-Erbisdorf kreuzen einige wichtige, von Freiberg ausgehende Straßen, so die F 101, die alte Poststraße nach Annaberg. Die heutige Straßenführung nach Freiberg erlangte wahrscheinlich erst im 16. Jh. Bedeutung. Von der Erbisdorfer Dorfstraße zweigte ein Augustusburger Fürstenweg ab. Eine Postexpedition wurde in Brand am 1. 8. 1856 errichtet. Bis dahin erfolgte die Postzustellung von Freiberg aus. Bahnanschluß erhielt Brand erst am 1. 10. 1890 durch eine in Berthelsdorf abzweigende, nach Langenau führende Stichbahn, von der wiederum eine Zweigbahn bis 1973 nach Großhartmannsdorf führte.

Brander Bergbaurevier C 12.3

Das Brander Bergbaurevier, eng verbunden mit dem von Erbisdorf und daher auch mit diesem gemeinsam behandelt, macht den Südteil des gesamten Lagerstättenreviers im Freiberger Land aus. Die ersten Silberfunde wurden nach der Gründung von Erbisdorf vermutlich zwischen 1250 und 1300 gemacht. ADAM BELLMANN (1529—1603), Freiberger Stadtschreiber, berichtet: „Ist 1350 viel Bergwergs bey Freibergk aufgekommen, zwischen Erbißdorff und dem Vorwerge Steinen oder Berthelßdorff, also das wol bei Fünffzig fundige Zechen vorhanden wahren.“

Im Gebiet der Kleinstadt Brand und der vorgelagerten Niederung (Branddelle), von wo eine besonders große Anzahl Erzgänge bekannt geworden ist, lag vermutlich das alte Bergbauzentrum. So stieß man beim Bau neuer Werkhallen für den VEB Preß- und Schmiedewerk auf 98 Altbergbauschächte und ein Labyrinth von Strecken. 1387 wurde die Grube „zcu dem Smalengange“ als älteste bekannte Grube und 1467 der Brandstolln (s. C 10) erstmals erwähnt. Spätestens um

C 12.3 1400 ging für die Brander Gruben die erste Blütezeit zu Ende. Ihr folgte eine etwa hundertjährige Krisenzeit.

Erst während der frühbürgerlichen Revolution begann für die Brander Gruben ein erneuter Aufschwung, der besonders ab 1515 bemerkbar wurde. Vor allem die alten Zechen auf dem Brand, Kuhberg und Goldberg wurden von kapitalkräftigen Gewerken wieder in Gang gebracht. Den Brandstolln trieb man 1518 unter dem Brander Markt hindurch nach den Gruben Kreuz, St. Erasmus und Bleischacht, wo er eine Teufe von etwa 60 m einbrachte. Schon der erste gedruckte Freiberger Ausbeutbogen von der Bergrechnung Matthäi 1529 weist von 13 Ausbeutzechen mit 6336 fl. (Gulden) Ausbeute allein 11 als Brander Zechen mit 5632 fl. Ausbeute aus. Ganz eindeutig lag das Schwergewicht des Freiberger Bergbaus zu jener Zeit im Brander Revier.

Seit 1526 trieb man den Thelersberger Stolln (s. C 8) in die Brander Gruben, ein vermutlich schon einmal im 14. Jh. begonnenes Unternehmen. Er brachte eine Mehrteufe unter dem Brandstolln von 24 m ein. Sein umfangreiches Stollnsystem — schon um 1600 lief er durch alle Brander Gruben — war bis in das 19. Jh. wesentliche Grundlage für den Betrieb dieser Bergwerke, aus denen zum Teil sehr große Silbermengen gefördert wurden. Kurfürst August I. erkannte den hohen Wert dieser Anlage für seine Geldeinnahmen aus dem Brander Bergbau und befuhr diesen Stolln im Jahre 1556 (Gedenktafel im Stadt- und Bergbaumuseum Freiberg). Heinrich von Trebra gab 1804 seine begehbare Ausdehnung mit 47,8 km an. Seine äußersten Flügelörter reichen bis unter den Pochwerksteich bei Oberlangenau, in den Freiwald, nach Berthelsdorf, zu den Obergöplerschächten bei Zug (s. D 1) und unter den Hospitalwald. Dieser Stolln und die herbeigeleiteten Aufschlagwasser im Kohlbach- und Hohebirke-Kunstgraben ermöglichten es, eine große Anzahl Kunstgezeuge in die Gruben einzubauen. Dieses geschah auch in der Grube Wilder Mann (im Gebiet des späteren Bergstiftes). Oberbergmeister Martin Planer, ein genialer Praktiker, ersetzte zwischen 1557 und 1570 die hier wasserfördernden 32 Pferde und 450 Wasserknechte durch 2 Kunstgezeuge. Insgesamt ließ er im genannten Zeitraum in den Brander Gruben 13 Gezeuge bauen. Als Wasserreservoire legte man um 1568 auf Erbisdorfer Flur (s. D 6) den Erzengler Teich, den Rothbächer Teich und um 1600 den Gelobt-Land-Teich an.

Die Silberproduktion hatte um 1570 ihren Höhepunkt, und sie ging noch vor dem Beginn des Dreißigjährigen Krieges stark zurück. Der Krieg selbst brachte den Brander Bergbau nahezu zum Erliegen. In den Quartalen Luciae 1633, Reminiscere und Trinitatis 1643 wurde aus dem Brander Revier, bedingt durch Kämpfe, Plünderungen und Seuchen, kein Silber geliefert.

Nach Kriegsende machte man sofort die zerstörten Bergbauanlagen wieder gangbar. Besonders die ehemals sehr reichen Gruben südlich von Erbisdorf, um den Brand und am Goldberg lockten wieder neue Bergbauunternehmer an. Stummer Zeuge dieser Zeit ist die Halde des Affnerschachtes in der Talsenke unmittelbar an der F 101. Das Erbbereiten, das feierliche Vermessen des Grubenfeldes einer besonders reichen Grube, auf den Ausbeutgruben Moritz obere 3. und 4. Maß und Junge-Einhorn-Fundgrube samt obere 1. Maß (beide südlich der Langenauer Straße) im Jahre 1712 zeigte, daß trotz aller Schwierigkeiten ein gewisser Aufschwung verzeichnet werden konnte. Um den hiesigen Bergbau machte sich in dieser Zeit der kurfürstliche Berggeschworene und Obereinfahrer Georg Hermann (gest. 1728) verdient. Einen bemerkenswerten Aufstieg nahm die Grube Gelobt Land. Sie gab von 1736 bis 1752 Ausbeute, so daß kostspielige Übertageanlagen errichtet werden konnten. 1750 wurde sie beim letzten Freiberger Erbbereiten vermessen. Die guten Erzanbrüche blieben nicht von Dauer, auch verhinderte der Siebenjährige Krieg weitere Erfolge. C 12.3

Die durch das „Chursächsische Retablissement" eingeleitete Reorganisation des Bergbaus begann in den Brander Gruben nach Kriegsende. Bessere Organisation und technische Neuerungen steigerten das Silberausbringen. Mit neuen Pferdegöpeln ließ sich die Förderung bei den Gruben Neuglück und Drei Eichen (1779), Sonnenwirbel samt Holewein (1786) und Sonne und Gottes Gabe (1801) erheblich erleichtern.

Die Wasserhaltung der Gruben konnte durch die Verstärkung der Aufschlagwasserversorgung und den Bau leistungsstarker Kunsträder verbessert werden. Auch die Stollnanlagen wurden bedeutend erweitert und die wichtigsten Teile durch Mauerung gesichert. Man trieb sogar den Tiefen Fürstenstolln und seine Hauptflügel (Kurfürst-Johann-Georgen- und Moritzstolln) unter dem Brand hindurch. Auf der Grube Reicher Bergsegen (am Freiwald) wurden die erste verbesserte Wassersäulenmaschine (s. A 16, D 1) im Freiberger Zentralrevier (1820) und die erste Dampfmaschine im Freiberger Erzbergbau (1844) betrieben. Bei Einigkeit-Fundgrube errichtete man 1834 auf dem Hörnigschacht einen Pferdegöpel. Von den Stollnhausschächten (am Schulweg) aus wurde 1850 die letzte Generalstollnbefahrung im Freiberger Bergrevier, und zwar die des Thelersberger Stollns, abgehalten.

Hauptsächlich ökonomische Gründe veranlaßten 1850 die Vereinigung einiger Gruben zur Grube Einigkeit zu Brand. Eine weitere Zusammenlegung von größerer Bedeutung gab es im Jahre 1856 unter dem Namen Vereinigt Feld bei Brand. Seit dem Jahre 1856 bestand das Brander Revier aus den Hauptgruben Himmelsfürst (s. C 11), Beschert Glück, Einigkeit und Vereinigt Feld. Der Rothschönberger Stolln (s. Seite 26) erreichte als tiefste Stollnanlage 1881 den Hörnigschacht von Einigkeit-Fundgrube und Richterschacht von Vereinigt Feld. Der Pferdegöpel des Hörnigschachtes wurde daher 1881 abgebrochen und durch einen Wassersäulengöpel ersetzt. 1886 übernahm der sächsische Staat die wichtigsten Gruben. Von 1903 bis 1913 wurden auch die Brander Gruben abgerüstet und der Bergbau eingestellt. 1899 verschwand der letzte Pferdegöpel von der Halde des Prinz-Leopold-Schachtes. An seiner Stelle befindet sich heute der Parkplatz des VEB NARVA Leuchtstofflampenwerk Brand-Erbisdorf.

Erst nach der Wiedereröffnung einzelner Gruben durch die SAG Wismut und der folgenden Übernahme des Bergbaus durch den VEB Bleierzgruben Albert Funk (Betriebsabteilung Brand) begann ein nochmaliger Abbau von Erzen. Einige der alten Schächte wurden rekonstruiert. Die tiefste Sohle erreichte beim Gelobt-Land-Teich 800 m Tiefe. Eine besondere bergmännische und markscheiderische Leistung war die Auffahrung eines 9 km langen Hauptquerschlages in durchschnittlich 600 m Tiefe. Auf ihm transportierte eine mit Gleichstrom betriebene Grubenbahn die Erzzüge des Brand-Erbisdorfer Bergbaureviers vom Übergabebahnhof am Schacht Lade des Bundes zur Erzaufbereitungsanlage am Davidschacht in Freiberg. 1969 wurde die Erzgewinnung eingestellt.

C 12.3 Erhaltene Denkmale des Bergbaus in Brand-Erbisdorf (Auswahl)

Hörnigschacht (Jahnstraße 14)

1. Huthaus: großes zweigeschossiges Gebäude, 1837 an die hohe Halde angebaut, 2 klassizistische Haustüren, ehemaliges Bergbaumuseum.
2. Pulverturm: um 1840, quadratischer Grundriß.
3. Halde: 18.—19. Jh., sehr umfangreich, darauf Rundbaumlagerstein des Pferdegöpels (1834), Amboßstein aus der Bergschmiede und Schachtstein, am südwestlichen Haldenrand Röschenmundloch aus Gneis (1845); jetzt für Jahrmarkt, Freilichtkino und Wintersportstätte (Sprungschanze) genutzt.

Kohlhäuslerschacht (westlich des Brander Marktes), 1824 angelegt

1. Wassergöpel-Treibehaus: 1822 errichtet, mit modernen Anbauten, jetzt Tb-Beratungsstelle.
2. Halde: 18.—19. Jh., sehr groß, mit Resten der Wäsche- und Pochwerksanlagen (1822—1846), als innerstädtisches Erholungsgebiet gestaltet.
3. Kunstgrabenbrücke und -damm: volkstümlich Buttermilchtor, elliptische Bruchsteinbrücke mit Damm von 1821; diente der Wasserzuführung.

Neuglück- und Drei-Eichen-Fundgrube

1. Verwaltungsgebäude (Kirchweg 30): stattlicher zweigeschossiger Bruchsteinbau, neugotisch, 1856 erbaut.
2. Huthaus (Kirchweg 32): eingeschossiger Bruchsteinbau von 1784.
3. Halde des Treibeschachtes (Kirchweg—Ecke Fabrikstraße): 18.—19. Jh., umgeben von hoher Bruchsteinmauer, mit Verwaltungsgebäude und Huthaus.
4. Pochwerk (Fabrikstraße 1): sogenanntes Pochhäusel, um 1783, verbrettertes zweigeschossiges Fachwerkhaus.
5. Wäsche (Obere Dorfstraße 17): eingeschossiger Bruchsteinbau mit breitem Grundriß, Dach verändert, 1783 für 3705 Taler erbaut, gute Gefälleausnutzung, Aufschlagwasser vom Kohlbachkunstgraben.

Gelobt-Land-Fundgrube

1. Bergschmiede (Langenauer Straße 9): um 1740, großer zweigeschossiger Fachwerkbau, im Innern Reste der alten Bergschmiede, sehr gut erhalten, reizvolle Haldengegend.
2. Gelobt-Land-Teich (westlich F 101): vermutlich Ende des 16. Jh. angelegt, Wasserspeicher für Kunsträder, wird vom Kohlbachkunstgraben gespeist.
3. Wäsche (westlich des Teiches): 1853/54 errichtet als Pochwäsche an Stelle eines älteren Baues, heute teilweise Ruine, der anschließende Wäschdamm 1841 errichtet.
4. Alte Gelobt-Lander-Wäsche (ebenda): eingeschossiger Bau, auch Neuberts Bergschmiede genannt, 18. Jh.

Huthausschacht (dem Thelersberger Stolln gehörig) C 12.3

1. Huthaus (Schulweg 3): zweigeschossiges Gebäude mit Krüppelwalmdach, verbrettertem Fachwerk, nach Brand im Jahre 1811 errichtet, durch Werkstatteinbau verändert.
2. Stollnkaue (Schulweg 2): Bruchsteinbau mit Spitzgiebel, 18. Jh., hier 1850 letzte Generalstollnbefahrung.
3. Bergschmiede (ebenda): 18. Jh., zweigeschossiger verbretterter Fachwerkbau.

Einzelobjekte

1. Huthaus Sonnenwirbel (Brüllender Löwe 1): 17. Jh.
2. Huthaus Brüllender Löwe (Brüllender Löwe 2): 18. Jh., steht mit vorhergehendem auf kleiner Halde.
3. Huthaus Junger Schönberg (Ernst-Thälmann-Straße 31): 17. Jh., auch Huthaus Kaiser Heinrich genannt, sehr klein.
4. Huthaus der Grube Strauß (Ernst-Thälmann-Straße 72): sehr kleiner Bau, 17. Jh.
5. Huthaus Goldene Schelle (Straße des Friedens 26): mit Fachwerkdachausbau, sehr klein, 17. Jh.
6. Bergstift Brand (St. Michaeliser Straße 11): Krüppelwalmdach, 18. Jh., ehemalige Bergschmiede der Grube Wilder Mann, zum Bergstift umgebaut, Schlußstein „Berg Gestifts Haus 1786".
7. Bergschmiede von Sonne und Gottes Gabe (Kohlenstraße 6): 18. Jh., mit Zwerchgiebel, auf umfangreicher Halde.

Kuhberg C 13

Über den Kirchweg erreicht man die höchste Erhebung des engeren Stadtgebietes von Brand-Erbisdorf, den Kuhberg (516 m ü. NN). Er trägt heute eine Neubausiedlung, in der ein Wasserhochbehälter den höchsten Punkt markiert. Sichtbeziehungen bestehen nur vom nahen Ostrand der Häuser (Kohlenstraße), wo der Fußweg zum Freibad Erzengler Teich abzweigt, gegen NO (Tharandter Wald), O (Röthenbacher Quarzporphyrkuppen) und gegen SO (Frauenstein, Burgberg und Kamm des Osterzgebirges).

Thiemendorf, Ortsteil von Breitenau C 14

Südlich von Oederan erstreckt sich auf der östlichen Seite des Hetzbaches das als einreihiges Waldhufendorf gegründete Thiemendorf (1350 *Tymendorf*, 1378 *Thymendorf*, 1588 *Tiemendorff* = Dorf des Thiemo). Aufgrund seiner ehemaligen Selbständigkeit im Oederaner Raum ist dieser Ortsteil von Breitenau (s. Bd. 28, Zschopaugebiet, F 6), der damit zum Kreis Flöha gehört, noch unter seinem ursprünglichen Namen bekannt. In dem lange Zeit zum Amt Schellenberg-Augustusburg gehörenden Dorf überwog von jeher die Landwirtschaft.

C 14 Bergbau fand in Thiemendorf nur in bescheidenem Maße statt. So wurden auf Christoph Bergers Gütern 1717 die Fundgruben Prophet Daniel und Eiserner Pflug verliehen, die Eisenstein abbauten.

In Thiemendorf bestanden im Zusammenhang mit der sich um die Mitte des 19. Jh. im benachbarten Oederan entwickelnden Textilindustrie eine Streichgarnspinnerei und Anfang des 20. Jh. eine Baumwollzwirnerei, außerdem ein kleiner Betrieb der Metallwarenindustrie. Die Landwirtschaft der Gegenwart wird durch einen 250er Milchviehstall charakterisiert.

C 15 **Oederan,** Kreis Flöha

C 15.1 Lage und Ausdehnung

Die Eisenbahnlinie von Karl-Marx-Stadt nach Freiberg berührt seit 1869 die Kleinstadt Oederan (Bild 45) in etwa 410 m ü. NN, während im Hetzbachtal, welches von SO her die Stadt durchzieht, 380 m Höhe gemessen wurden. Nördlich des Baches erstreckt sich im wesentlichen die geschlossene Bebauung des historischen Stadtkerns (Abb. 40). An die von Altbausubstanz geprägte Stadterweiterung in nördlicher Richtung schließen sich die Poliklinik, ein Freibad, die Polytechnische Oberschule Herbert Warnke und das Umspannwerk an. An

Abb. 40. Stadtansicht von Oederan, Ausschnitt (aus Saxonia 4, 1839)

der Eisenbahn entwickelte sich am Südhang des Hetzbaches die Bahnhofsvorstadt, wo sich auch die größeren Betriebe der Stadt befinden. Beginnend mit der Bebauung in den Jahren zwischen den beiden Weltkriegen, mit mehreren ständig erweiterten Eigenheimsiedlungen am Hetzbachhang und einigen Neubaublöcken an verschiedenen Standorten prägte sich der Wohnortcharakter Oederans immer stärker aus. Ein größeres Neubaugebiet erstreckt sich rechts der F 173 in Richtung Freiberg. C 15.1

Stadtentwicklung C 15.2

Das Gebiet von Oederan gehörte seit alters zum Herrschaftsbereich der Wettiner. Die Lage an der Kreuzung des Alten Böhmischen Steiges mit einer Ost-West-Straße, der späteren Frankenstraße, läßt auf eine Gründung im Zuge der Rodungen und der Auffindung des Freiberger Silbers um 1170 schließen. Als Gründer der anfänglich noch dörflichen Marktsiedlung könnten die Herren von Mildenstein in Frage kommen. Der Zeitpunkt einer Stadtrechtsverleihung ist unbekannt. In einer Verpfändungsurkunde vom 10. 10. 1286 wird Oederan erstmalig als Stadt (civitas seu oppidum *Oderen*) genannt. An ihrer Spitze stand damals noch ein Erbrichter. Ein Bürgermeister ist erst für die Zeit um 1400 belegt. Weitere Namenformen (1325 *Oderan*, 1378 *Aderen*, 1459 *Oedernn*) lassen eine eindeutige Erklärung nicht zu (Ort, wo Wasser den Boden aufgerissen hat, oder altsorb. Ort, wo Bienenzüchter, Pechreißer oder Wachposten wohnten).
Der Stadtgrundriß läßt eine deutliche Zweiteilung erkennen. Das Zentrum der ursprünglichen Siedlung war die Umgebung der Kirche mit dem Alten Markt, dem Dr.-Wilhelm-Külz-Platz. Dorthin orientiert ein Teil der Gassen. Der Böhmische Steig, nördlich Oederans westlich der heutigen Straße nach Hainichen verlaufend, führte durch die Enge Gasse und weiter durch die Unterstadt. Die Straße nach Freiberg verlief im Zuge des Kreuzgangs, ihre alte Fortsetzung nach W war die Augustusburger Straße. Mit der Anlage des Neuen Marktes, des Platzes der Befreiung, mit dem anschließenden gitterförmigen Gassennetz erfolgte eine Verlegung der Straßen. Die Ost-West-Straße verlief nun weiter nördlich, der Böhmische Weg westlich durch die Große Kirchgasse und die nun entstandene Lange Straße. Strahlenförmig umgab ein Netz von Waldhufen Oederan, ein Hinweis auf die anfangs bäuerliche Struktur. Eine Mauer erhielt die Stadt nie.
Oederans Funktionen gründeten sich auf die Fernstraßen, auf einen lokalen Markt sowie sein Handwerk. Auf die Tatsache, daß die Stadt bis in das vergangene Jahrhundert „freie Bergstadt" war, deutet heute nichts mehr hin. Bereits 1461 und 1481 wurden Gruben als Silber liefernd in den Münzmeisterrechnungen genannt. 1511 betrieb Michel Hede eine Grube unter dem Heiligen Kreuz. Eine Hütte mit Pochwerk bestand 1551 am Saubach. Aufgrund des teilweise recht umfangreichen Bergbaus erhielt die Stadt 1583 durch den Kurfürsten August I. einige Bergfreiheiten verliehen, um die Bürger zu Kapitalinvestitionen an den Gruben zu bewegen. 1719 baute man nur noch eine Kommunzeche und beteiligte sich in größerem Maße an den Görbersdorfer Gruben (s. C 16) sowie am Johannes-Erbstolln bei Börnichen. 1834 wurde die Grube Johannes mit dem

C 15.2 Ranis-Erbstolln zu Görbersdorf vereinigt. Die Aufgabe dieses Grubenfeldes 1853 beendete auch die Beteiligung der Stadt Oederan an den nahe gelegenen Gruben.

Ausdruck der günstigen Straßenlage waren ein beachtlicher Tuchhandel mit Böhmen sowie das Privileg eines Salzmarktes. Spätestens gegen Ende des 14. Jh. siedelten sich in der Stadt auch Band- und Bortenwirker an (Rüdiger 1977), und daraus entwickelten sich als beherrschende Gewerbe die Leinweberei und die Tuchmacherei. Eine Tuchmacherinnung bestand 1457, eine Weberinnung 1505. Für den Bergbau produzierte in Oederan das Seilerhandwerk.

1551 hatte Oederan 216 Anwesen gezählt; es blieben nach der Vernichtung der Stadt durch die Holkschen Truppen am 15. 8. 1632 nur 50 Häuser erhalten, 200 Bewohner kamen ums Leben. Auch von den Auswirkungen des Siebenjährigen Krieges blieb die Stadt nicht verschont. Obendrein wüteten in Oederan zwischen 1427 und 1753 elf verheerende Brände.

An frühen sozialen Auseinandersetzungen in Oederan treten Brotunruhen von 1579 hervor, über eine Beteiligung Oederaner Einwohner an den revolutionären Ereignissen der Reformationszeit und des Bauernkrieges 1524/25 ist jedoch nichts bekannt. Später haben Oederaner Einwohner an der Julirevolution von 1830 sowie am Dresdner Maiaufstand von 1849 teilgenommen. Nach den Dresdner Barrikadenkämpfen wurden 8 Oederaner Freiheitskämpfer zunächst zum Tode verurteilt, ihre Strafen schließlich in langjährige Zuchthausaufenthalte umgewandelt.

Zu den bedeutenden Persönlichkeiten der Stadt gehört August Bergt (1772 bis 1837), der „berühmte Componist und Organist zu Budissin", der in Oederan geboren wurde. Aus Oederan stammt die Schauspielerin Minna Planer (1809 bis 1866), Richard Wagners erste Frau. Louise Otto-Peters (1819—1895), die bekannte Frauenrechtlerin, weilte 1840 hier zu Besuch, wo eine ihrer Schwestern mit einem Fabrikanten verheiratet war. Dieser Aufenthalt machte sie erstmals mit dem Elend der Textilarbeiterschaft bekannt und gab den Anstoß zu ihrem weiteren Wirken für die aufstrebende Arbeiterklasse. In Oederan lebte und wirkte der bekannte Ornithologe Dr. Richard Heyder (1884—1984).

Seit dem 18. Jh. entwickelte sich die Stadt zu einem Zentrum der sächsischen Textilindustrie. Dazu trug die 1770 erfolgte Einführung der Baumwollfabrikation durch einen Kaufmann namens Böhme bei. Um die Mitte des 19. Jh. gab es in Oederan neben Baumwollweberei einige bedeutende Tuchfabriken, denen Woll- und Baumwollspinnereien in der Umgebung zuarbeiteten (s. C 16). Der Baumwollweberei diente eine Bleiche. Von 151 einheimischen Tuchmachermeistern arbeiteten jedoch nur noch 48 auf eigene Rechnung, und auch von 269 ansässigen Webermeistern waren nur wenige selbständig. Den weiteren Aufschwung wichtiger Zweige der Textilverarbeitung in Oederan, die wie auch anderswo immer mehr kapitalistische Formen annahm, kennzeichneten 1854 die Gründung einer Webschule und die Verbreitung der Tuchappretur und Färberei. Daneben wurde Garnhandel betrieben. Am Hetzbach arbeiteten drei Mühlen, davon eine als Malz- und Ölmühle und mit eingebauter Spinnerei. Es wurden zwei Jahrmärkte und Wochenmarkt abgehalten.

Waren 1882 noch die Flanellweberei, die Tuchmacherei, die Zigarrenfabrikation sowie die Teppichweberei und -knüpferei die wichtigsten Produktionszweige von Oederan, so arbeiteten am Anfang des 20. Jh. in der Stadt mehrere Betriebe der Metallwaren- und Textilindustrie, darunter die Salzmannsche Leinen- und Segeltuchweberei und die Kabissche Zwirnerei und Nähfadenfabrik sowie einige Holzwaren- und Zigarrenfabriken. C 15.2

Die 1907 gegründete Firma Salzmann & Co., in unmittelbarer Nähe des Bahnhofs gelegen, war als Mechanische Weberei für Leinen-, Drell-, Segeltuch- und Baumwollwaren sowie Appretur- und Imprägnier-Anstalt Bestandteil eines großen Exportunternehmens, das außer der Oederaner Fabrik noch weitere fünf Betriebe im In- und Ausland umfaßte. Bei insgesamt rund 3500 Arbeitern mit etwa 2000 mechanischen Webstühlen und 1300 Handwebstühlen, wovon die Oederaner Fabrik allein 400 Arbeiter an mechanischen Stühlen beschäftigte, war zur Zeit des Ausbruchs des ersten Weltkrieges dieses Unternehmen „zweifellos das größte der Branche auf dem ganzen Kontinent" (Rentsch u. Wenzel 1914). Der Kabissche Betrieb war mit zunächst 20 Arbeitskräften 1909 gegründet worden. Bis 1923 entstanden auf einer Fläche von 2600 m² am Bahnhof Produktions-, Dampferzeugungs- und Verwaltungsgebäude. Das Produktionsvolumen dieser Firma, die 1926 Teil eines Konzerns mit Sitz in München geworden war, bewegte sich in den Jahren bis 1930 zwischen 200 und 300 t pro Jahr. Während des zweiten Weltkrieges erzielte der Unternehmer, selbst aktives Mitglied der NSDAP, durch die Rüstungs- und Kriegsproduktion bei Ausbeutung von Fremdarbeitern und Kriegsgefangenen erhebliche Profite.

Ein Höhepunkt der Nachkriegszeit war die am 1. 5. 1946 veranstaltete Kundgebung auf dem Markt, bei der 2000 Teilnehmer den internationalen Kampf- und Feiertag der Werktätigen begingen und ihre Zustimmung zur Vereinigung von KPD und SPD zur Sozialistischen Einheitspartei Deutschlands bekundeten. In den folgenden Jahrzehnten hat die antifaschistisch-demokratische Umwälzung und anschließend der Aufbau des Sozialismus das Aussehen auch von Oederan gründlich verändert. So wurden allein von 1971 bis 1979 mehr als 350 Wohnungen neu gebaut oder modernisiert, und auch die Industrie erzielte ein bis dahin nicht gekanntes Wachstum.

Arbeiterbewegung C 15.3

Aus der Geschichte der örtlichen Arbeiterbewegung sei hervorgehoben, daß im Herbst 1918 die Gaststätte Erholung — jetzt Stadtcafé — Versammlungsort der organisierten Arbeiter von Oederan war. Bei Ausbruch der Novemberrevolution fand hier am 9. 11. 1918 eine Versammlung mit der Wahl eines Arbeiterrates statt. Am 26. 4. 1919 wurde in dieser Gaststätte eine Ortsgruppe der KPD gegründet, während des Kapp-Putsches im März 1920 war sie ein Zentrum aktiver Abwehr der Putschisten durch die Arbeiterklasse. Hier wurden an Mitglieder der Arbeiterparteien, an Gewerkschafter und fortschrittliche Turner Waffen ausgegeben, um den Kampf gegen die Putschisten erfolgreich führen zu können. Im Hotel Hirsch, dem heutigen Klubhaus Oederan, fand 1920 eine Versammlung Oederaner Arbeiter statt, auf der Emil Eichhorn sprach, der dem linken Flügel der USPD angehörte und maßgeblich an der 1920 vollzogenen Vereinigung der USPD mit der KPD beteiligt war. Am 7. und 8. Mai 1927

C 15.3 fand auf dem Oederaner Marktplatz anläßlich des „Roten Tages" eine Kundgebung von Mitgliedern des Rotfrontkämpferbundes mit 600 Kämpfern der Untergaue Chemnitz, Flöha und Pockau-Lengefeld statt. Der bekannte sowjetische Geiger JULIUS EDUARD SOERMUS, der „Rote Geiger", gastierte auf einer seiner Konzertreisen (s. B 27.2) am 19. 7. 1929 in Oederan und gab zusammen mit seiner Frau zugunsten der Roten Hilfe ein Konzert im Hotel Hirsch.
Die Nationalsozialisten gingen nach ihrer Machtergreifung 1933 mit der ihnen eigenen Grausamkeit gegen die Kommunisten und andere fortschrittliche Kräfte auch in Oederan vor. Am 10. und 11. 11. 1933 verhafteten sie 24 Mitglieder der KPD-Ortsgruppe Oederan, verhörten sie unter Foltern in der Polizeiwache und im Amtsraum des Bürgermeisters und verschleppten sie in die Konzentrationslager Plaue bei Flöha und Sachsenburg.
Der bekannte Antifaschist und Spanienkämpfer JOHANNES MOSCH wurde am 2. 6. 1901 in Oederan geboren. Seit 1923 gehörte er der KPD an und vertrat von 1927 bis 1933 als kommunistischer Stadtverordneter die Interessen der Oederaner Arbeiter. Beim Machtantritt der Faschisten wurde er verhaftet und in das KZ Sachsenburg gebracht. Nach seiner Entlassung aus dem Gefängnis emigrierte er auf Beschluß seiner Partei 1935 in die ČSR, nahm als Freiwilliger am Kampf des spanischen Volkes gegen die faschistischen Putschisten teil und war schließlich Mitglied der Résistance in Frankreich. Dort wurde er während eines Kurierauftrages am 29. 5. 1944 von der Gestapo verhaftet. Noch am gleichen Tag erlag er den Folterungen. Am ihm zu Ehren benannten Klubhaus Johannes Mosch erinnert eine Gedenktafel an diesen unerschrockenen Kommunisten und aufrechten Antifaschisten.
Auf die Jahre des antifaschistischen Widerstandskampfes weist am Teichplan in Oederan ein Gedenkstein hin, und für drei unbekannte jüdische KZ-Häftlinge, welche die SS am 12. 10. 1944 ermordete, wurde eine Gedenkstätte auf dem Friedhof errichtet.

C 15.4 Industrie und Landwirtschaft

Als Industriestadt hat Oederan enge Beziehungen zum Ballungsgebiet Karl-Marx-Stadt. Über 1000 Berufstätige arbeiten auswärts, in Orten, welche vorwiegend in dem Dreieck zwischen Karl-Marx-Stadt, Eppendorf und Freiberg liegen. Neben dem VEB Wäsche-Union zählt der VEB Zwirnerei und Nähfadenfabrik, der den Vereinigten Baumwollspinnereien und Zwirnereien Flöha angehört, beide in Bahnhofsnähe gelegen, zu den größten Betrieben der Stadt. Im VEB Zwirnerei und Nähfadenfabrik wurde im Mai 1945 von nur 22 Arbeitern unter der Leitung der Genossen WALTER GRAF, EDWIN HELBIG und JOSEPH TROST die Produktion aufgenommen. Wurden 1947 bereits wieder 30,3 t Nähfaden produziert, so stieg diese Menge bis 1950 auf 262 t, und 1981 produzierten die Werktätigen rund das Vierfache der Produktion von 1950. Bis 1979 kamen bereits 60% aller in der DDR hergestellten Nähfäden — aus Baumwolle und synthetischem Material in 200 Farben — aus Oederan.
Zu dem Industrieprofil der Stadt gehören weiterhin der VEB Plasta, das Werk II des VEB Spinn- und Zwirnereimaschinenbau Karl-Marx-Stadt, ein Betriebs-

teil des VEB Vorrichtungsbau Hohenstein-Ernstthal, der VEB Stanz- und Ziehwerk, der VEB Gemüsekonserven, ein Landtechnik-Betrieb sowie weitere Kleinbetriebe, darunter eine Fertigungsstätte der Neuhausener Sitzmöbelindustrie. C 15.4

Der 1972 errichtete Gemeindeverband Klein-Erzgebirge hat seinen Sitz in Oederan. Ihm gehören außerdem die Gemeinden Frankenstein (s. A 22), Kirchbach (s. C 7), Memmendorf (s. C 1), Gahlenz, Breitenau und Schönerstadt an. Die gemeinsame Kommunalpolitik führte 1975 zum Bau einer neuen Oberschule, in der auch Kinder aus den Nachbargemeinden Frankenstein, Kirchbach und Memmendorf unterrichtet werden.

Daß auch die landwirtschaftliche Produktion in Oederan eine nicht unbedeutende Rolle spielt, zeigen die seit Beginn der gesellschaftlichen Umwälzung auf dem Land eingetretenen Veränderungen. So erhielten durch die Demokratische Bodenreform 2 Neubauern und 5 Umsiedler je 8 ha Ackerland und 1,5 ha Wald (Rüdiger 1977). Die am 20. 4. 1953 gegründete LPG 1. Mai schloß auch das nahe gelegene Börnichen ein. Am 29. und 30. 3. 1960 wurden die LPGs Zur Linde (Oederan/Neuhohelinde) und Klein-Erzgebirge, beide vom Typ I, gegründet. Erstere schloß sich am 14. 9. 1961 mit der LPG Einigkeit in Görbersdorf zusammen. Schließlich erfolgte die Bildung einer Kooperativen Abteilung Pflanzenproduktion, die in den siebziger Jahren in Oederan ihren Verwaltungssitz hatte und seit dem 23. 2. 1978 als LPG Pflanzenproduktion Oederan arbeitet. Sie bewirtschaftet die Ackerflächen des Gemeindeverbandes.

Als touristische Schwerpunkte sind zu nennen das nahe der Stadtkirche gelegene Arbeiter- und Heimatmuseum, das die Geschichte der Stadt bis in die jüngste Vergangenheit zeigt, und die Freiluftanlage Klein-Erzgebirge. Hier, in der Parklandschaft am Hetzbach zwischen Altstadt und Bahnhofsvorstadt, werden viele im Maßstab 1:50 verkleinerte Nachbildungen von Ausflugszielen und bekannten Gebäuden des Erzgebirges und seines Vorlandes vorgeführt.

Baudenkmale C 15.5

Das denkmalgeschützte historische Ortszentrum Oederans stellt eine Kleinstadtanlage von beachtlicher städtebaulicher Qualität dar, in der der unregelmäßig gestaltete Bereich um die dominierende Stadtkirche im Spannungsverhältnis zum räumlich klar begrenzten Neumarkt, dem Platz der Befreiung, mit dem herausgehobenen Rathaus (Bild 44) steht. Typisch für die älteren, zur Kirche hinziehenden Gassen (Enge Gasse, Brühl) sind einzelne Häusergruppen, gekrümmte oder versetzte Fluchtlinien, hinter denen häufig die Stadtkirche den optischen Abschluß bildet. Der neuere Stadtteil am Rathaus zeichnet sich durch relativ gerade verlaufende, geschlossene Hauptfluchtlinien aus, die in der Regel nicht auf einen architektonischen Punkt orientiert sind.

Häufige kriegerische Zerstörungen und Stadtbrände, zuletzt 1709 und 1753, vernichteten die ältere Bausubstanz nahezu vollständig, so daß heute für den Ort nur noch Wohnhäuser des 18. und vom Anfang des 19. Jh. kennzeichnend sind. Ältere Bausubstanz weisen noch die Stadtkirche und das Rathaus auf.

Der romanische Gründungsbau der Pfarrkirche St. Marien ist unbekannt. Viel-

C 15.5 leicht ist auf ihn der breite Turmunterbau zurückzuführen, der Anfang des 17. Jh. mit einem Satteldach und einem Dachreiter versehen war. Fertiggestellt wurde der jetzige barocke Turmabschluß 1725. Das Schiff, eine Halle mit stark eingezogenem dreiseitig geschlossenem Chor, entspricht dem obersächsischen Kirchenbau in der zweiten Hälfte des 15. Jh. und wird nach dem Brand 1467 errichtet worden sein. Während der Chor ein Netzrippengewölbe zeigt, wies die durch eingezogene Strebepfeiler gekennzeichnete Halle nie eine Wölbung auf. Äußeres und Inneres sind stark durch den neugotischen Umbau 1890/92 bestimmt, bei dem auch die Innenausstattung (Altar, Kanzel, Emporen) entstand. Wertvollstes Ausstattungsstück ist die gut erhaltene, zweimanualige Silbermannorgel von 1727, die allerdings mit einem neugotischen Prospekt versehen ist. Von den vorhandenen Taufsteinen ist der ältere, schlichte noch romanisch. Die jüngere Sandsteintaufe stammt von 1721. Ein lebensgroßes Kruzifix gehört der zweiten Hälfte des 17. Jh. an. Von den Grabdenkmalen sind die mit figürlichen Reliefs versehenen Pfarrergrabsteine von P. Odontius † 1605, M. Koch † 1632 und J. D. Starck † 1688 zu nennen.

Das Rathaus, ursprünglich ein für eine Kleinstadt beachtlicher Renaissancebau von 1575, war anfangs zweigeschossig und wies ein mächtiges Satteldach mit einem Dachreiter auf. Das dritte Geschoß mit dem abgewalmten Dach und dem barocken Dachtürmchen erhielt das Gebäude um 1780. Ein eingreifender Umbau erfolgte 1914. Wichtige Architekturteile des Rathauses von 1575 sind der mit Reliefs versehene untere Teil des runden Eckerkers sowie das Portal, ferner ein reiches Türgewände im Inneren.

Von anderen Gebäuden der Altstadt sind zu nennen: am Kirchplatz die alte Schule (Anfang 18. Jh.) mit einer Gedenktafel an den Stadtbrand 1709, der Fachwerkbau des Kantorats (18. Jh.), an der Frankenberger Straße der einstige Gasthof Drei Schwäne (18. Jh., mit Relief). Die wichtigsten Wohnhäuser, zum Teil mit hohen Satteldächern, befinden sich am Platz der Befreiung (Nr. 4 von 1799, nach Brand 1974 stark verändert aufgebaut; Nr. 13, bezeichnet 1760), in der Freiberger Straße (Nr. 5, 7, 9 und 13 um 1800; Ackerbürgerhaus Nr. 15, bezeichnet 1798), in der Großen Kirchgasse (Nr. 2 von 1782, aufgestockt) und am Dr.-Wilhelm-Külz-Platz (Nr. 4, Torbogen vielleicht vor 1700, neubarock verändert; Nr. 5, bezeichnet 1709).

Alle anderen Wohnhäuser, meist Handwerkerhäuser, zeichnen sich durch schlichte Architektur, nicht selten mit Fachwerkobergeschossen aus. Als Ensemble beachtenswert sind die Häuser des Ehrenzuges (Nr. 5, bezeichnet 1851; Nr. 6 von 1808; Nr. 8 und Nr. 11 von 1795). Das Meisterhaus der Weberinnung 1842 (Relief mit drei Weberschiffchen) findet man Enge Gasse 26.

Außerhalb der Altstadt ist das an dem durch mehrere klassizistische Grüfte ausgezeichneten Friedhof gelegene Hospital Zum Heiligen Kreuz zu nennen, dessen mit einem Walmdach versehenes Gebäude nach 1709 errichtet wurde, die Spitzbogengewände der einstigen Kapelle aber erst um 1800 erhielt. Hier oder benachbart zeigt die Zeichnung Dilichs um 1628 eine gotische Friedhofskapelle. Weiterhin erwähnenswert sind in der Frankenberger Straße die Polytechnische Oberschule, das Gebäude wurde 1867 errichtet und erhielt 1910 einen neubarocken Anbau, und das gleichaltrige Kreisgericht in der August-Bebel-Straße.

Im Kreuzungsbereich Freiberger Straße/Hainichener Straße fand eine Halbmeilensäule von 1722 ihre Neuaufstellung. Das am Kirchplatz befindliche Lutherdenkmal, dessen Büste einen Abguß des Wormser Denkmals von ERNST RIETSCHEL darstellt, wurde 1884 enthüllt. Das an der Eisenbahn Richtung Freiberg stehende Denkmal erinnert an ein Eisenbahnunglück am 19. 9. 1895, wobei 14 Soldaten ums Leben kamen. C 15.5

Stadtpark C 15.6

Der in den östlichen Teil der Stadt eingreifende Talgrund wurde unter Naturschutz gestellt und damit auch künftig vor Bebauung bewahrt. Das über 1 km lange, bis zum Beginn des als Stadtwald bezeichneten Fichtenforstes reichende Gelände wird im unteren Teil vom Hetzbach durchflossen, im oberen von seinem aus dem Stadtwald kommenden Zufluß. Alter Baumbestand und Neuanpflanzungen, gepflegte Wege mit zahlreichen Bänken, vor allem aber auch Grünflächen und eine Reihe von Teichen haben ein Naherholungsgebiet entstehen lassen, das den Ortsansässigen wie auch den Besuchern der Schauanlage Klein-Erzgebirge dient.

Von dem ehemalig versumpften Wiesental sind einige Flächen im naturnahen Zustand erhalten geblieben und vermitteln somit den Anblick von Pflanzengesellschaften, die heute weitgehend verlorengegangen sind. So blühen hier im Vorsommer Hahnenfußgewächse, fleischfarbene Kuckuckslichtnelke (*Lychnis flos-cuculi*), und zwischen Binsen und Simsen zeigen sich Blütenstengel des Breitblättrigen Knabenkrautes (*Dactylorhiza majalis*) und die roten Rachenblüten des ebenfalls selten gewordenen Waldläusekrautes (*Pedicularis sylvatica*). Auch größere Herden des Schmalblättrigen Wollgrases (*Eriophorum angustifolium*) lenken durch ihre schneeweißen Haarschöpfe die Blicke auf sich. In den letzten Jahrzehnten hat sich das im weiten Umkreis seltene Wassergreiskraut (*Senecio aquaticus*) mit seinen gelben Blütensternen auf der Wiese um den neu angelegten Schwanenteich stark vermehrt. Unweit davon begegnet man dem zierlichen Fadenehrenpreis (*Veronica filiformis*), einer aus dem Kaukasus stammenden Pflanze, die um 1950 in Sachsen einwanderte, hier am Hetzbach um 1965 erstmalig erschien und heute, schon in die Wiese ausstrahlend, im Frühling ganze Teppiche bläulichvioletter Blüten zur Schau stellt. Noch eine dritte Pflanze ist zugewandert, an Schönheit die eben genannten übertreffend. Es ist die Blumenbinse oder Schwanenblume (*Butomus umbellatus*), die sich hier in einem kleinen Teich angesiedelt hat. Erstmals 1967 entdeckt, hat sie sich nicht nur gehalten, sondern stark vermehrt. Wenig talaufwärts kann man am warmen Gebüschhang des größeren Teiches mit dem Kleinen Odermennig (*Agrimonia eupatoria*) einer weiteren Pflanze sonst tieferer Lagen begegnen. Auf den nahen Wiesen erinnern die pinselartigen Blütenstände der Verschiedenblättrigen Distel (*Cirsium heterophyllum*) daran, daß man sich am Fuße des Erzgebirges befindet.

C 16 **Görbersdorf,** Stadtteil von Oederan,

reiht sich in einer flachen Talmulde, durchschnittlich 420—440 m ü. NN gelegen, in südöstlicher Richtung unmittelbar an Oederan an. In der Kolonisationszeit als einreihiges Waldhufendorf gegründet und 1378 als *Gerwigisdorf* (1403 *Gerwigsdorf*, 1501 *Geberßdorff* = Dorf des Gerwig) urkundlich genannt, gehörte der Ort jahrhundertelang zum Amt Schellenberg-Augustusburg.
Schon 1519 wurden Gruben auf Görbersdorfer Gütern erwähnt. Zwischen Görbersdorf und Kirchbach (s. C 7) liegen noch heute sichtbare Reste des Ranis-Erbstollns. 1563 zum ersten Mal verliehen, wurde diese Grube 1687 erneut aufgenommen und förderte von 1698 bis 1852 mit Unterbrechungen Silbererz. Obwohl sich die Gewerken zur Aufstellung einer Dampfmaschine entschlossen, blieb die Wasserhaltung so schwierig, daß 1865 der Betrieb eingestellt werden mußte. Bis 1840 bauten noch die Gruben Neuerbaut Oederan samt Himmelsfürst und Körbacher-Glück-Erbstolln auf Silber.
Begünstigt durch die im benachbarten Oederan wachsende Textilindustrie entstanden im vergangenen Jahrhundert auch hier industrielle Betriebe, so zwei Wollspinnereien, von denen die eine als Filiale einer Oederaner Tuchfabrik betrieben wurde. Bedeutender für die wirtschaftliche Entwicklung des Ortes war 1872 die Gründung des Lederwerkes Görbersdorf-Oederan im unteren Ortsteil, dem nach Rentsch u. Wenzel (1914) „ältesten und größten Werk der Branche" im Oederaner Bereich. Es produzierte Fettgarleder, Transparentleder, Crownleder, Helvetialeder, Alaunleder und Chromleder für technische Zwecke und exportierte sie auch. Sämtliche Lederarbeiter — etwa 30 an der Zahl — traten 1909 im Kampf für bessere Arbeitsbedingungen in den Ausstand. Heute weist Görbersdorf keine Industrieproduktion mehr auf.
Im Zuge der sozialistischen Umgestaltung der Landwirtschaft wurde in Görbersdorf am 10. 4. 1956 die LPG Glück Auf (Typ I) gegründet und am 10. 11. 1959 in eine LPG vom Typ III umgewandelt. Daneben entstand am 31. 3. 1960 als weitere vom Typ I die LPG Einigkeit, die bereits am 14. 9. 1961 mit der am 29. 3. 1960 gegründeten LPG Zur Linde Oederan/Neuhohelinde vereinigt wurde. Am 1. 1. 1974 erfolgte dann im Zuge der weiteren Verstärkung der Kooperationsbeziehungen der Zusammenschluß der Görbersdorfer LPG Glück Auf mit der LPG in Gahlenz. Die Ackerflächen von Görbersdorf werden von der LPG (P) Oederan bewirtschaftet. Am Ortsanfang von Görbersdorf liegt das Agrochemische Zentrum Flöha mit seiner weit sichtbaren Traglufthalle.
An und in der Umgebung der südwestlich von Görbersdorf nach Gahlenz und Eppendorf führenden und bis zu einer Höhe von etwa 484 m ü. NN leicht ansteigenden Straße liegt die zu Oederan gehörende „lockere Häuslerreihe und Streusiedlung" (Blaschke 1957) Neuhohelinde. Nach Heyder (1981) war sie erst seit 1822 auf Oederaner Stadtflur entstanden. Ihr Name erinnert an das jetzt verschwundene, einst nordöstlich des Stadtzentrums gelegene Einzelgut oder Vorwerk Hohelinde, das bereits 1651 in einem landesherrlichen Schreiben genannt wird und sich zeitweise in der Hand der Familie von Schönberg, Besitzer auch des nahe gelegenen Rittergutes Börnichen (s. Bd. 28, C 4), befand. Das Vorwerk brannte 1878 ab und wurde als Beigut der Börnichener Schäferei wieder aufgebaut.

Im Landgasthof Neuhohelinde waren sowjetische und polnische Zwangsarbeiter untergebracht, die im März 1945 bei der Sicherung der flüchtigen Kommunisten KARL SCHUSTER und ROSEL LANDGRAF halfen, welche in diesem Gasthof bis zur Befreiung des Gebietes durch die Rote Armee illegal lebten. C 16

Ranisberg C 17

Zwischen Memmendorf und der Struth bei Oberreichenbach bildet ein welliger Hochflächenrest die Wasserscheide zwischen Flöha und Großer Striegis. Die freie, offene Lage bedingt eine starke Bewindung, welche im Winter zu erheblichen Schneeverwehungen führen kann. Selbst die dörflichen Siedlungen greifen nur randlich in Quellmulden auf diese thermisch rauhe Hochfläche hinauf. An ihrem Westrand befindet sich das Plateau des Ranisberges (518 m ü. NN) dort, wo die neue Straße Memmendorf—Görbersdorf ihren höchsten Punkt erreicht und ein kleines, mit Eichen- und Birkenaltholz bestandenes Haldengelände an früheren Bergbau erinnert. Von hier bietet sich, über die Tal- und Riedelgebiete von Flöha und Zschopau hinweg, ein weiter Blick gegen W und S, so zum Rabensteiner Höhenzug, zum Geyerschen Wald, zum Scheiben- und Pöhlberg und auf die Kammhöhen des Erzgebirges vom Fichtelberg bis zum Jeleni hora (Haßberg). Im SO werden links der Saydaer Höhen auch Teile des oberen Osterzgebirges sichtbar, und vom Nordrand eines nahen Fichtenwäldchens schaut man bis zum Zellwald.
Die zunehmende Umwandlung ungenutzter Flächen in Kulturland brachte vor allem in den beiden Weltkriegen und den sich anschließenden Notzeiten Verluste für die naturnahe Flora dieses Gebietes, welche sich seit etwa 1960 mit den durch die verstärkte landwirtschaftliche Nutzung verbundenen Standortveränderungen noch erhöhten. So sucht man heute am Ranisberg vergeblich nach der Moosbeere (*Oxycoccus palustris*), die man noch um 1925 in den Resten der nach Gahlenz gerichteten Alten Haide (s. C 18) und noch bis nach 1930 in den zwischenmoorigen Sümpfen am Anfang des Kirchbacher Wassers sehen konnte. Ungemindert sind dagegen die Bestände der Quirlweißwurz (*Polygonatum verticillatum*), eine für den Oederaner Bereich der Wasserscheide charakteristische Erscheinung. Auch die Einbeere (*Paris quadrifolia*) hat in den Feldgehölzen der regen- und nebelreichen Hochfläche, in denen Erlen und Eschen eine Rolle spielen, ihr zusagende Standorte gefunden. Sofern nicht die Bestände durch Beweidung verschwunden sind, kann man dem zur Verwandtschaft der Lilien zählenden Gewächs noch heute, gelegentlich in erstaunlicher Menge, begegnen.

Oberreichenbach, Kreis Brand-Erbisdorf C 18

Das südlich des Buchholzes am Oberlauf des Oberreichenbacher Baches in Höhen zwischen 460 und 500 m liegende, nur 1 km lange Waldhufendorf wird 1408 als *Reichenbach* (= Ort am wasserreichen Bach) genannt. LANGER (1928) sieht in dem stets nach Langenau eingepfarrten Dorf eine typische Restsiedlung, deren relativ kleine Flur unklare Hufenmaße zeigte. In der Quellmulde des Baches waren die Hufen fächerförmig angelegt, nach Kirchbach und Linda zu

C 18 fehlten regelmäßige Hufen. Charakteristisch für diese hochgelegene Siedlung sind die vielen bebuschten Wiesen, die man in dieser Art kaum in einer anderen Flur des Freiberger Landes antrifft. In der Alten Haide, einem ehemaligen Waldgebiet, lagen um 1830 zahlreiche Torfgruben sowie eine Ziegelei. Den Südteil der Dorfflur durchschnitt der von Freiberg nach Augustusburg führende Fürstenweg.

Grundherrlich gehörte Oberreichenbach zum Rittergut Oberschöna, seit 1590 ist seine Zugehörigkeit zum Amt Freiberg belegt. Nach dem Erbregister umfaßte 1661 das Dorf 13 Bauerngüter, 13 Gärtner- und 10 Häuslerstellen. Unter den Gebäuden ist Nr. 8a, der ehemalige Gutshof, ein einfacher spätklassizistischer Bruchsteinbau von 1859, zu nennen sowie Nr. 8b, ein Wohnstallhaus mit verbrettertem Fachwerk.

1958 wurde in Oberreichenbach die LPG Glückauf gebildet. Heute erfolgt die Bodenbewirtschaftung durch die LPG Pflanzenproduktion in Brand-Erbisdorf, die Rinder- und Schweinehaltung durch die LPG in Langenau, die hier einen modernen Milchviehstall besitzt. Oberreichenbach gehört wie St. Michaelis und Berthelsdorf zum Gemeindeverband Langenau und Umgebung.

C 19 Struth

Den SO der Memmendorf-Oberreichenbacher Hochfläche nimmt der 4 km² große Struthwald ein, in dessen sanft geneigten und vernäßten Quellmulden 9 kleine Quellbäche entspringen. Dem ziemlich monotonen Fichtenforst sind nur wenige Laubgehölze sowie gelegentlich an Wegen einige Lärchen beigemischt.

Die Höhenlage der Struth, 500 bis 550 m ü. NN, bewirkt das häufige Vorkommen des Wolligen Reitgrases (*Calamagrostis villosa*). Ausgedehnte Vernässungsstellen mit Pfeifengrasbeständen (*Molinia caerulea*), am Rande nach Oberreichenbach zu auch mit Schilfrohr (*Phragmites australis*), sind für die Wasserscheide zwischen Flöha und Großer Striegis kennzeichnend. Der Reichtum an Bergfarn (*Lastrea limbosperma*) und hier und da auch an Verschiedenblättriger Distel (*Cirsium heterophyllum*) sorgt für floristische Abwechslung in diesem einsamen Wald, der in seinem südlichen Teil an der nach Gahlenz zu gerichteten Laubwaldecke auch mit der Weißen Pestwurz (*Petasites albus*) und reichlich Kellerhals (*Daphne mezereum*) aufwartet, am Schwarzen Teich mit dem im Gebirge seltenen Sumpfhaarstrang (*Peucedanum palustre*). Dieser südliche Bereich der Struth leitet in die Höhenlagen des mittleren Berglandes über. Vom südlichen Waldrand schweift der Blick gegen S zur Kammregion des Erzgebirges und nach SW zum Pöhlberg, Geyerschen Wald und Pilzhübel bei Krumhermersdorf.

D 1 **Zug,** Kreis Freiberg,

erstreckt sich, im O durch den Münzbach begrenzt, fast von der Freiberger Stadtgrenze im N nach S bis an die nördlichen Ortsgrenzen von Brand-Erbisdorf und Berthelsdorf. Links vom Münzbach zieht sich eine Siedlungszeile hin, sonst herrscht Streulage der Anwesen vor. Der Name des Ortes, erstmals 1578 und auch später immer in der heutigen Schreibweise gebraucht, leitet sich vom bergmännischen Sprachgebrauch her. Unter Zug verstand man einen Haupterzgang, der sich über eine längere Erstreckung hinzieht. Ein solcher, der Hohe-Birke-Stehende, gab der ursprünglich nur aus Huthäusern, Kauen, Bergschmieden und Wäschen bestehenden Bergmannssiedlung ihren Namen. Erst im August 1839 ist aus Nieder- (Niederer Hohbirker Zug), Mittel- und Oberzug die selbständige Gemeinde Zug gebildet worden.

Die Grube Hohe Birke, eine der bekanntesten des Zuger Reviers, wurde 1511 erstmals erwähnt, scheint aber älter zu sein. Die durch den Zuger Ortskern von Freiberg nach Brand verlaufende Straße führt vom Roten Stollnhaus, dem Huthaus und der Bergschmiede von Tiefer Fürstenstolln in Emanuel, in südliche Richtung über die Halden von Hohe Birke.

Auf dem Hohe-Birke-Stehenden und seinen Nebentrümern gab es über 30 einzelne Gruben, die alle einen eigenen Schacht und oft auch ein Kunstgezeug besaßen. Sie verteilten von 1529 bis zum endgültigen Erliegen des Hohe Birker Bergbaus im Jahre 1803 die beachtliche Ausbeute von 1536012 Güldengroschen an die Gewerken. Schon 1589/90 legte man den Hohe-Birke-Kunstgraben (Bild 27) an, um mit Hilfe von Wasserkraft die Tiefbaue vom Wasser freizuhalten. Im Bereich der Obergöplerschächte (große Halde südlich der Zuger Kapelle) erreichte man im 17. Jh. eine Tiefe von etwa 400 m unter Tage. Zur Erleichterung der Förderung entstand in den Jahren 1647/48 der obere Göpel, woher sich der Schachtname ableitet. Die Bedeutung des Hohe Birker Bergbaus läßt sich daran erkennen, daß lange Zeit das Freiberger Zentralrevier in das Brander, Halsbrücker und Hohe Birker Revier eingeteilt war.

Weitere bedeutende Gruben des 16. Jh. waren Hermes, Kröner (Krone), Junger St. Andreas, Prophet Jonas, Junger Tobias, König David, Tzscherper, Jung Himmlisch Heer, Junger Turmhof, Prophet Daniel. Die Alte Mordgrube, Fundgrube im S, bereits zum Brander Revier gehörig, hatte eine so große Bedeutung, daß sich Kurfürst August I. selbst an ihrem Bergbau beteiligte. Nach ihrem Eingehen im Dreißigjährigen Krieg blieb ein erneuter Versuch 1693/94 ohne Ergebnis, die alten Baue auf dem Alte-Mordgrube-Stehenden aufzugewältigen. Später begann die Gewerkschaft, den Leander-Stehenden zu bebauen, und teufte auf ihm den Mendenschacht ab. Auf seiner umfangreichen Halde liegt einer der bedeutendsten Denkmalkomplexe des Freiberger Erzbergbaus (Huthaus 1820, Wasserhebehaus 1820, Pulverturm, Material- und Bethaus mit Dachreiter 1853, Bergschmiede 1856, Förderhaus). Seit 1906 wird das Förderhaus als Gaststätte Zur Zugspitze benutzt. Dieser Name entstand wegen der Lage auf der höchsten Erhebung von Zug und zugleich des gesamten Kreises Freiberg (496 m ü. NN) mit weitem Blick in Richtung Frauenstein. Unter der Gaststätte befindet sich der Schacht mit der heute noch vorhandenen, 1824 von Christian Friedrich Brendel in 140 m Tiefe erbauten Mordgrübner Wassersäulenmaschine (s. Seite 26), die durch den Druck einer Wassersäule betätigt wurde und zum Antrieb von Pumpenanlagen diente. Brendel baute auch eine etwa 250 m lange Eisenschienenbahn (Abb. 41) zwischen Schacht und Erzwäsche der Mordgrube. Der Damm dieser „ersten Eisenbahn Sachsens" ist noch vorhanden.

Eine Besonderheit enthalten die großen Schachtanlagen Dreibrüderschacht von Herzog-August-Fundgrube und Constantinschacht von Vereinigt Feld (s. C 12.3).

D 1 Durch Nutzung über- und untertägiger Wasserreserven sowie hoher Gefälle gelang es, in der Nähe beider Schächte je ein untertägiges Kraftwerk zur Stromerzeugung zu errichten. Weihnachten 1914 konnte als erste Anlage das Unterwerk (Dreibrüderschacht, 270 m unter der Hängebank, Stromlieferung ab 26. 1. 1915) und 1924 das Oberwerk (Constantinschacht, 133 m unter der Hängebank) in Betrieb genommen werden. Im Dreibrüderschacht stellte Prof. FERDINAND REICH im Jahre 1831 Fallversuche zur Untersuchung der Umdrehung der Erdachse an. Nördlich des Schachtes stehen noch die Huthäuser von Herzog-August-Fundgrube (18. Jh.; Bild 28) und Kurfürst-Johann-Georgen-Stolln (Ende 17. Jh.). Das sehr reizvolle Huthaus (17. Jh.) der Grube Prophet Daniel liegt etwas weiter östlich auf freiem Feld. Dieses Gebiet wurde erst nach 1612 stärker bergmännisch erschlossen. Beim Gasthof Letzter Dreier baute damals die reiche Grube Gnade Gottes (Halden an der F 101).

Abb. 41. Rekonstruktion der Altmordgrübner Eisenbahn von 1829 (Entwurf O. WAGENBRETH)

1 Schachthaus mit Erzbahnmundloch an Halde
2 Erzwäsche

Die jetzige Flur Zug war besonders zur Zeit des Dreißigjährigen Krieges das Hauptabbaugebiet des Freiberger Silbererzbergbaus. Später, 1697, entstand die sofort Ausbeute gebende Grube Beschert Glück hinter den 3 Kreuzen. Ihre großen Erträge am Ende des 18. Jh. und Anfang des 19. Jh. ermöglichten die Errichtung großzügiger Baulichkeiten, so des architektonisch wirkungsvoll gestalteten Huthauses (1786) mit Dachreiter, Glocke (1815) und Uhr (Abb. 42). 1786 wurde eine Ausbeutemedaille geprägt, um diese Grube, wie den gedruckten Ausbeutbögen des Jahres 1786 zu entnehmen ist, „in der Geschichte bemerklich machen zu dürfen". Hinter dem Huthaus erhebt sich die älteste im Freiberger Revier erhaltene Scheidebank. Im Westteil dieses Gebäudes befindet sich die Öffnung des Kunstschachtes, den JOHANN WOLFGANG VON GOETHE, ALEXANDER VON HUMBOLDT und andere bedeutende Persönlichkeiten befuhren. An den Besuch des österreichischen Erzherzogs LEOPOLD, nach dem ein Göpel benannt wurde (Abb. 38), und des sächsischen Königs FRIEDRICH AUGUST I. im Jahre 1819 erinnert eine Sandsteintafel über dem westlichen Eingang. Zur Grube gehörte auch Hörnigs Bergschmiede an der F 101 (Zug Nr. 19). 1886 wurde

Beschert-Glück-Fundgrube für 40000 Mark vom Staat übernommen und nach weiterem Fallen des Silberpreises 1899 der Betrieb eingestellt. D 1

Vom VEB Bleierzgruben Albert Funk wurden der Krönerschacht bis 1953 teilweise rekonstruiert — die Gebäude nutzt jetzt der VEB Kondensatorenwerk Freiberg — und der Constantinschacht nach seiner Aufgewältigung bis unter die 15. Gezeugstrecke (626 m) weitergeteuft und bis 1969 verwendet. An weiteren Huthäusern des Zuger Gebietes unter Denkmalschutz seien genannt: Alt Tzscherper Maßen (18. Jh.), Alte Mordgrube (um 1750), Junger Turmhof (um 1750), Kröner untere 3.—7. Maß (1795), Hohe Birke 3. Maß (um 1813 umgebaut), Hohbirker-Fundschacht (um 1750, verändert), Kröner-Fundgrube (um 1750, verändert), Junger Andreas (1807).

Die Drei Kreuze an der F 101 nach Brand, noch auf Freiberger Flur, stellen, um 1564 erstmalig erwähnt, eine aus vorreformatorischer Zeit stammende bergmännische Andachtsstätte dar, um die sich allerlei nicht zutreffende Sagen ranken. Figurenreste aus dem 17. Jh., früheren Ausführungen der Drei Kreuze zugehörig, befinden sich im Freiberger Stadt- und Bergbaumuseum.

Neben den Wohnstätten der Bergleute — 1852 arbeiteten von 350 berufstätigen Männern 265 im Bergbau — ist das Rote Vorwerk im SO der Ortsflur als der landwirtschaftliche Kern anzusehen. Bis zum 16. Jh. Vorwerk auf dem Wasserberg genannt, befand es sich später in Pacht eines Freiberger Bürgermeisters, nach dem es 1684 Schönlebes Vorwerk hieß. Zu der Besitzung, die bis in das Münzbachtal reichte, gehörte auch das Rotvorwerksholz, der östliche Teil des Freiberger Hospitalwaldes.

Bei Zug fand am 29. 10. 1762 die letzte Schlacht des Siebenjährigen Krieges statt. Die Kämpfe zwischen Preußen und Österreichern bzw. der Reichsarmee zogen sich nach NW über den Hospitalwald bis nach Kleinschirma hin.

Zug war früher nach Erbisdorf gepfarrt, der Schulunterricht erfolgte in Brand; lediglich Niederzug sowie Langenrinne gehörten kirchlich nach Freiberg zu St. Jacobi, und die Kinder besuchten seit 1714 die Eusebienschule in Freiberg. Heute ist Zug Filial von St. Jacobi. Die im mittleren Ortsbereich am Friedhof befindliche Kapelle wurde 1936 erbaut.

Das erste Schulhaus im Ort entstand 1840, obwohl bereits seit 1835 Elementarunterricht, anfangs durch einen Steiger, in einem Wohnhaus erteilt wurde. Eine neue Schule bestand seit 1876. Auf eine 1877 in Freiberg gegründete landwirtschaftliche Winterschule geht eine 1949 nach Zug verlegte Lehranstalt zurück. Sie war zunächst im Gasthaus Stollnhaus untergebracht, wurde 1952 von einer einjährigen Landwirtschaftsschule in eine vollstufige dreijährige Fachschule für Landwirtschaft, jetzt Agraringenieurschule, umgewandelt und erhielt 1955 einen Neubau.

Die Demokratische Bodenreform führte in Zug zur Entstehung von 36 Neubauernstellen. Der Bodenfonds betrug 176 ha. 1946 wurde der Grundstein für den ersten Neubauernhof im Kreis Freiberg gelegt. Am 27. 2. 1953 kam es zur Gründung der LPG Glück auf, die kleine Ställe und ein Rinderkombinat unterhält, am Gasthof Letzter Dreier bestand ein Stützpunkt der MTS Naundorf.

Im westlichen Bereich der Ortsflur waren 2 Ziegeleien in Betrieb (s. C 5). Das Ingenieur-Tief-und-Verkehrsbaukombinat Karl-Marx-Stadt nutzt Flächen am Constantinschacht. Beim Haltepunkt Zug der Strecke nach Brand-Erbisdorf

D 1 produziert der VEB Vereinigte Lederwerke. Siedlungsschwerpunkt von Zug ist der zentrale Teil zwischen Krönerschacht und Agraringenieurschule mit Eigenheimen, einem kleinen Neubaugebiet nördlich vom Rat der Gemeinde, Kulturhaus Stollnhaus, Schule, Sportplatz, Kleingärten, Bungalows und einem Zweigbetrieb des VEB Kondensatorenwerk in Freiberg.

D 2 **Langenrinne,** Ortsteil von Zug

Große Teile des südlich von Freiberg gelegenen Gebietes waren bis 1336 Honsbergsches Eigentum bzw. Lehen (s. D 5). Aus diesem Besitz ging Langenrinne hervor, dessen Gemarkung sich zwischen dem Münzbach und der Freiberger

Abb. 42. Huthäuser
Beschert-Glück-Fundgrube Zug (links oben), Friedrich-Erbstolln Niederbobritzsch (lins unten), Kurprinz-Erbstolln Großschirma

Mulde erstreckt. Der Ortsname wird in der Weise gedeutet, daß es sich um einen Ort am Weg entlang der langen Rinne, am Wasserlauf, handelt (1425 *zcu dem Rynnewege*, 1443 *Rineweg*, 1470 *Rennewegk*, 1657 *Lange Rinne*). Gemeint ist der Münzbach, der zwischen Berthelsdorf und Freiberg auch die Bezeichnung Oberloßnitz (s. B 27.1) trug. D 2
Wie auf Berthelsdorfer Flur wurde der Münzbach ebenso für das Berg- und Hüttenwesen von Langenrinne genutzt. Zu den von 1363 bis 1798 betriebenen Hüttenanlagen gehörten als wichtigste die Obere Münzbach- oder Strauchhütte, die Mittlere Münzbach- oder St.-Erasmus-Hütte und die Untere Münzbachhütte. Außerdem befand sich hier ein großer Teil der Aufbereitungsanlagen umliegender Gruben. Von den genannten Gebäuden fehlt heute jede Spur. Von der Grube Junge Hohe Birke, die 1892/93 stillgelegt wurde, haben sich einige Anlagen erhalten: das Huthaus (ältestes datiertes, 1703), das danebenstehende Obersteigerwohnhaus, die ehemalige Markscheiderei sowie der dazugehörige Kunstgraben. Er verläuft den westlichen Talhang entlang, von wo aus er über einen Damm zum Kunstschacht der Grube auf der östlichen Talseite geleitet wurde (große

D 2 Halde nördlich des Huthauses). Zwischen Münzbach- und Muldetal fand schon 1513 Bergbau auf Zinn statt, so in den Gruben Roter und Weißer Löwe sowie Dreizehn Schlüssel. Unter dem Rosinhäuschen verarbeitete die Teichhütte, auch Hütte des „kleinen Erzkaufs" genannt, besonders geringhaltige Erze.
1698 richtete der Freiberger Rat in der ehemaligen Alnpeckschen Mühle an der Freiberger Mulde eine Pulvermühle ein, nachdem schon vorher in Tuttendorf und im 16. Jh. in Freiberg am Unteren Kreuzteich entsprechende Produktionsstätten bestanden hatten. 1781/82 baute der Kaufmann Johannes Gotthelf Engler die unterhalb auf Hilbersdorfer Flur gelegene Goldmühle und einen Kupferhammer zur Niederen Pulvermühle um. 1851 wurden diese Betriebe vereinigt und 1873 von der Revierwasserlaufanstalt erworben. Heute bilden beide ehemalige Pulvermühlen das Werk Freiberg des VEB Pyrotechnik Silberhütte.
Das Mauckische Vorwerk im nördlichen Ortsteil, anfangs Lobetanzhof nach seinem 1365 erwähnten Besitzer genannt, hatte seine Äcker vorwiegend auf dem östlich davon gelegenen Lerchenberg. Die Besitzverhältnisse wechselten zwischen Privatleuten, der Stadt Freiberg und dem dortigen Hospital St. Johannis. Die Größe des Vorwerks wurde 1767 mit 142 Acker, 203 Ruten angegeben. Ganz ähnliche Eigentumsverhältnisse bestanden für das Hilligersche Vorwerk, ein Großgut mit Bausubstanz ab dem 17. Jh. Seine Fläche erstreckte sich ostwärts bis zur Freiberger Mulde. In einem Kaufvertrag von 1692 mit dem Hospital St. Johannis wurde der Rosinwald mit genannt, das Gesamtareal mit 533 Acker und 110 Ruten angegeben. An dem Teich beim ehemaligen Vorwerk steht ein moderner 600er Milchviehstall. Ein Weg nach O teilte sich in die nach Muldenhütten verlaufende Kohlenstraße, auf der Holzkohle aus dem Gebirge für die Hütten angeliefert wurde, und den Pulverweg zu den Pulvermühlen an der Mulde.
Außerhalb der alten Ortslage, die sich auf das rechte Ufer des Münzbaches konzentriert, befindet sich an der Straße nach Weißenborn das Kanzleilehngut. Zu dem ursprünglich als Vorwerk Langenrinne bezeichneten und 1730 in ein Erbzinsgut umgewandelten Gehöft gehörte jahrhundertelang das rechts des Münzbaches bei der Grube Prophet Jonas gelegene Alnpecksche Vorwerk. Östlich des Gutes war das Rosinhäuschen erbaut und ebenso wie der Wald nach der Besitzerin des Vorwerks Langenrinne, Rosine Jäppelt, mindestens seit 1763 so genannt worden. Es ist ein seit Anfang des 19. Jh. beliebtes Ausflugslokal (heutige Bausubstanz von 1910), in dessen Nähe sich Stallanlagen, Eigenheime und Bungalows befinden.
War Langenrinne bis 1842 Stadtteil von Freiberg, so wurde es 1950 nach Zug eingemeindet, mit dem es bereits vorher enge wirtschaftliche und kommunale Beziehungen gepflogen hatte.

D 3 Goldberg

Am Ostrand der Brand-Erbisdorfer Hochfläche befindet sich wenig nördlich vom Bahnhof Berthelsdorf der Goldberg (472 m ü. NN). Nur 30 m beträgt die Höhendifferenz zwischen dem nahen Münzbachtal und der flachen Anhöhe, deren Südosthang auf flachgründigen und steinigen Böden Grasland trägt. Mit

Ebereschen und Birken besetzte alte Lesesteinrücken begrenzen die benachbarten Äcker. Von oben bietet sich ein guter Rundblick über die Umgebung, aber auch bis zum Tharandter Wald im NO sowie auf das untere Gimmlitztal mit dem Burgberg bei Lichtenberg im SO. Von dem unmittelbar angrenzenden Muldetal sind nur die Oberhänge der Weißenborner Talweitung einsehbar, über die die agrare Nutzung bis zur breiten Talaue hinabzieht. Unterhalb des Rosinhäuschens geht diese Talweitung, bedingt durch einen Quarzporphyrzug, jäh in ein bewaldetes steilhängiges Engtal über, das bis Muldenhütten reicht. D 3

Berthelsdorfer Hüttenteich D 4

Nördlich von Berthelsdorf wurde 1555–60 durch Simon Bogner ein großer Sammelteich für den Wasserbedarf des Bergbaus und der Hütten dieses Gebietes angelegt. Er besitzt jetzt nach einigen Erweiterungen eine Fläche von 16 ha und eine Speicherkapazität von 349800 m^3. Der Teich kam 1672 in den Besitz des Oberhüttenamtes und wurde seitdem Hüttenteich genannt. An seinem Damm beginnt am linken Talhang des Münzbaches der Junge-Hohe-Birke-Kunstgraben (s. D 1).

Der Teich, der auch heute noch wasserwirtschaftlichen Zwecken dient, gehört, floristisch gesehen, zu den Coleanthus-Teichen, worunter man die zwischen Freiberg und Olbernhau gelegenen Bergwerksstauteiche versteht, die sich durch das Vorkommen des Scheidenblütgrases (*Coleanthus subtilis*) auszeichnen. Das zierliche, unter günstigen Umständen bis handtellergroße Rosetten bildende Gras gilt normalerweise als große Seltenheit. Am Hüttenteich kann man die interessante Pflanze zu Tausenden sehen, wenn das Wasser abgelassen ist und der schlammige Boden für einige Zeit offenliegt. Dann, meist im Herbst, stellt sich sehr bald die eigenartige, größtenteils aus zwergigen Pflanzen zusammengesetzte Pflanzengesellschaft des nackten Teichschlammes ein. Die bezeichnenden Arten dieser Gesellschaft sind Therophyten (einjährige Pflanzen), die in wenigen Wochen zu Blüte und Fruchtreife gelangen und ihren Lebenszyklus abgeschlossen haben, sobald das steigende Wasser ihren Lebensraum wieder überflutet. Neben dem Scheidenblütgras begegnet man von den Kennarten der Gesellschaft am Hüttenteich auch dem Schlammkraut (*Limosella aquatica*), dessen langgestielte, löffelartige Blätter in großer Menge zu sehen sind, während die Eiförmige Simse (*Eleocharis ovata*) – im Gegensatz zum Großhartmannsdorfer Großteich – nur selten und in geringer Menge beobachtet worden ist. Als Begleiter vervollständigen Landformen einiger Wasserpflanzen, ferner eine Reihe von Uferpflanzen und mehrere Ackerwildkräuter neben spezifischen Moosen das Bild der Gesellschaft.

Noch eine zweite interessante Pflanzengesellschaft ist am Hüttenteich zu sehen, wenn das Wasser zurückgegangen ist und die Strandlingwiese sichtbar wird. Der Strandling (*Littorella uniflora*) besitzt nicht die Seltenheit des Scheidenblütgrases, doch ist sein Vorkommen im westelbischen Gebiet Sachsens bei geringen Ausnahmen ebenfalls auf die Teiche zwischen Freiberg und Olbernhau beschränkt. Da die Strandlingwiese sandige, mitunter sogar steinige Stellen besetzt, ist sie von der Schlammgesellschaft im Standort deutlich geschieden.

D 4 Noch bedeutsamer ist der Unterschied in bezug auf die Lebensform, da der Strandling eine ausdauernde Pflanze und zudem zu amphibischer Lebensweise befähigt ist. Am trockenen Strand liegt dieses Wegerichgewächs flach auf dem Boden und blüht gewöhnlich reichlich, gedeiht jedoch, dann aufrecht wachsend, auch bei hohem Wasserstand als Unterwasserwiese. Wir finden den Strandling am Hüttenteich besonders am Südostrand und dort in einer Breite von etwa 5 m. In seiner Gesellschaft trifft man regelmäßig die ökologisch weniger wählerische Nadelsimse (*Eleocharis acicularis*) an.

Am Hüttenteich kann man im Frühjahr und Herbst Einblick in den Vogelzug gewinnen. Dann ist die Wasserfläche interessant für den zur Jagd stoßtauchenden Fischadler und für Schell-, Reiher-, Pfeif- und Stockenten als Rastplatz. Mehr oder weniger regelmäßige Gäste sind Graureiher, Flußuferläufer, Grünschenkel, Rotschenkel, Bekassinen, Bruchwasserläufer und Kiebitze. Ab und zu rastet hier auch als Einzelwanderer der Schwarzstorch, und es brüten Bleßrallen. Die umgebenden Wiesen und kleinen Gehölze geben Rohrammer, Goldammer, Hänfling und Braunkehlchen Aufenthalt und Brutgelegenheit. In der Verlandungszone wurden die Laufkäfer *Carabus cancellatus* und *C. granulatus* beobachtet, ferner die Libellen *Lestes sponsa*, *Sympetrum sanguineum* und *S. vulgatum*.

D 5 **Berthelsdorf,** Kreis Brand-Erbisdorf

Das um 1160 angelegte, im Rodungsgebiet Markgraf Ottos gelegene Waldhufendorf ist einer der 3 Orte, die bei der Rücknahme eines Teils der Klosterschenkung (s. Seite 17) infolge der Silbererzfunde 1183 (*Bertoldesdorph*) und 1185 (*Bertoldisdorf*) erwähnt wurden. Den Ortsnamen (1365 *Bertilsdorf*) leitet man vom Namen des Lokators ab. Das Dorf wies der Geländeform angepaßte, etwa 1,5 km lange Hufenstreifen auf. Es erstreckt sich auf eine Länge von 3 km zwischen der Freiberger Mulde (375 m ü. NN) im O und der alten, nach Müdisdorf führenden Saydaer Straße (470 m ü. NN) im SW, während sich die Dorfmitte östlich des Münzbachtales bis 500 m ü. NN erhebt.

1348 hatten das Dorf Reinhard und Dietrich von Honsberg (s. D 2) zum Lehen. 1444 wurde Berthelsdorf Freiberger Ratsdorf. Wie viele Dörfer des Freiberger Landes war es in Kriegszeiten großen Belastungen ausgesetzt. Während des Schmalkaldischen Krieges lagen 1547 im Ort 1400 ungarische Husaren. Im Dreißigjährigen Krieg plünderten am 25. 8. 1632 Holksche Kroaten das Dorf. Bei ihrem Rückzug von Freiberg brannten 1643 die Schweden das Pfarrhaus nieder. Im Siebenjährigen Krieg gingen am 2. 2. 1761 17 Häuser in Flammen auf. Am Weg nach Weigmannsdorf erinnert ein jetzt zerbrochener barocker Gedenkstein an 2 Frauen und 1 Kind als Opfer eines Blitzschlags im Jahre 1774.

Gegen Ende des 16. Jh. bauten hier 4 bedeutende Gruben Silbererze ab: Annaburg-Fundgrube, Junge Mordgrube, Loth und Bauerzug. In der östlichen Ortsflur lagen am linken Muldehang der Prinz-Wilhelm-Erbstolln (1786–1852) und der Erbstolln Andreasberg (Hauptbetrieb erste Hälfte des 19. Jh.), der 1858 mit Augustus-Erbstolln zu Weigmannsdorf unter dem Namen Freiberger Glück erneut betrieben wurde. Aus dieser Grube ging 1874 die Gewerkschaft Augustus Vereinigt Feld hervor. Sie gab das Grubenfeld 1919 auf.

Auf Befehl Herzog Georgs wurde 1535 eine Schmelzhütte oberhalb des Dorfes verliehen. Sie und ein 1556 genanntes Pochwerk mit Erzwäsche nutzten Wasser aus dem Oberlauf des Münzbaches. Auch größere Sammelteiche wurden auf Berthelsdorfer Flur zur Deckung des Energiebedarfs von Bergbau und Hüttenwesen angelegt (s. D 4 u. 6). Sie dienten der Wasserversorgung vieler Kunstgezeuge, Pochwerke und Erzwäschen der Hohe-Birke-Gruben im 16. und 17. Jh. (s. D 1 u. 2). An der Freiberger Mulde befand sich die Krönertmühle, weitere Mühlen waren die Obermühle und Krausens Mühle, ein ehemals mit einer Gastwirtschaft versehenes Ausflugsziel.

Älteste Angaben zur Kirche, vermutlich einer Kapelle, sind in einer Nachricht von 1346 erhalten, wonach Bischofszins nach Meißen zu entrichten war. 1507 wird ein Erweiterungsbau erwähnt, und 1882/83 wurden der Turm erbaut sowie Veränderungen der Kirche vorgenommen (Architekt Gotthilf Ludwig Mökkel). Eine Schule befand sich östlich des Friedhofseinganges im Pflugbeilschen Wohnhaus, 1839 entstand gegenüber ein neues Schulhaus, und 1881 erfolgte der Bau des heute noch genutzten Gebäudes.

Das benachbarte, durch einen Fachwerkgiebel hervorgehobene Pfarrhaus wurde 1717/18 erbaut, 1881 verändert. Der unweit befindliche Hof Hauptstraße 80 weist um 1800 errichtete Gebäude auf, das Fachwerkhaus Nr. 82 gehört der Zeit um 1840 an. Ein gutes Beispiel der Volksarchitektur stellt das Bauernhaus Hauptstraße 142 dar, ein Fachwerkbau aus der zweiten Hälfte des 17. Jh., in der Schwelle teilweise mit Zahnschnitt. Außerhalb des westlichen Ortsteiles liegen einige Güter, so das ehemals Wahlsche Vorwerk, das Wiesengut und der Lindenhof mit seinem 1834 erbauten zehnachsigen Wohnhaus und einem rechtwinklig angefügten Stallanbau aus Fachwerk. Das westlich der Freiberger Mulde gelegene Gemeindeland, welches aus Wiesen und Wald bestand, wurde etwa 1840 parzelliert und an Häusler und Gärtner vergeben. Eine rasche Entwicklung dieses als Neuberthelsdorf bezeichneten, jetzt Weißenborner Ortsteiles erfolgte dann Ende des 19. Jh. durch das Aufblühen der Papierfabrik Weißenborn. Von NW nach SO wird die Gemeindeflur durch die am 1. 11. 1875 in Betrieb genommene Bahnlinie Freiberg—Mulda gekreuzt, die heute bis Holzhau führt. Am Bahnhof Berthelsdorf, 1876 erbaut, zweigt die am 1. 10. 1890 eingeweihte Strecke nach Brand-Erbisdorf und Langenau ab. Eine Verbindung für den Güterverkehr nach Weißenborn ist im Herbst 1888 angelegt worden.

Zur Bildung einer LPG kam es am 4. 2. 1953. Die von 6 Mitgliedern als Typ I gegründete LPG Friedrich Engels zählte 1954 bereits 21 Mitglieder und wurde zum Typ III umgebildet. Heute ist diese LPG mit ihrem Großstall in Linda (s. C 10) auf die Zucht von Milch- und Schlachtvieh orientiert. Die Bodenbearbeitung erfolgt durch die LPG Ernst Thälmann in Brand-Erbisdorf.

Den siedlungsmäßigen Schwerpunkt von Berthelsdorf bildet der hochgelegene Ortsteil mit Schule, Kindergarten und -krippe, der Kirche und dem Stallkomplex der Rindermast, während etwas Milchviehhaltung der LPG am südlichen Ortsrand erfolgt. Einige Neubaublöcke und Eigenheime, vor allem an der abzweigenden Straße nach Langenrinne, betonen den ausgeprägten Wohncharakter von Berthelsdorf. Auspendler fahren nach Brand-Erbisdorf, Weißenborn und nach Freiberg.

Die weithin sichtbare höchste Erhebung der Brand-Erbisdorfer Hochfläche

D 5 (Abb. 1), die flache überackerte Anhöhe an der ehemaligen Jupiterlinde (528 m ü. NN), etwa 1,5 km südlich von Berthelsdorf, erreicht man über die Gerichtsstraße. An Stelle der Linde befindet sich heute ein Wasserhochbehälter der Trinkwasserfernversorgung. Obwohl am Südostrand der sanft gewellten Hochfläche gelegen, ist die unmittelbare Umgebung fast eben und scheint südwärts direkt in ein Kuppenland überzugehen. Geht man aber inmitten der steinarmen Äcker auf der von einzelnen Eschen gesäumten Gerichtsstraße noch etwa 500 m südwärts, so steht man unvermittelt vor dem trogförmigen und um 100 m tiefen Talraum des Weigmannsdorfer Baches, der unsere Hochfläche von dem Kuppenland trennt.

D 6 Mühl-, Rothbächer und Erzengler Teich

Im Gebiet südwestlich von Berthelsdorf bis zum südöstlichen Stadtrand von Brand-Erbisdorf liegen mehrere Stauteiche, welche schon im 16. Jh. der Wasserversorgung zahlreicher Bergwerksanlagen im Gebiet der Hohe-Birke-Gruben dienten (s. D 1, 2 u. 5). Es handelt sich dabei um den Mühlteich am westlichen Ortsausgang von Berthelsdorf, der von der Grube Loth genutzt wurde und daher auch Lother Teich heißt. Er faßt 45000 m³ Wasser und soll zwischen 1558 und 1568 in den Dienst der bergmännischen Wasserwirtschaft genommen worden sein. Oberhalb dieses Teiches wurde 1570 der Rothbächer Teich mit dem gleichen Fassungsvermögen angelegt. Beide Gewässer dienen auch heute noch wasserwirtschaftlichen Zwecken.
Zwischen 1558 und 1568 wurde auf Erbisdorfer Flur auch der Erzengler Teich für den Bergbau nutzbar gemacht. Er faßt 145000 m³ Wasser und wurde in den letzten Jahrzehnten zu einem beliebten Naherholungsgebiet umgestaltet. Das seit dem 9. 4. 1962 geschaffene Landschaftsschutzgebiet Erzengler Teich umfaßt 113 ha, davon 8 ha Wasserfläche mit Bademöglichkeit.
Der Erzengler Teich hatte einst größere Bestände an Schilfrohr (*Phragmites australis*) aufzuweisen. Hier kann man heute noch sowohl Scheidenblütgras (*Coleanthus subtilis*) als auch Strandling (*Littorella uniflora*) antreffen.

D 7 **Weißenborn,** Kreis Freiberg

Das vormals klassische Waldhufenflur aufweisende Dorf (Abb. 43) erstreckt sich in einem stark ansteigenden Seitental der Freiberger Mulde. Der Ortsbereich weist beträchtliche Höhenunterschiede auf; denn das historische Dorfzentrum mit einstigem Schloß und Kirche über der Muldeaue liegt bei 380 m ü. NN, die nur 1600 m entfernten südöstlichen Häuser befinden sich 100 m höher fast, im Niveau der Hochfläche.
Entsprechend seiner Lage östlich der Mulde wurde Weißenborn (1213 *Wizenburnes*, 1333 *Wyßenburne*, 1444 *Weissenborn*), dessen Name als Ort am weißen, hellen Born, Bach oder Quell zu deuten ist, wahrscheinlich durch die Burggrafen von Dohna angelegt, da HEINRICH II. VON DOHNA zwischen 1187 und 1208 dem Kloster Altzella 10 Weißenborner Hufen überließ und 2 weitere zusätzlich

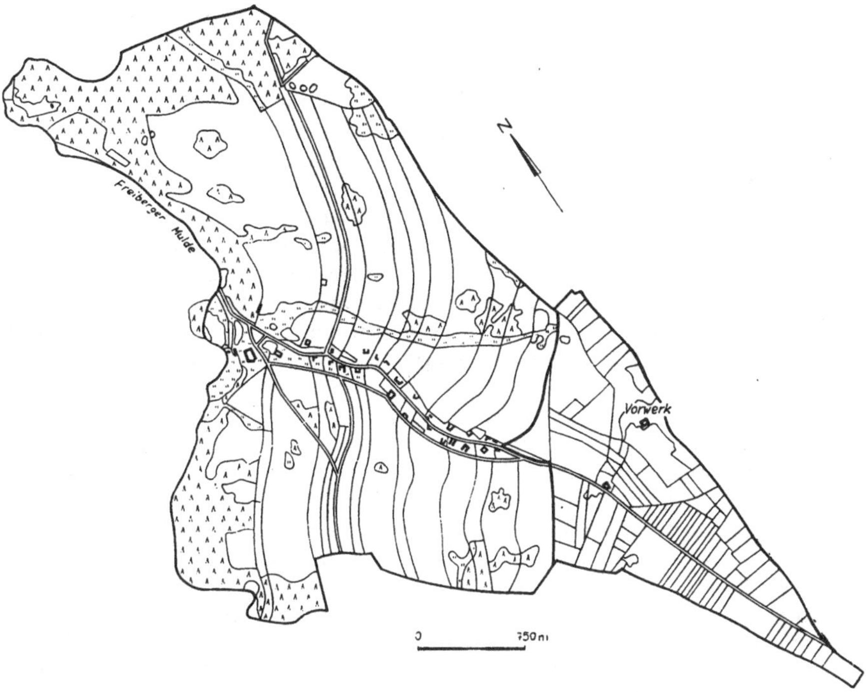

Abb. 43. Flur Weißenborn mit Süßenbach rechts unten (nach LANGER 1931)

für 2 Mark Silber veräußerte. Infolge seiner Lage am Muldeübergang der Straße von Freiberg nach Frauenstein und Böhmen erhielt das Dorf eine Burg und wurde Herrschaftssitz. 1365 belehnte Markgraf FRIEDRICH DER STRENGE den Freiberger Patrizier FRIEDRICH VON HARTITZSCH mit Weißenborn. Im Besitz dieser Familie verblieb der Ort bis 1802. Über die hohen Abgaben und Frondienste der Herrschaftsuntertanen unterrichtet ein Erbregister von 1689. Eine 1829 verfaßte Bittschrift über zu hohe Abgaben und Steuern führte nur zur Aufhebung der unliebsamen Schafhutung. Erst der Rezeß von 1838 veranlaßte auch in Weißenborn die Ablösung der Fronen und Naturalzinsen.
Besonderer Anziehungspunkt für Bergbauunternehmer des um 1500 wieder aufblühenden Freiberger Bergbaus war das damals schon alte Bergbaugebiet um die sogenannte Schieferleithe und den Notterberg, beide etwa 500 m nördlich des Ortes am östlichen Muldehang gelegen. Von 1512 bis 1520 wurden hier über 50 Gruben verliehen. Unter den kapitalkräftigsten Fundgrübnern befand sich auch Herzog GEORG, der 1515 den St.-Anna-Erbstolln besaß. Nachweislich betrug die Ausbeute 1524—1624 über 3630 kg Silber und 174660 kg Garkupfer. Auch etwas Zinn wurde gewonnen. Daran erinnert der Zinnteich im oberen Schieferbachtal. Außerdem befinden sich dort noch sehr viele Halden, Pingen und Kunstgrabenreste. Unterhalb des Ortes steht seit dem 18. Jh. nahe der

D 7 Mulde im Wald das ehemalige Huthaus der Grube Himmelsfürst samt Günter. Südlich von Weißenborn erlebte die bereits 1715 erwähnte Grube Himmlischer Erzbischof von 1828 bis 1855 ihre letzte Betriebsperiode. Von 1525 bis 1593 bestand Röhlings Hütte an der Schieferleithe. Oeder gibt auf seinem Kartenwerk (1586—1607) noch einen Zainhammer an, einen Eisenhammer zur Herstellung von Stangeneisen.

Während der kriegerischen Ereignisse des Jahres 1762 beschossen die Österreicher am 14. und 15. 10. wiederholt die im Dorf befindlichen Preußen, wobei viele Bauerngüter und Häuser, das Rittergut und auch die Mühle brannten. Noch 1770 lagen 12 Häuser wüst. Heute erinnern 2 Kanonenkugeln in dem bis 1877 als Schule dienenden Haus Dorfstraße 10 an diese Tage, ferner eine Tafel am burgartigen Schloß, das seit 1951 als Kulturhaus Otto Buchwitz der Papierfabrik genutzt wird. Die kleine, ovale, geschlossene Anlage um einen Hof mit Treppenturm war ehemals abschnittsweise von einem noch als flache Geländewelle erkennbaren Graben umgeben. Obwohl die Bausubstanz sicher noch vom mittelalterlichen Bau her bestimmt ist, gehören alle Details dem 16. und 17. Jh. an. Das gleiche gilt für die Wölbungen im Innern. Die Holzgalerie des Hofs entstammt dem 19. Jh. 1954 wurde ein Saalanbau am Schloß eingeweiht, das damit seiner Kulturhausfunktion voll gerecht werden konnte. Benachbart besteht ein Freibad. Vom Rittergut ist nur noch das klassizistische Torhaus erhalten.

Die Kirche, ein von einem barocken Dachreiter bekrönter Saal (um 1500) mit dreiseitig geschlossenem Chor (15. Jh.), Felderdecke mit manieristischer Bemalung vom 17. Jh. und doppelter Empore, besitzt ihr wertvollstes Kunstwerk in einem über dem Altar aufgehängten, lebensgroßen spätgotischen Kruzifix (Dehio 1965). Es soll 1616 bei einem Hochwasser angeschwemmt worden sein. Die Sandsteintaufe stellt eine derbe Renaissancearbeit von 1560 dar. Bemerkenswert sind einige Grabsteine und Epitaphe der Familie v. Hartitzsch zu nennen, die Reliefdarstellungen des Melchior von H., † 1537 (?), der Jungfrau Margarethe von H., † 1632, sowie des Knaben Adolf von H., † 1664, enthalten.

Beispiele der Volksarchitektur gibt es in Weißenborn nur wenige. Zu nennen wäre das Wohnstallhaus des Gemeindegutes Bobritzscher Straße 1, errichtet in der ersten Hälfte des 18. Jh., sowie das heute zur Papierfabrik gehörende, um 1830 erbaute klassizistische Wohnhaus Freiberger Straße 9, das ein Fachwerkerdgeschoß besitzt.

Wesentlich für die Dorfentwicklung wurde die Gründung der „Freiberger Papierfabrik zu Weißenborn" 1870 unter Einbeziehung der ursprünglich zum Rittergut gehörenden Alten Mühle, deren Gebäude aus der zweiten Hälfte des 18. Jh. stammen. Bestimmend für den Standort waren das Vorhandensein zahlreicher „Holzstoff-Fabriken" in der Nachbarschaft, das Projekt der Eisenbahn Freiberg—Brüx (Most) und die Mulde zur Deckung des Wasserbedarfs. Die Fabrik entwickelte sich zu einem führenden Erzeuger von Feinpapier. Die Produktion erreichte 3 Mill. kg pro Jahr. Der weitere Ausbau erforderte 1888 den Gleisanschluß nach Berthelsdorf. 1938 betrug die Anahl der Beschäftigten 915. Ein Höhepunkt der Aufbauarbeit nach dem faschistischen Zusammenbruch war 1948 die Übergabe des Konzernbetriebes in Volkseigentum. In der Folgezeit erfuhr das Werk eine ständige Vergrößerung; die Arbeitsproduktivität konnte zwischen 1954 und 1962 auf 164,2% gesteigert werden. Der Bau einer neuen Fotorohpapierfabrik erfolgte 1973 auf Berthelsdorfer Seite. Gegenüber dem vor 1914 im Heimatstil errichteten Werkeingang entstand eine Werksiedlung, an die sich seit jüngster Zeit ein kleineres Neubaugebiet mit einer Kinderkrippe anschließt. In dem der Papierfabrik benachbarten Unterdorf mit städtischen Zügen entstanden schon vor 1945 zahlreiche Eigenheime. D 7

Mit der Papierfabrik entwickelte sich in Weißenborn auch die Arbeiterklasse. Obwohl die Gründung einer Ortsgruppe der SPD erst nach 1900 erfolgte, erhielt diese Partei 1890 nach Aufhebung des Sozialistengesetzes schon 141, 1912 (Stichwahl) sogar 212 Stimmen. Zu allen Reichstagswahlen zwischen 1919 und 1932 konnten die Parteien der Arbeiterklasse stets über 50% der Stimmen auf sich konzentrieren.

Der Weg zur sozialistischen Landwirtschaft begann in Weißenborn mit der Aufteilung des 170 ha großen Rittergutslandes. Kleinbauern und Siedler erhielten 66 ha. Das Rittergut selbst wurde als Staatsgut Weißenborn Volkseigentum. Seine Flächen werden heute vom Volksgut Freiberg bewirtschaftet. 1957 gründeten 3 Bauern die erste LPG Theodor Körner (Typ I), zu der sich 1960 eine gleichnamige LPG vom Typ III gesellte. Nach vorübergehendem Bestehen von 2 weiteren LPGs (Weiße Taube und Süßenbach) fand 1963 der Zusammenschluß aller Genossenschaftsbauern zur LPG Theodor Körner (Typ III) statt. Heute erfolgt die Tierproduktion durch die LPG in Oberbobritzsch, die Pflanzenproduktion durch die LPG in Niederbobritzsch. Zur ZBE Freiberg gehört am oberen Ortsausgang ein neuer Jungrinderstall.

Süßenbach, Ortsteil von Weißenborn **D 8**

Bei der Anlage von Weißenborn, Oberbobritzsch und Lichtenberg verblieb zwischen diesen Dörfern ein Restwald, der später offenbar gerodet wurde; denn für eine kleine Gemarkung sind die Namen die *Wüstunge Süßenbach* (1539) und die *Wustung Sussenbach* (1555) überliefert. In ihr besaßen sowohl Weißenborn als auch Oberbobritzsch, Lichtenberg und Burkersdorf Flächen. Der größte Teil wurde mindestens seit dem 14. Jh. als Schafweide des Rittergutes Weißenborn genutzt, das 1623 in *Süßebach* das Rote Vorwerk unterhielt. 1793 schrieb man die heutige Namenform, die sich als Ort am guten Wasser erklären läßt. Der Flurplan von 1842 weist aus, daß damals außer dem Vorwerk erst ein weiteres Anwesen bestand.

Der Gasthof stellt mit seinem Krüppelwalmdach und verputztem Fachwerk ein typisches Beispiel der ländlichen Architektur vom Anfang des 19. Jh. dar. Auch das durch Torbögen ausgezeichnete Rote Vorwerk wird damals seine heutige Gestalt erhalten haben.

Wenig oberhalb des Gasthofs zweigte von der Frauensteiner Straße die Zinnstraße ab, die über Oberbobritzsch, Hartmannsdorf, Ammelsdorf, Schönfeld nach Altenberg führte. An ihr ist auf alten Karten 1 km östlich des Gasthofes ein Kalkofen verzeichnet, in dem im Gneis eingelagerte geringmächtige Marmorvorkommen zu Kalk gebrannt wurden.

D 9 **Oberbobritzsch,** Kreis Freiberg (Bild 33)

In einer Länge von etwa 5,5 km folgt das Dorf dem gewundenen Lauf der Bobritzsch, im N nahtlos zu Niederbobritzsch übergehend, während im S die Gemarkung mit der Kreis- und Bezirksgrenze abschließt, in deren Nähe ein Freibad angelegt wurde. 1280 übertrug BERTHOLD VON STENZENBERG dem Hospital zu Freiberg das Lehen über ein Vorwerk in Oberbobritzsch. 1361 hieß der Ort *Superior Bobritz* (1364 *Obirsten Babirsch,* 1445 *Große Bobriczsch,* 1555 *Ober Boweritzsch* = Oberer Ort am Biberbach).
Im SO der Dorfflur, unweit von Sohra, befindet sich in der Quellmulde des Sohrbaches eine kleine mittelalterliche Wehranlage. Sie ist im Gelände an einem hangwärts eingeschnittenen Graben und dem erhöhten Kernwerk gut erkennbar, auf dem einst ein bescheidener Bau, vielleicht in Fachwerk, gestanden hat. 1426 waren die Fluren um das Dorf Sammelplatz eines deutschen Ritterheeres, das gegen die Hussiten zog, bei Außig, dem heutigen Ústi nad Labem, aber vernichtend geschlagen wurde.
Mit der Einführung der Reformation ging der Ort 1539 in den Besitz des Freiberger Rates über. 1540 wird der erste evangelische Pfarrer genannt, 1702 ein Lehrer erwähnt. Das obere Schulhaus entstand 1826, ein weiteres 1876. Heute besuchen die Schüler den Neubau der POS A. S. Makarenko an der Pretzschendorfer Straße.
Im Dorf gab es 5 Mühlen. Groß war auch die Zahl der seit langem ansässigen Handwerker, so werden 1586 von 60 Maurern 4 Meister genannt. Um 1667 ließen sich im Dorf verstärkt Exulanten aus dem Raum um Duchcov (Dux) nieder.
Der Name der von Altenberg nach Freibergs Zinnhütte verlaufenden Zinnstraße ist wohl nicht mit zwei Zinngruben des Ortes in ihrer Nähe in Verbindung zu bringen. Auf Silber wurde 1511 eine Grube nahe der Kirche verliehen. Außerdem baute man silberhaltige Kupfererze ab. Unterhalb der Kirche lag das Mundloch des Morgensonnestollns, der in den Galgenberg getrieben wurde. Der 1924 letztmalig betriebene Weiße-Rose-Erbstolln am Mühlberg beendete den Bergbau im Ort.
Obwohl um 1915 durch Umbauten im Äußeren entstellt, enthält die im unteren Ortsteil gelegene, 1361 erstmalig erwähnte Nikolauskirche Substanz im Kern aus dem Mittelalter, im Westturm aus dem 14. Jh. (DEHIO 1965). Der dreiseitig geschlossene Saal wird durch die einst den Gesamtraum umgreifende, 1667 eingebaute Doppelempore umzogen. Der Nordempore eingefügt ist eine Kanzel von 1658. Die 1716 von GOTTFRIED SILBERMANN hergestellte Orgel hat 1915 durch einen Umbau ihren barocken Charakter verloren. Der mit 1521 bezeichnete prachtvolle sechsflügelige Altar wurde von einem bis jetzt unbekannten Freiberger Schnitzer geschaffen. Er zeigt im Schrein die Heiligen Nikolaus zwischen Katharina und Barbara, in den Flügeln Dorothea und Margarethe, in der Predella die Anbetung der Könige. Die Flügelgemälde deuten auf süddeutschen Einfluß hin. Als vorzüglich ist die für die Entstehungszeit moderne Renaissanceornamentik zu bewerten.
Im Mai 1945 haben Einwohner auf dem Friedhof Oberbobritzsch 9 oder 10 unbekannte KZ-Häftlinge bestattet, die von SS-Leuten auf einem Evakuierungsmarsch

erschossen wurden. Nur wenige profane Baudenkmale sind in Oberbobritzsch zu nennen. Das mit einem Walmdach versehene große klassizistische Wohnhaus des Erbgerichts wurde 1855 errichtet, das feldseitig gelegene Torhaus 1803. Benachbart liegt der große Fachwerkbau des Erbgerichtsgasthofs von 1844. In Nr. 104 ist noch die obere Schule von 1826, an der Kirche die 1711 erbaute, um 1840 veränderte alte Kirchschule erhalten. Unter den landwirtschaftlichen Gebäuden soll der Vierseithof Nr. 122 mit einem großen Wohnstallhaus der Zeit um 1800 genannt werden. Das Gärtnerhaus Nr. 190, errichtet 1683, gehört zu den älteren Fachwerkbauten des Kreises. Charakteristisch für Oberbobritzsch ist eine Reihe von Bruchsteinbrücken, die dem 18. Jh. zuzurechnen sind. D 9

Nach wie vor spielt heute die Landwirtschaft im Dorf eine wichtige Rolle, obwohl etwa 200 Personen nach Freiberg zur Arbeit fahren. So steht östlich des oberen Ortes eine Schweinezucht- und Schweinemastanlage der LPG Rotes Banner. Sonst dominiert die Milchviehhaltung, für die östlich des Ortes eine 1300er Stallanlage errichtet wurde. Für die Pflanzenproduktion ist die LPG in Niederbobritzsch verantwortlich. Der Kreisbetrieb für Landtechnik unterhält einen Technikstützpunkt. Oberbobritzsch ist Mitglied im Gemeindeverband Bobritzschtal-Süd.

Etwa 1 km westlich der Oberbobritzscher Kirche bildet zwischen Galgenberg und Schafhübel die überackerte steinige Flachkuppe der Höhe 490 m ü. NN den höchsten Punkt im Nordteil des Oberbobritzscher Riedelgebietes (Abb. 1). Von hier aus bestehen allseitig gute Sichtbeziehungen. Wir erkennen inmitten des umgebenden Ackerlandes den Bobritzschhang jenseits der Kirche, dessen von mehreren Laubwaldinseln durchsetztes Grasland noch die alte Hufenflureinteilung erkennen läßt. Das Riedelgebiet besitzt infolge einer Vielzahl unregelmäßiger Dellensysteme und zahlreicher flacher Kleinstkuppen, deren steinige und vielfach flachgründige Böden verwitterungsbeständige kluftärmere Gneispartien nachzeichnen, ein unruhiges Feinrelief. Die vorherrschenden sandlehmigen Gneis-Braunerden begünstigen den Feldbau. Dieser wurde in den letzten Jahren durch Melioration von Dellen und Quellmulden, so der Leichensteinwiese westlich vom Schafhübel, teilweise auf Kosten bisherigen Graslandes ausgedehnt.

Sohra, Ortsteil von Oberbobritzsch D 10

In einem flachen, vom Sohrbach durchflossenen Tal zieht sich in Höhenlagen zwischen 429 und 475 m das kleine Waldhufendorf entlang. Der Ortsname (1295 *Zarowe*, 1365 *Sarowe*, 1407 *Saraw*, 1445 die *Sore*, 1540 *Sora*) ist mehrdeutig; es kommen sowohl mhd. *saher* = Sumpfgras, Schilf, *sar* = Schwarzpappel als auch altsorb. *zar* = Brand, Brandrodung in Betracht. Die erste Nennung entstammt einer Urkunde, der zufolge das Freiberger Johannishospital mit Sohra belehnt wurde. Nach 1636 veräußerte es den größten Teil seiner Vorwerksfluren. Im Ort gab es zwei Mahlmühlen und eine Schneidemühle, darunter die 1717 erwähnte Sohrmühle nahe der Bahnstrecke nach Dresden, in der heute Warmblüter gezüchtet und für Reit- und Fahrtouristik ausgebildet werden.

Im oberen Teil der Flur Sohra an der Straße nach Friedersdorf liegen die teil-

D 10 weise wiederbewaldeten Vorwerksfelder, woran der Flurname Vorwerk erinnert. Sie sind wohl identisch mit dem Besitz zweier größerer Güter zu je 4 Hufen, von denen die Ortsüberlieferung sagt, sie gehörten einst zur Burg Sohra, die nach Pretzschendorf zu gelegen haben soll. Vielleicht kann man mit dieser Örtlichkeit auch das auf Oberbobritzscher Flur gelegene Vorwerk (s. D 9) in Verbindung bringen. Die landwirtschaftliche Produktion ist wie in Oberbobritzsch organisiert. Ein kleiner Milchviehstall gehört zu den ersten derartigen Anlagen im Kreis Freiberg.

Unter den vorhandenen Zeugen der Volksarchitektur haben wir vor allem das große Wohnstallhaus Nr. 28 mit Schiffchenkehlung in der Schwelle zu nennen, erbaut vor 1680, aber verändert 1839 und 1843 und bis 1815 Erbgericht mit Schankgerechtigkeit, sowie das Wohnstallhaus des ehemaligen Gelphertgutes (Nr. 4) aus der zweiten Hälfte des 18. Jh.

Wandert man kurz vor dem höchsten Punkt der Verbindungsstraße Sohra—Oberbobritzsch auf abgeerntetem Acker etwa 400 m südwärts hangauf, früher verlief hier der Kirchsteig nach Oberbobritzsch, so gelangt man an zwei knorrigen Eichen zur Höhe 515 m mit geodätischem Festpunkt. Sie bildet den höchsten Punkt am Nordostrand des Oberbobritzscher Riedelgebietes (Abb. 1) und gestattet einen weiten Rundblick. Das porphyrische obere Osterzgebirge vom Kahleberg bis zum Kohlberg im SO, der basaltische Luchberg jenseits der Pretzschendorfer Hochfläche im OSO, der westliche Tharandter Wald im N sowie der Zellwald im NW seien als auffälligste Landmarken genannt. Wenig nordwärts unseres Standpunktes beginnt auf granitenem Untergrund das etwas tiefer gelegene Niederbobritzscher Kleinkuppenland. Zahlreiche kleine Gehölzgruppen markieren ein unruhiges Relief.

D 11 Sohrbach

Der Sohrbach entwässert fast den gesamten Südostbereich des Bobritzscher Granitgebietes. Oberhalb von Sohra entspringen seine Quellarme im Gneis bei etwa 493 m ü. NN. Fast fremdartig für das Erzgebirge wirkt die Talgestalt: Breite und flache vernäßte Mulden, lokal mit kleinen Torfinseln, wechseln mit von Flachkuppen gesäumten Muldensohlen-Talabschnitten und einzelnen kurzen Engtalstrecken in unregelmäßiger Folge ab. Somit werden Granitpartien mit stärkerer oder geringerer Verwitterungsresistenz nachgezeichnet. Die Aue trägt weithin flachsitzende Grundwasserkörper, die selbst in Trockenzeiten dem Sohrbach noch reichlich Wasser zuführen. Auf die 1931 erfolgte Bachregulierung weist ein Denkstein unterhalb der Sohrmühle hin. Reichlich 1 km unterhalb des Niederbobritzscher Freibades mündet der Wasserlauf, 391 m ü. NN, in die Bobritzsch ein.

Anhang

A. Kleinlandschaften — Übersicht

Kenn-zahl	Bezeichnung der Kleinlandschaft	Höhenlage in m ü. NN	Morphologie	vorherrschende Gesteine	vorherrschende Böden	Flächennutzung in % LNF	Wald	bebaut	Größe km²
1.	**Hügelland (oberes):**								
1.1.1	Zellwald-Plateau	290–370	flachwelliges Plateau, gegen S leicht ansteigend	Lößderivate (Gley- u. Solifluktionslösse)	mäßige, dichte tz Staugleye	45	52	3	26
1.1.2	Dittmannsdorfer Plateau	290–370	welliges, im S flachwelliges Plateau	Lößderivate (s. o.) u. kleine Gneisdurchragungen	mäßige bis mittlere tz Staugleye u. Braunstaugleye	96	—	4	19
1.2.1	Berbersdorf-Seifersdorfer Plateaurand	280–360	sw-wärts aufgeriedelter Plateaurand mit Mulden- bis Sohlentälchen (< 30–40 m tief)	Lößderivat bis Lößlehm mit Durchragungen von Diabasen u. Schiefern	mittlere bis gute z Braunstaugleye, Staugleye und $\overline{st}$-st sL-SL Braunerden	88	6	6	16
1.2.2	Großvoigtsberger Plateaurand	305–380	ostwärts geneigter, 1–2 km breiter Plateaurand mit kurzen Tälchen	Lößderivat u. Decklößlehm u. helle Glimmerschiefer	gute bis mäßige z Braunstaugleye, Decklößbraunerden u. $\overline{st}$-st SL Braunerden	96	—	4	8
1.2.3	Krummenhennersdorfer Plateaurand	300–380	Talzwickel: Plateauriedel mit aufgeriedeltem Plateaurand an NO-Flanke	Lößderivat u. Lößlehm mit Durchragungen von Paragneisen	mittlere bis gute z Braunstaugleye, Staugleye u. $\overline{st}$-st′ sL Braunerden	94	1	5	15
1.2.4	Reinsberger Plateaurand	260–345	westwärts aufgeriedelter Plateaurand mit 30–50 m tiefen Muldentälchen	Lößderivat u. Lößlehm; Para- u. Augengneise	gute z Braunstaugleye, Decklößbraunerden u. $\overline{st}$-st′ sL-SL Braunerden	86	7	7	6
1.2.5	Mohorner Plateaurand	290–385	ost- bis nordwärts abfallender Plateaurand mit kurzen Tälchen (< 30–40 m tief)	Lößderivat u. Lößlehm; Gneis, Porphyr u. Phyllit	gute z Braunstaugleye, Decklößbraunerden u. $\overline{st}$-st′ sL u. zL Braunerden	92	2	6	10

Kleinlandschaften (Fortsetzung)

Kennzahl	Bezeichnung der Kleinlandschaft	Höhenlage in m ü. NN	Morphologie	vorherrschende Gesteine	vorherrschende Böden	Flächennutzung in % LNF	Wald	bebaut	Größe km²
1.3	Mobendorfer Tal-Riedel-Gebiet	280–380	breite Flachriedel u. asymmetrische Muldentälchen (< 30 m tief)	Lößderivat u. Decklößlehm, Augengneise, Konglomerate; im N Amphibolschiefer	mäßige bis mittlere z Staugleye u. (im N reiche) $\overline{st}$-st' sL-SL Braunerden	93	2	5	16
1.4	Grunder Triebisch-Gebiet	290–380	Talfächer: meist stark asymmetrische Sohlen- bis Muldentäler (< 60 m tief)	Porphyre; etwas Lößlehm bis Lößderivat	mäßige bis gute $\overline{st}$-st sL-SL Braunerden; z Braunstaugleye u. Staugleye	19	80	1	7
1.5	Pappendorfer Striegistal	255/300 –280/340	Sohlental, mäßig gewunden, mittelhängig; 25–40 m tief, Auenbreite 100–200 m	Konglomerate, Schiefer, Diabastuff, Lößderivat u. Lößlehm	mäßige bis reiche $\overline{st}$-st sL-SL u. blo L Braunerden; (z Braunerden bis Staugleye)	72	24	4	5
1.6.1	Bräunsdorfer Striegistal	280/330 –340/390	Kerbsohlental, mittelhängig, mäßig gewunden, 50–75 m tief, Auenbreite 30–80 m	Para- u. Augengneise, helle Glimmerschiefer, Grauwacken	ärmere bis mittlere $\overline{st}$-st sL-SL Braunerden; (Schuttböden, z. T. mit Fels)	70	27	3	9
1.6.2	Hohentanne-Siebenlehner Muldetal	240/280 –290/340	Kerbsohlental, mittel- bis steilhängig, gewunden, 50–60 m tief, Auenbreite 10–70 m	Gneise; (etwas Glimmerschiefer u. Gabbro)	gute $\overline{st}$-st SL Braunerden u. Schutt-Braunerden; (z. T. mit Fels)	39	57	4	7
1.6.3	Unteres Bobritzschtal	240/320 –290/360	Kerbsohlental, mittel- bis steilhängig, eng gewunden, 40–50 m tief, Auenbreite 30–70 m	Gneise; (etwas Porphyr u. Lößlehm)	mäßige bis gute $\overline{st}$-st SL Braunerden u. Schutt-Braunerden (z. T. mit Fels)	53	43	4	7

2.	**Unteres Bergland des Osterzgebirges**								
2.1	Landberg-Gebiet	360–430	Einzelerhebung, meist flachhängig	Lößderivat u. Basalt; etwas Plänersandstein	reiche bis mäßige blo st sL-SL Braunerden u. z Staugleye	15	85	–	4
2.2	Börnichen-Harthaer Rücken	430–500	isolierter Rücken, no-sw-gerichtet, flachhängig (SO-Flanke z. T. mittelhängig)	Phyllite u. Glimmerschiefer; (etwas Riesengneis)	mäßige $\overline{st}$-st sL u. zL Braunerden, unter Wald z. T. Braunpodsole	71	26	3	16
2.3.1	Langhennersdorfer Hochfläche	340–405	Hochfläche, flachwellig bis wellig	Lößderivat; Gneise, Glimmerschiefer, Cenoman (Kiese/Schotter)	mittlere z Staugleye; st-st' sL Braunerden ($\overline{st}$ lS-Kies-Braunerden)	87	6	7	19
2.3.2	Memmendorf-Oberreichenbacher Hochfläche	440–520	zerlappter Hochflächenrest, wellig, z. T. noch flachwellig	Paragneise (randlich Orthogneise)	gute st'-st sL Braunerden	82	16	2	21
2.3.3	Brand-Erbisdorfer Hochfläche	420–525	Hochfläche, flachwellig, randlich Muldentälchen (< 30 m tief)	Paragneise (lokal Berglöß)	gute bis mäßige st-st' sL Braunerden u. Braunstaugleye (lokal lS Braunerden u. z Staugleye)	68	16	14**)	42
2.3.4	Colmnitzer Hochfläche	(340)/400 –500	Hochfläche, flachwellig bis wellig	Paragneise	gute st-st' sL Braunerden etwa 25% Staugleye	90	3	7	28
2.3.5	Südlicher Tharandter Wald	360–460	Hochfläche, flachwellig bis wellig, südwärts ansteigend	Lößderivate u. Porphyre	gute bis mäßige z Staugleye $\overline{st}$-st sL-SL Braunerden u. Staugleye	12	88	–	17
2.3.6	Zentraler Tharandter Wald	330–420	Hochfläche, flachwellig bis wellig	Lößderivate, Porphyre, Cenoman (Pläner-, Quader- u. toniger Sandstein)	gute bis arme z Stau- u. Braunstaugleye u. $\overline{st}$-st sL -lS Braunerden-Braunstaugleye	3	95	2	9
2.4	Niederbobritzscher Kleinkuppenland	370–480	Kleinkuppenland, wellig, oft breite Dellen u. Auen	Biotitgranit	mäßige st-st' sL-SL Braunerden; Schuttboden-Inseln	91	3	6	18
2.5.1	Eulendorfer Riedelgebiet	340–400	Härtlings-Riedel (W-O gerichtet) mit kurzen Nebenriedeln; lokal kleinkuppig	Grauwacken, Schiefer, Diabastuffe (lokal Diabase), kleine Lößderivatinseln	mäßige (lokal arme u. reiche) $\overline{st}$-st sL-SL Braunerden (lokal Schuttböden u. Staugleye)	92	4	4	13

Kleinlandschaften (Fortsetzung)

Kenn-zahl	Bezeichnung der Kleinlandschaft	Höhenlage in m ü.NN	Morphologie	vorherrschende Gesteine	vorherrschende Böden	Flächennutzung in % LNF	Wald	bebaut	Größe km²
2.5.2	Bräunsdorfer Flachriedel	340–405	flacher u. breiter randzerdellter Riedel, nordwärts abfallend	Paragneise u. helle Glimmerschiefer, Lößderivat-Inseln (bes. in NO-Exposition)	gute bis mäßige $\overline{st}$-st′ lS-SL Braunerden u. z Staugleye	96	2	2	5
2.5.3	Freiberg-Kleinwaltersdorfer-Riedelgebiet	360–440	flache u. breite Riedel, dazwischen Muldentälchen (< 40 m tief, leicht asymmetrisch)	Paragneise, (lokal Lößderivat-Inseln)	gute st-st′ sL-SL-Braunerden (lokal Schuttböden und z Staugleye)	70	14	16	33
2.5.4	Conradsdorf-Hilbersdorfer Riedelgebiet	340–415	flacher u. breiter Riedel, randlich kleine Muldentälchen	Paragneise, Lößderivate (bes. in NO-Exposition)	gute st-st′ sL-SL Braunerden u. z Staugleye	93	1	6	10
2.5.5	Niederschöna-Naundorfer Riedelgebiet	340–420	flache u. breite Riedel mit asymmetrischen Mulden- und Sohlentälchen (< 40 m tief)	Lößderivate (um 75%) u. Paragneise	gute bis mäßige z Staugleye u. st-st′ sL Braunerden	93	–	7	14
2.5.6	Hetzdorfer (Plateau-) Riedelgebiet	340–420	bis 1 km breite u. flache Plateau-Riedel, dazwischen Mulden- und Muldensohlentälchen (< 40 m tief)	Cenoman (Quader-, Plänersandstein, Kiese u. Schotter); (Lößderivat-Inseln)	mäßige $\overline{st}$-st lS-sL Braunerden bis Podsole (z Staugleye)	47	50	3	13
2.5.7	Oederaner Riedelgebiet	(300)/360 –485	westwärts geneigte Nebenwasserscheiden, dazwischen Mulden- bis Kerbsohlentälchen (< 45 m tief)	Orthogneise	gute bis mäßige st-st′ sL-SL Braunerden	86	7	7	24
2.5.8	Oberbobritzscher Riedelgebiet	420–530	nw-wärts gerichtete breite Riedel mit flachen Kleinstkuppen; dazwischen Sohlen-/Muldentälchen (< 50 m tief)	Paragneise	gute st-st′ sL-SL Braunerden (auf Kuppen Schuttböden)	93	4	3	33

2.6	Langenstriegiser Erzgebirgsnordrandstufe	360/390 −430/480	nordexponierte 50−80 m hohe flachhängige Landstufe; von Tälchen (bis 70 m tief) aufgeschnitten	helle Glimmer- u. Quarzitschiefer (lokal Porphyr u. Diabas)	mäßige bis arme $\overline{st}$-st lS-SL Braunerden u. Braunpodsole	70	26	4	33
2.7	Oberes Striegis-Gebiet	340/440+) −400/490*)	flach- bis mittelhängiger Tälfächer (meist Sohlentäler, 40−70 m tief, Auenbreiten 70−120 m)	Paragneise	gute st-st′ sL SL Braunerden	82	14	4	39
2.8.1	Halsbrücker Muldetal	285/345+) −340/400*)	Sohlental, mittelhängig, mäßig gewunden, 50−60 m tief, Auenbreite 50−150 m	Paragneise, kleinere Lößderivat-Inseln in NO-Exposition	gute $\overline{st}$-st′ sL-SL Braunerden (lokal Schuttböden u. z Braunstaugleye)	72	12	15**)	16
2.8.2	Weißenborner Muldetal	360/370+) −450/480*)	kurzer Sohlentaltrakt, flach- bis mittelhängig, 90−110 m tief, Auenbreite 170−350 m	Paragneise	gute $\overline{st}$-st′ sL-SL Braunerden u. sL Braungleye in der Aue	86	3	11	8
2.9.1	Muldenhüttener Muldetal	335/360+) −415/440*)	kurzer Kerbsohlentaltrakt, gewunden, mittel- bis steilhängig, Taltiefe 80 m, Auenbreite 30−100 m	Paragneise	gute $\overline{st}$-st lS-sL Braunerden, durchsetzt von Schuttböden	20	76	4	3
2.9.2	Holzschleiferei-Muldetal	370/385+) −450/510*)	kurzer Kerbsohlentaltrakt, mittelhängig mit steilen Unterhängen, 80−125 m tief, Auenbreite 30−70 m	Paragneise	gute $\overline{st}$-st lS-sL Braunerden, durchsetzt von Schuttböden	77	23	−	3
2.9.3	Tännigt	360−460	Kerbsohlental, steil- bis mittelhängig, felsig, 50−70 m tief, Auenbreite 20−70 m	quarzarmer Porphyr	felsdurchsetzte Schuttböden, mäßige blo $\overline{st}$ lS-SL Braunerden (trocken bis mäßig frisch)	18	82	−	2

Erläuterungen: +) = Höhenlage der Auen
*) = Höhenlage der Taloberkanten
Werte in Klammern = kleinstflächige Abweichungen
**) = Reste sind Wasserflächen und Bergbauhalden
LNF = landwirtschaftliche Nutzfläche

Bodenskelett: blo = blockig; blo′ = schwach blockig; st = steinig; st′/$\overline{st}$ = schwach/stark steinig

Feinboden: z = schluffig; tz = tonig-schluffig; l = lehmig; zl = schluffig-lehmig

sL = sandig-lehmig
SL = stark sandig-lehmig
lS = lehmig-sandig

B. Klimatologische Daten

Station	Höhenlage in m ü. NN	Jan.	Febr.	März	April	Mai	Juni	Juli	Aug.	Sept.	Okt.	Nov.	Dez.	Jahr	Absolute Extreme		
		Mittlere Niederschlagssummen 1901–1950 in mm															
Niederlichtenau	295	59	47	52	59	65	75	88	78	59	56	52	55	745			Hügelland
Frankenberg	291	60	48	53	60	66	76	89	79	60	57	53	56	757	533 mm (1943); 1093 (1941)	östliches	
Braunsdorf	283	58	48	54	59	75	80	93	82	65	59	52	57	782		Erzgebirgs-	
Flöha	273	60	51	52	65	75	81	92	90	64	61	52	52	795		becken	
Böhrigen/Kr. Hainichen	235	55	45	50	56	70	81	94	79	63	55	54	56	758		Hügelland	
Reinsberg/Kr. Freiberg	265	56	43	52	59	71	80	93	80	59	55	47	54	749		am nördlichen	
Tanneberg/Kr. Meißen	250	53	39	46	49	72	73	92	72	57	49	45	49	696	358 mm (1911); 959 (1941)	Kartenrand	
Grumbach b. Wilsdruff	290	49	38	47	47	68	79	96	69	56	54	45	49	697			
Hainichen	319	65	54	57	63	78	81	99	91	64	60	57	56	825	496 mm (1911); 1252 (1926)	Luv-Einfluß	
Freiberg	398	60	51	50	58	71	79	89	85	59	58	59	57	776	559 mm (1911); 1189 (1926)	Lee-Einfluß	Unteres Bergland
Dorfhain/Edle Krone	275	56	47	51	58	69	83	91	80	65	60	51	58	769			
Klingenberg/Talsperre	394	63	52	61	63	82	90	103	95	71	64	58	61	863			
Augustusburg	435	67	53	58	65	84	97	112	91	71	59	55	59	871			
Oederan	385	65	55	60	68	77	88	109	94	73	63	62	62	876			
Eppendorf	432	64	50	62	67	79	94	109	95	74	64	49	64	871			
Großhartmannsdorf	491	60	55	57	70	86	98	102	95	71	67	57	60	878	492 mm (1911); 1414 (1941)		
Mulda	450	74	74	61	70	83	94	106	99	76	72	69	71	949	427 mm (1911); 1217 (1939)	Luv-Einfluß d. oberen Osterzgebirges	
		Mittlere Lufttemperaturen 1901–1950 in °C															
Grillenburg	377	−1,5	−0,7	2,7	7,0	12,3	15,2	17,1	16,2	13,0	8,0	2,9	−0,4	7,6		unteres	
Freiberg	398	−1,2	−0,5	2,7	6,9	12,0	14,7	16,6	15,9	13,0	8,2	3,2	0,0	7,6		Bergland	
Karl-Marx-Stadt	332	−0,7	0,1	3,4	7,6	12,8	15,5	17,2	16,3	13,3	8,5	3,6	0,4	8,2		(oberes) Hügelland	

C. Stratigraphische Gliederung der präkambrischen bis mesozoischen Gesteine (Entwurf G. FREYER)

	System	Ausbildung der Gesteine im Freiberger Gebiet
Mesozoikum	Kreide (Oberkreide, Cenoman)	terrestrisch-fluviatile Schotter und Sandsteine (Niederschönaer Schichten)
	Jura Trias	– –
Paläozoikum	Perm	–
	Oberkarbon (Siles)	Granit von Naundorf-Niederbobritzsch, Freiberger Granit (hypothetisch), Quarzporphyre (Decken, Eruptivgänge)
	Unterkarbon (Dinant)	Grundkonglomerat der Hainichener Schichten Tonschiefer, Grauwacken, Konglomerate
	Devon	Grünschiefer, Quarzkeratophyr, Schalsteine, Brockentuffe, Karbonate
	Silur	Kieselschiefer von Riechberg
	Ordovizium	–
	Kambrium (?)	Glimmerschiefer von Langenstriegis-Obergruna Orthogneis von Frankenstein (ordovizisch?) „Schwarzes Gebirge“
Präkambrium (Proterozoikum)	Niederschlager Serie	Muskovit-Biotitgneis/Glimmerschiefer-Wechselfolge
	Preßnitzer Serie	Muskovit-Biotitgneis, Metagrauwackengneise, Metabasite, Muskovitgneise, z. T. Metakarbonate, vereinzelte Metakonglomerate, „Porphyroide“, „Felsithorizont“
	Osterzgebirgische Serie	Biotit-Kalifeldspatgneis (Freiberger Kerngneis) mit Quarzit von Oberschöna-Frauenstein

D. Einwohnerzahlen vom 16. bis 20. Jahrhundert[4])

	Mitte 16. Jh.			Mitte 18. Jh.				1834	1871	1890	1910	1925	1939	1946	1964	1974
	bes. M.	Hsl.	Gtn.	Inw.	bes. M.	Hsl.	Gtn.									
Berthelsdorf	55[1])			94	42	26	15	1069	1458	1957	1829	1823	1720	1990	1332	1304
Bräunsdorf	17	4		45	49	40		1673	1645	1469	1425	1322	1693	1656	1318	1218
Brand	122			164	151			2087	2512	3387	3180	zu Brand-Erbisdorf				
Brand-Erbisdorf												5736	6029	6494	7462	8553
Burkersdorf	14			6	5	22		280	367	370	288	312	392	472	1111	928
Colmnitz	70		52	50	71	58	55	1752	2028	2020	2413	2450	2398	2844	2328	2109
Conradsdorf	15		14	23	14	29	20	599	861	1027	968	876	783	938	1691	1586
Erbisdorf	36			71	14	11	18	1810	2117	2355	2167	zu Brand-Erbisdorf				
Erlicht		10				11		89	134	103	zu Herrndorf					
Falkenberg	29[1])			39	20	13	10	395	520	519	538	499	510	553	zu Conradsdorf	
Frankenstein	22		11	18	24	12		373	488	452	421	446	410	533	461	432
Freiberg	240[2]) 1073[3])			524	986[3])			11628	21673	28955	36237	34742	36063	42303	48438	50621
Freibergsdorf	124			50	7	28	27	596	1174	2342	zu Freiberg					
Friedeburg						22		201	491	1094	zu Freiberg					
Görbersdorf	15		2	10	16	11		318	441	380	427	402	345	517	460	431
Goßberg	17			40	14	1	3	166	191	165	147	154	148	248	153	120
Gotthelffriedrichsgrund					1	20	1	144	149	136	94	92	zu Burkersdorf			
Großschirma	62	17		122	44	21	12	1194	1716	1749	1338	1384	1493	1847	2123	2036
Großvoigtsberg	27	13		57	33	9	18	919	1143	1271	907	855	862	1184	986	930
Grund		5	2			15	3	212	627	578	zu Mohorn					
Halsbach	18			69	16	17		306	507	590	479	460	373	491	418	399
Halsbrücke						19		1200	1568	1760	1414	1351	1998	2353	2946	2563
Hartha	18		9	16	16	8	7	265	314	245	247	253	233	300	248	223
Herrndorf	7		13	45	9	11	18	328	335	308	326	348	354	431	zu Hetzdorf	
Hetzdorf						56		321	485	460	704	710	704	816	1109	1093
Hilbersdorf		14	15					570	1153	1852	1840	1789	1924	2321	2081	1829
Hohentanne	20			18	20	21		402	504	537	380	366	364	491	352	308
Kirchbach	27			11	26		4	335	360	344	336	353	338	453	335	302
Kleinschirma	27			51	15		10	253	479	514	490	499	503	612	518	500
Kleinvoigtsberg	7	6		11	11	4	5	334	433	475	324	345	322	423	348	300

Kleinwaltersdorf	38	13		72	27	20	11	857	1086	1218	1124	996	1050	1223	1086	1051
Krummenhennersdorf	41		2	51	24	19	7	723	874	910	773	771	733	945	819	739
Langenrinne								106	335	415	346	346	299	374	zu Zug	
Langhennersdorf	68	14		101	62	16	19	1265	1289	1205	1059	1002	993	1313	1046	975
Linda	39			61	11	6	21	536	622	610	455	404	372	504	zu St. Michaelis	
Lößnitz						2		230	273	319	467	406	540	592	zu Freiberg	
Loßnitz	15	12		64	3	5	17	437	566	710	593	578	575	687	zu Freiberg	
Memmendorf	24			29	11	23	6	404	504	399	375	420	369	532	456	449
Mobendorf	32			105	28	11		573	736	634	601	586	508	735	566	525
Naundorf	23		22	88	17	29	20	1121	1513	1553	1453	1408	1475	1637	1638	1490
Niederbobritzsch	85		29	127	60	26	66	1494	1905	2096	1960	2090	1991	2613	2186	2064
Niederschöna	52			109	35	22	23	818	1027	999	953	926	879	1167	1367	1343
Oberbobritzsch	96[1])			175	71	16	45	1323	1884	1977	1970	1941	1855	2246	1858	1735
Oberreichenbach	19			11	17	3		163	250	264	214	224	210	294	203	174
Oberschaar	22			41	10		10	308	272	375	311	316	320	395	zu Niederschöna	
Oberschöna	57			83	38		19	697	937	971	832	836	881	1252	1882	1661
Oederan	216			305	283			3048	5806	5669	5985	6252	7335	7774	7159	6912
Pappendorf	36	4		65	26	14	10	541	726	669	632	688	673	872	687	637
Reichenbach	46			86	35	22	3	774	931	949	762	751	804	1084	883	796
Riechberg	23			49	22	28		672	695	627	555	558	549	685	572	515
Rothenfurth	24			16	18	24	5	593	755	759	604	606	563	687	zu Großschirma	
Sand						28		355	566	569	381	377	zu Halsbrücke			
Seifersdorf	46			46	27	26		562	626	555	470	438	455	479	490	469
Sohra	18[1])			24	14	3	8	246	285	282	307	300	283	345	235	224
St. Michaelis	58			47	22	23	15	1251	1367	1461	1034	1094	1164	1407	1707	1598
Süßenbach								42	45	55	zu Weißenborn					
Thiemendorf	18	7		4	19	25		590	691	768	875	zu Breitenau				
Tuttendorf	19			6		22	19	120	598	662	628	503	529	561	zu Conradsdorf	
Wegefarth	28	9		49	20	24	19	615	838	792	750	747	718	991	zu Oberschöna	
Weißenborn	34			68	25	8	3	516	783	1443	1567	1571	1570	1800	2110	2153
Wingendorf	15		6	19	10	8	3	291	279	311	271	284	243	439	390	355
Wolfsgrün						11		59	91	27	zu (Ober-) Reinsberg					
Zug								391	1258	1493	1495	1495	1603	1770	2032	1816

[1]) besessene Mann und Häusler [2]) besessene Mann (Häusler) in den Vorstädten [3]) besessene (= ansässige) Bürger

[4]) 16. Jh. bis 1946 nach BLASCHKE 1957

1964: Verzeichnis der Gemeinden und Ortsteile der Deutschen Demokratischen Republik. Berlin 1966 (Schriftenreihe Volks- und Berufszählung 1964, Bd. 2)

1974: Ortslexikon der Deutschen Demokratischen Republik. Berlin 1974

E. Historische Daten der Städte und Gemeinden (nach Blaschke 1957)

1 Orts- und Flurform; Flurgröße (1900)
2 Landesherrliche Verwaltungsbezirke
3 Grundherrschaftliche Unterstellung

Abkürzungen

A.	Amt
Adf.	Amtsdorf
Ah.	Amtshauptmannschaft
GA.	Gerichtsamt
Rat	Rat der Stadt
Rg.	Rittergut
Vw.	Vorwerk
Wdf.	Waldhufendorf

Berthelsdorf: **1** Wdf.; 1254 ha. **2** 1445 Pflege Freiberg; 1548, 1764, 1816, 1843 A. Freiberg; 1856 GA. Brand; 1875 Ah. Freiberg. 3 1548, 1696, 1764 Rat zu Freiberg.

Bräunsdorf: **1** Streusiedlung mit Häuslerzeilen, block- und streifenförmige Parzellen und kleine Gutsblöcke; 402 ha. **2** 1590, 1764, 1816, 1843 A. Freiberg; 1856 Ah. Freiberg; 1952 Kreis Hainichen. 3 Kloster Altzella; 1696, 1764 Rg. Bräunsdorf.

Brand: **1** Unregelmäßige Stadtanlage; 73 ha. **2** 1548, 1764, 1816, 1843 A. Freiberg; 1856 GA. Brand; 1875 Ah. Freiberg. 3 1548, 1748 Amtsstädtlein.

Burkersdorf: **1** Wdf.; 242 ha. 2 1696, 1764 Erb-A. Meißen; 1816 Erb.-A. Meißen links der Elbe; 1843 A. Freiberg; 1856 GA. Nossen; 1875 Ah. Meißen. 3 1551, 1696, 1764 Rg. Bieberstein.

Colmnitz: **1** Wdf.; 1633 ha. **2** 1590, 1764, 1816, 1843 A. Freiberg; 1856 GA. Freiberg; 1875 Ah. Freiberg. 3 1552 Rg. Dippoldiswalde; 1606 Rg. Colmnitz.

Conradsdorf: **1** Wdf.; 516 ha. **2** 1445 Pflege Freiberg; 1590, 1764, 1816, 1843 Ah. Freiberg. **3** Hans Röling; 1672 Rg. Conradsdorf; 1764 Rat zu Freiberg.

Erbisdorf: **1** Wdf.; 838 ha. **2** ehemals A. Schellenberg; 1548, 1764, 1816, 1843 A. Freiberg; 1856 GA. Brand; 1875 Ah. Freiberg. 3 Adf. 1548, 1764.

Erlicht: **1** Streusiedlung, Parzellenflur; 53 ha. **2** 1764, 1816, 1843 A. Grillenburg; 1856 GA. Freiberg; 1875 Ah. Freiberg. 3 Adf. 1764.

Falkenberg: **1** Wdf.; 460 ha. **2** 1378 castrum Freiberg; 1548, 1764, 1816, 1843 A. Freiberg; 1856 GA. Freiberg; 1875 Ah. Freiberg. **3** 1548 Rat zu Freiberg, vordem Nonnenkloster ebendort; 1696, 1764 Rat zu Freiberg.

Frankenstein: **1** Wdf. mit Gutsblöcken; 591 ha. **2** 1378 castrum Freiberg und castrum Schellenberg; 1445 Pflege Freiberg; 1551 A. Schellenberg; 1696,

1764, 1816, 1843 A. Freiberg; 1856 GA. Oederan; 1875 Ah. Flöha. 3 1551 Rg. Börnichen und Anteil Rg. Oberschöna; 1696, 1764 Rg. Wingendorf.

Freiberg: **1** Stadtgründung auf Flur Christiansdorph, durch Handwerker- und Kaufmannsniederlassung planmäßig erweitert, vor der Stadt Streusiedlungen mit Großgütern auf unregelmäßig parzellierter Waldhufenflur mit Gutsblöcken; 1683 ha. **2** 1378 castrum Freiberg; 1548, 1764, 1816, 1843 A. Freiberg; 1856 GA. Freiberg-Stadt; 1875 Ah. Freiberg. **3** Seit Gründung Rat.

Freibergsdorf: **1** Gutssiedlung mit Häuslerreihen, Gutsblöcke und Parzellen in Flur Freiberg; 311 ha. **2** 1548, 1764, 1816, 1843 A. Freiberg; 1856 GA. Freiberg; 1875 Ah. Freiberg. **3** 1548, 1696, 1764 Rg. Freibergsdorf.

Friedeburg: **1** Gutssiedlung, Gutsblöcke und Parzellen auf Flur Freiberg; 104 ha. **2** 1764, 1816, 1843 A. Freiberg; 1856 GA. Freiberg; 1875 Ah. Freiberg. **3** 1764 Rg. Friedeburg.

Görbersdorf: **1** einreihiges Wdf.; 517 ha. **2** 1378 castrum Schellenberg; 1551, 1764, 1816, 1843 A. Schellenberg-Augustusburg; 1856 GA. Oederan; 1875 Ah. Flöha. **3** Adf. 1551, 1764.

Goßberg: **1** Straßendorf, Gelängeflur; 323 ha. **2** 1590, 1764, 1816, 1843 A. Nossen; 1856 GA. Hainichen; 1875 Ah. Döbeln. **3** 1552 Kloster Altzella; Adf. 1590, 1764.

Gotthelffriedrichsgrund: **1** Häuslerreihe, Parzellenflur; 15 ha. **2** 1764 Erb-A. Meißen; 1816 Erb-A. Meißen links der Elbe; 1843 A. Freiberg; 1856 GA. Nossen; 1875 Ah. Meißen. **3** 1764 Rg. Bieberstein.

Großschirma: **1** Wdf.; 898 ha. **2** 1590, 1764, 1816, 1843 A. Freiberg; 1856 GA. Freiberg; 1875 Ah. Freiberg. **3** 1552 Kloster Altzella; Adf. 1590, 1764.

Großvoigtsberg: **1** Wdf.; 452 ha. **2** 1590, 1764, 1816, 1843 A. Nossen; 1856 GA. Nossen; 1875 Ah. Freiberg. **3** 1552 Kloster Altzella; Adf. 1590, 1764.

Grund: **1** Reihendorf in Flur Mohorn. **2** 1764, 1816, 1843 A. Grillenburg; 1816 Anteil Prokuraturamt Meißen; 1856 GA. Tharandt; 1875 Ah. Dresden; 1952 Kreis Freiberg. **3** Adf. 1764.

Haida: **1** Häuslerzeile, Parzellen in Flur Oberschaar.

Halsbach: **1** Einzelgut und Streusiedlung, Gutsblöcke und Parzellen; 175 ha. **2** 1548, 1764, 1816, 1843 A. Freiberg; 1856 GA. Freiberg; 1875 Ah. Freiberg. **3** 1548, 1696, 1764 Vw./Rg. Halsbach.

Halsbrücke: **1** Streusiedlung, Parzellenflur; mit Ortsteilen 274 ha. **2** 1791, 1816, 1843 A. Freiberg; 1856 GA. Freiberg; 1875 Ah. Freiberg. **3** 1764 Vw. Hals.

Hartha: **1** Wdf.; 359 ha. **2** 1378 castrum Schellenberg; 1551, 1764, 1816, 1843 A. Schellenberg-Augustusburg; 1856 GA. Oederan; 1875 Ah. Flöha. **3** 1551, 1696, 1764 Rg. Börnichen.

Herrndorf: **1** Wdf. (Kleinform); 142 ha. **2** 1550, 1764, 1816, 1843 A. Tharandt-Grillenburg; 1856 GA. Freiberg; 1875 Ah. Freiberg. **3** Adf. 1550, 1764.

Hetzdorf: **1** Streusiedlung, Block- und Parzellenflur; 88 ha. **2** 1764 Erb-A. Meißen; 1816 Erb-A. Meißen links der Elbe; 1843 A. Freiberg; 1856 GA. Freiberg; 1875 Ah. Freiberg. **3** 1764 Rg. Reinsberg.

Hilbersdorf: **1** Wdf.; 602 ha. **2** 1445 Pflege Freiberg; 1696, 1764, 1816, 1843 A. Freiberg; 1856 GA. Freiberg; 1875 Ah. Freiberg. **3** 1567, 1696, 1764 Rat zu Freiberg.

Hohentanne: **1** Wdf.; 576 ha. **2** 1696, 1764 Erb-A. Meißen; 1816 Erb-A. Meißen links der Elbe; 1843 A. Freiberg; 1856 GA. Nossen; 1875 Ah. Meißen. **3** 1551, 1696, 1764 Rg. Bieberstein.

Hutha: **1** Einzelgut.

Kirchbach: **1** Wdf.; 810 ha. **2** 1378 castrum Freiberg und castrum Schellenberg;

1551, 1696 A. Schellenberg-Augustusburg; 1764, 1816, 1843 A. Freiberg; 1856 GA. Oederan; 1875 Ah. Flöha. **3** Adf. 1551; 1696 Rg. Börnichen.

Kleinschirma: **1** Wdf.; 597 ha. **2** 1590, 1764, 1816, 1843 A. Freiberg; 1856 GA. Freiberg; 1875 Ah. Freiberg. **3** 1552 Kloster Altzella; Adf. 1590, 1764.

Kleinvoigtsberg: **1** Wdf.; 193 ha. **2** 1590, 1764, 1816, 1843 A. Nossen; 1856 GA. Nossen; 1875 Ah. Freiberg. **3** 1552 Kloster Altzella; Adf. 1590, 1764.

Kleinwaltersdorf: **1** Wdf.; 812 ha. **2** 1590, 1764, 1816, 1843 A. Freiberg; 1856 GA. Freiberg; 1875 Ah. Freiberg. **3** 1552 Kloster Altzella; Adf. 1590, 1764.

Krummenhennersdorf: **1** Wdf. mit Gutsblöcken; 931 ha. **2** 1378 castrum Freiberg; 1548 A. Freiberg; 1696, 1764 Erb-A. Meißen; 1816 Erb-A. Meißen links der Elbe; 1843 A. Freiberg; 1856 GA. Freiberg; 1875 Ah. Freiberg. **3** 1551, 1696, 1764 Anteil Rg. Krummenhennersdorf und Rg. Bieberstein.

Langenrinne: **1** Gutssiedlung, Gutsblöcke; 222 ha. **2** 1791, 1816, 1843 A. Freiberg; 1856 GA. Freiberg; 1875 Ah. Freiberg. **3** 1791 Rat zu Freiberg.

Langhennersdorf: **1** Wdf.; 1443 ha. **2** 1590, 1764, 1816, 1843 A. Freiberg; 1856 GA. Freiberg; 1875 Ah. Freiberg. **3** 1552 Kloster Altzella; Adf. 1590, 1764.

Linda: **1** Wdf. mit Gutsblöcken; 578 ha. **2** 1445 Pflege Freiberg; 1590, 1764, 1816, 1843 A. Freiberg; 1856 GA. Brand; 1875 Ah. Freiberg. **3** 1551, 1696, 1764 Rg. Linda.

Lößnitz: **1** Streusiedlung, Block- und Parzellenflur; 103 ha. **2** 1696, 1764, 1816, 1843 A. Freiberg; 1856 GA. Freiberg; 1875 Ah. Freiberg. **3** 1696, 1764 Rg. Lößnitz.

Loßnitz: **1** Reihendorf, Blockflur mit Waldhufenteil; 202 ha. **2** 1590, 1764, 1816, 1843 A. Freiberg; 1856 GA. Freiberg; 1875 Ah. Freiberg. **3** 1552 Kloster Altzella; Adf. 1590, 1764.

Memmendorf: **1** Wdf., teilweise parzelliert; 647 ha. **2** 1696, 1764, 1816, 1843 Augustusburg; 1856 GA. Oederan; 1875 Ah. Flöha. **3** 1551, 1696, 1764 Rg. Börnichen.

Mobendorf: **1** Wdf.; 860 ha. **2** 1590, 1764, 1816, 1843 A. Nossen; 1856 GA. Hainichen; 1875 Ah. Döbeln. **3** 1552 Kloster Altzella; Adf. 1590, 1764.

Naundorf: **1** Wdf.; 883 ha. **2** 1378 castrum Freiberg; 1401/03 advocatia Tharandt; 1550, 1764, 1816, 1843 A. Tharandt-Grillenburg; 1856 GA. Freiberg; 1875 Ah. Freiberg. **3** Adf. 1550, 1764.

Niederbobritzsch: **1** Wdf.; 1612 ha. **2** 1378 castrum Freiberg; 1445 Pflege Freiberg; 1548, 1764, 1816, 1843 A. Freiberg; 1856 GA. Freiberg; 1875 Ah. Freiberg. **3** Adf. 1548, 1764.

Niederschöna: **1** Wdf.; 864 ha. **2** 1378 castrum Tharandt; 1696, 1764 Erb-A. Meißen; 1816 Erb-A. Meißen links der Elbe; 1843 A. Freiberg; 1856 GA. Freiberg; 1875 Ah. Freiberg. **3** 1551, 1696, 1764 Rg. Krummenhennersdorf.

Oberbobritzsch: **1** Wdf.; 2160 ha. **2** 1445 Pflege Freiberg; 1696, 1764, 1816, 1843 A. Freiberg; 1856 GA. Freiberg; 1875 Ah. Freiberg. **3** 1567 Hospital Freiberg; 1696, 1764 Rat zu Freiberg.

Oberreichenbach: **1** Wdf.; 317 ha. **2** 1590, 1764, 1816, 1843 A. Freiberg; 1856 GA. Brand; 1875 Ah. Freiberg. **3** 1551, 1696, 1764 Rg. Oberschöna.

Oberschaar: **1** Wdf. mit Gutsblöcken; 351 ha. **2** 1378 castrum Freiberg; 1548, 1764, 1816, 1843 A. Freiberg; 1856 GA. Freiberg; 1875 Ah. Freiberg. **3** 1548 Rat zu Freiberg; 1606, 1764 Rg. Oberschaar.

Oberschöna: **1** Wdf.; 1248 ha. **2** 1378 castrum Freiberg; 1548, 1764, 1816, 1843 A. Freiberg; 1856 GA. Freiberg; 1875 Ah. Freiberg. **3** 1548, 1696, 1764 Rg. Oberschöna.

Oederan: **1** teils unregelmäßige, teils gitterförmige Stadtanlage, stark parzellierte

Waldhufenflur; 610 ha. **2** 1378 castrum Schellenberg-Augustusburg; 1856 GA. Oederan; 1875 Ah. Flöha. **3** 1551 Amtsstadt; 1590, 1764 Rat.

Pappendorf: **1** Wdf.; 739 ha. **2** 1590, 1764, 1816, 1843 A. Nossen; 1856 GA. Hainichen; 1875 Ah. Döbeln. **3** 1552 Kloster Altzella; Adf. 1590, 1764.

Reichenbach: **1** Wdf.; 611 ha. **2** 1590, 1764, 1816, 1843 A. Nossen; 1856 GA. Nossen; 1875 Ah. Freiberg. **3** 1552 Kloster Altzella; Adf. 1590, 1764.

Riechberg: **1** Wdf.; mit Ortsteil 631 ha. **2** 1590, 1764, 1816, 1843 A. Nossen; 1856 GA. Hainichen; 1875 Ah. Döbeln; 1950 Landkreis Flöha. **3** 1552 Kloster Altzella; Adf. 1590, 1764.

Rothenfurth: **1** einreihiges Wdf.; 346 ha. **2** 1696, 1764 Erb-A. Meißen; 1816 Erb-A. Meißen links der Elbe; 1843 A. Freiberg; 1856 GA. Freiberg; 1875 Ah. Freiberg. **3** 1551, 1696, 1764 Rg. Bieberstein.

Sand: **1** Streusiedlung, Block- und Parzellenflur; 49 ha. **2** 1816 Erb-A. Meißen links der Elbe; 1843 A. Freiberg; 1856 GA. Freiberg; 1875 Ah. Freiberg. **3** 1786 Rg. Krummenhennersdorf.

Seifersdorf: **1** Wdf.; 603 ha. **2** 1590, 1764, 1816, 1843 A. Freiberg; 1856 GA. Freiberg; 1875 Ah. Freiberg. **3** 1552 Kloster Altzella; Adf. 1590, 1764.

Sohra: **1** Wdf.; 428 ha. **2** 1445 Pflege Freiberg; 1696, 1764, 1816, 1843 A. Freiberg; 1856 GA Freiberg; 1875 Ah. Freiberg. **3** 1567 Hospital Freiberg; 1696, 1764 Rat zu Freiberg.

St. Michaelis: **1** Wdf.; 317 ha. **2** 1548, 1764, 1816, 1843 A. Freiberg; 1856 GA. Brand; 1875 Ah. Freiberg. **3** Adf. 1548, 1764.

Süßenbach: **1** Einzelgut und Gutsweiler, Blöcke und gewannähnliche Streifen in Flur Weißenborn. **2**, **3** ab 17. Jh. wie Weißenborn.

Thiemendorf: **1** einreihiges Wdf.; 785 ha. **2** 1378 castrum Schellenberg; 1551, 1764, 1816, 1843 A. Schellenberg-Augustusburg; 1856 GA. Oederan; 1875 Ah. Flöha. **3** Adf. 1551, 1764.

Tuttendorf: **1** Wdf. und Streusiedlung mit Parzellen; 255 ha. **2** 1696, 1748, 1816, 1843 A. Freiberg; 1856 GA. Freiberg; 1875 Ah. Freiberg. **3** 1567 Hospital Freiberg; 1696, 1748 Rat zu Freiberg.

Wegefarth: **1** Wdf. mit Gutsblöcken; 791 ha. **2** 1378 castrum Freiberg; 1548, 1764, 1816, 1843 A. Freiberg; 1856 GA. Freiberg; 1875 Ah. Freiberg. **3** 1551, 1696, 1764 Rg. Wegefarth.

Weißenborn: **1** Wdf.; mit Ortsteil 1028 ha. **2** 1445 Pflege Freiberg; 1590, 1764, 1816, 1843 A. Freiberg; 1856 GA. Freiberg; 1875 Ah. Freiberg. **3** 1551, 1696, 1764 Rg. Weißenborn.

Wingendorf: **1** Wdf.; 553 ha. **2** 1378 castrum Freiberg und castrum Schellenberg; 1551, 1590 A. Schellenberg-Augustusburg; 1696, 1764, 1816, 1843 A. Freiberg; 1856 GA. Oederan; 1875 Ah. Flöha. **3** 1551 Rg. Oberschöna; 1696, 1764 Rg. Wingendorf.

Wolfsgrün: **1** lockere Häuslerzeile in Flur (Ober-) Reinsberg. **2** 1378 castrum Meißen; 1547 A. Meißen; 1764 Stifts-A. Meißen; 1816 Erb-A. Meißen links der Elbe; 1843 A. Meißen; 1856 GA. Nossen; 1875 Ah. Meißen. **3** 1547 Domkapitel Meißen; Adf. 1764.

Zug: **1** Streusiedlung, Block- und Parzellenflur; 757 ha. **2** 1816, 1843 Ah. Freiberg; 1856 GA. Freiberg; 1875 Ah. Freiberg. **3** —

F. Literaturverzeichnis

I. Karten

ADAM SCHNEIDERS Grundriß vom 13. Juli 1678 (Freiberg), Freiberg Ratsarchiv

Freiberger Naherholungsgebiete. Stadtwald und Hospitalwald, Fürstenwald und Nonnenwald. Etwa 1:10000. Freiberg 1980

Geologische Karte von Sachsen 1:25000. Nr. 99, Blatt Lichtenberg — Mulda, geol. Aufnahme A. SAUER, Erzgänge H. MÜLLER, geol. Bearb. der 2. Aufl. R. REINISCH 1927

Geologische Specialkarte Königreich Sachsen 1:25000. Nr. 79, Section Freiberg — Langhennersdorf, geol. Aufnahme A. SAUER, A. ROTHPLETZ, Erzgänge H. MÜLLER, geol. Revision 2. Aufl. C. GÄBERT 1905. Nr. 80, Section Freiberg, geol. Aufnahme A. SAUER, Erzgänge H. MÜLLER, geol. Revision 2. Aufl. R. BECK 1900. Nr. 98, Section Brand — Oederan, geol. Aufnahme A. SAUER, Erzgänge H. MÜLLER, geol. Revision 2. Aufl. O. STUTZER 1910

OEDER, M.: Urrisse für die Landesvermessung des Kurstaates Sachsen. Staatsarchiv Dresden, Blatt 20b. 1592/93. Ergänzt von B. ZIMMERMANN um 1608

SCHIPPAN, H. A.: Topographischer Plan der Königlich sächsischen alten Bergstadt Freyberg und nächster Umgegend nebst der darunter befindlichen Erzbergbaue. 1837

SCHLÜTER, O.; AUGUST, O.: Atlas des Saale- und mittleren Elbegebietes. 2. Aufl. Leipzig, 1. Teil 1959, 2. Teil 1960, 3. Teil 1961

Stadtplan Freiberg. Etwa 1:10000. Berlin 1974

Topographischer Atlas des Königreiches Sachsen 1:57600. Bearb. von OBERREIT. 1828ff. Blatt IX Freiberg; Blatt XV Chemnitz

Topographische Karte 1:25000 (Meßtischblatt). Nr. 5045 (Freiberg—Langhennersdorf) 1939; 5046 (Freiberg) 1936; 5145 (Brand—Oederan) 1936; 5146 (Lichtenberg) 1936

WEINHOLD, C. W.: Gangkarte des Freiberger Bergbaus. Lithographie von J. H. KLAHR. Dresden 1866—72

II. Archivalien

Urkunden, Akten und Amtsbücher zur Entwicklung der Stadt Freiberg und des Freiberger Landes enthalten

das Stadtarchiv Freiberg (Ratsarchiv),
das Stadtarchiv Oederan,
das Staatsarchiv Dresden.

Umfangreiches Archivgut von Bergbehörden des Landes Sachsen (bis 1952) aus den Beständen des Freiberger Oberbergamtes und weiterer Bergämter sowie

der Bergbehörden der DDR in den Bezirken Karl-Marx-Stadt und Dresden (ab 1952) ist im Staatsarchiv Dresden, Außenstelle Freiberg, zugängig.
Zahlreiche Studien-, Diplom- und Promotionsarbeiten, welche Themen des Berg- und Hüttenwesens sowie anderer montanistischer Wissenschaften und der Entwicklung des Freiberger Bergbaus betreffen, werden in der wissenschaftlichen Bibliothek der Bergakademie sowie in ihren Zweigstellen an den verschiedenen Sektionen aufbewahrt.
Handschriftliche und gedruckte Bergordnungen vergangener Jahrhunderte besitzt die Historische Bibliothek der Erweiterten Oberschule Geschwister Scholl in Freiberg, deren kostbarer Buchbestand noch auf die Bibliotheken des Domes und der Freiberger Klöster zurückgeht.

III. Literatur

800 Jahre Hilbersdorf. Die Entwicklung der Gemeinde Hilbersdorf in acht Jahrhunderten. Hrsg. Rat der Gemeinde Hilbersdorf. Freiberg 1966

800 Jahre Freiberger Bergbau. Berlin 1970 (Freiberger Forsch.-H. D 70)

800-Jahrfeier Großvoigtsberg. Großvoigtsberg 1959

Adreßbuch der Stadt Freiberg 1913. Freiberg 1913

Akten der Freiberger Amtshauptmannschaft. Neubau eines Schulgebäudes in Halsbach. 1885, Abt. 10, Abschn. 6/54. Stellungnahme des Bezirksschulinspektors LOHSE, 1884

ARNOLD, P.; QUELLMALZ, W.: Sächsisch-thüringische Bergbaugepräge. Gewinnung und Verhüttung von Gold, Silber und Kupfer im Spiegel der Münzen und Medaillen. Leipzig 1978, S. 99—145 (Stadt u. Bergakademie sowie Freiberger Revier)

Autorenkollektiv (Hrsg. SED-Kreisleitung Freiberg): Zur Geschichte der SED-Kreisparteiorganisation Freiberg 1, 1945—49. Freiberg 1974

BÄHR, H.: Zum Vorkommen der Knoblauchkröte bei Freiberg. In: Festschrift 100jähr. Bestehen Naturkunde-Mus. Freiberg. Freiberg 1964, S. 103—106

BÄHR, H.: Vom Raubwürger bei Freiberg. Beitr. Vogelkunde, Leipzig 14 (1968) 2, S. 177—178

BANITZ, G.; BUHL, H.: Bieberstein, Geschichte und Gegenwart. Bieberstein 1975

BARSCH, H.: Geomorphologische Untersuchungen des rezenten Tales der Freiberger Mulde. Wiss. Zschr. Päd. Hochschule Potsdam, math.-naturwiss. R. 8 (1964) 1/2, S. 157—174

BARSCH, H.: Die Schotterterrassen von Döbeln und ihre Einordnung in die Gesamtentwicklung des Tales der Freiberger Mulde. Geogr. Ber. 10 (1965) 34, S. 3—16

BARSCH, H.: Die Felsterrassen der Freiberger Mulde. Wiss. Zschr. Päd. Hochschule Potsdam, math.-naturwiss. R. 10 (1966) 1, S. 55—65

BAUMANN, L.: Tektonik und Genesis der Erzlagerstätte von Freiberg (Zentralteil). Berlin 1958 (Freiberger Forsch.-H. C 46)

BAUMANN, L.: Gangarchiv des Freiberger Lagerstättenbezirkes (Zentralteil). In: Freiberger Forsch.-H. C 79. Berlin 1960, S. 202—214

BAUMANN, L.: Der Erzbezirk von Freiberg. In: Festschrift 100jähr. Bestehen Naturkunde-Mus. Freiberg. Freiberg 1964, S. 17—31

BAUMANN, L.: Die Erzlagerstätten der Freiberger Randgebiete. Leipzig 1965 (Freiberger Forsch.-H. C 188)

BAUMANN, L.; WEINHOLD, G.: Zur geologisch-petrographischen Stellung des sog. „Schwarzen Gebirges“ von Bräunsdorf. Zschr. angew. Geol. 9 (1963) 12, S. 621—626

BECKER, H.: Das Zwischengebirge von Frankenberg in Sachsen. Leipzig 1928 (Abh. Sächs. geol. Landesamt 8)

BEEGER, H.-D.; QUELLMALZ, W.: Geologischer Führer durch die Umgebung von Dresden. Dresden/Leipzig 1965

BEUGE, P.: Der „Korallenachat" von Halsbach bei Freiberg (Sachsen). Fundgrube (1966) 3/4, S. 57–61

BILLIG, G.: Burgenarchäologische und siedlungskundliche Betrachtungen zum Flußgebiet der Zschopau und der Freiberger Mulde. Zschr. Archäol. 15 (1981), S. 265–297

BLASCHKE, K.: Historisches Ortsverzeichnis von Sachsen. Leipzig 1957

BLASCHKE, K.; HAUPT, W.; WIESSNER, H.: Die Kirchenorganisation in den Bistümern Meißen, Merseburg und Naumburg um 1500. Weimar 1969

BLEYL, F.: Baulich und volkskundlich Beachtenswertes aus dem Kulturgebiet des Silberbergbaus zu Freiberg, Schneeberg und Johanngeorgenstadt im sächs. Erzgebirge. Dresden 1917

BÖNHOFF, L.: Das Hersfelder Eigen in der Mark Meißen. Neues Archiv sächs. Gesch. u. Altertumskunde 44 (1923), S. 2–54

BRAUN, H.: Betrachtungen zur Flora von Freiberg. In: Festschrift 100jähr. Bestehen Naturkunde-Mus. Freiberg. Freiberg 1964, S. 79–90

BRAUN, H.: Probleme der Landeskultur und des Naturschutzes in einer vom Bergbau gezeichneten Landschaft. Naturschutzarbeit u. naturkundliche Heimatforsch. in Sachsen 17 (1975) 1, S. 36–38

BRENDEL, F.: Klassenkampf um Freibergs große Versammlungssäle. Die Blende 3 (1957) 3, S. 40–42

BRENDEL, F.: Erinnerungsstätten der Freiberger Arbeiterbewegung 1848. Die Blende 4 (1958) 11, S. 168–171; 12, S. 179–182

BUSCHICK: Ueber das Grubengebäude Friedrich Erbst. in dem Bergamtsrevier Freiberg. Sächs. Bergwerksztg. Freiberg 1 (1852)

Chemnitzer Wanderbuch. 2. Teil (Niederes Erzgebirge). Dresden 1925

Chronik des antifaschistischen Widerstandskampfes im Bezirk Chemnitz–Erzgebirge–Vogtland 1933–1945. Karl-Marx-Stadt 1969

CLAUSS, H.; KUBE, S.: Freier Berg und vermessenes Erbe. Berlin 1957 (Freiberger Forsch.-H. D 21)

CREDNER, H.; DANZIG, E.: Das kontaktmetamorphische Paläozoikum an der südöstlichen Flanke des sächsischen Granulitgebirges. Centralblatt für Mineral. 1905, S. 257–259

Das mittlere Zschopaugebiet. Berlin 1977 (Werte unserer Heimat 28)

DEHIO, G.: Handbuch der deutschen Kunstdenkmäler. Die Bezirke Dresden, Karl-Marx-Stadt, Leipzig. Berlin 1905. Neuauflage 1965 u. 2. Auflage 1966

Die Entwicklung der Fachschule für Landwirtschaft (Zug). Die Blende 1 (1955) 12, S. 5–6

DOUFFET, H.: Denkmalpflege in der Freiberger Altstadt. Stadt- und Bergbaumus. Freiberg, Schriftenreihe (1976) 2, S. 19–62

DOUFFET, H.: Zur Entwicklung der Fachwerkarchitektur im Kreis Freiberg. Stadt- und Bergbaumus. Freiberg, Schriftenreihe (1980) 3, S. 43–86

DOUFFET, H.; GALINSKY, G.: Denkmale. Ein Bildheft über Geschichts-, Kunst- und Bergbaudenkmale im Kreis Freiberg. 2. Aufl. Freiberg 1979

DOUFFET, H.; GÜHNE, A.: Die Entwicklung des Freiberger Stadtgrundrisses im 12. und 13. Jahrhundert. Stadt- und Bergbaumus. Freiberg, Schriftenreihe (1983) 4, S. 15–42

DRUDE, O.: Der Hercynische Florenbezirk. Leipzig 1902 (Die Vegetation der Erde VI)

Einwohnerbuch der Bergstadt Freiberg, Brand-Erbisdorf, sowie 30 weiterer Orte der Umgebung 1940. Freiberg 1940

ERMISCH, H. (Hrsg.): Urkundenbuch der Stadt Freiberg. 3 Bde. Leipzig 1883 bis 1891 (Codex diplomaticus Saxoniae regiae 12, 13 u. 14)

FALKENBERG, H.: Geschichte der Sächsischen Münze zu Muldenhütten von 1887 bis 1927. Jb. für das Berg- und Hüttenwesen in Sachsen 101 (1927), S. 30—48

Festschrift Heimat- und Schulfest Halsbrücke vom 21. bis 24. Juni 1957. Halsbrücke 1957

Festschrift Schul- und Heimatfest St. Michaelis/Linda 14. bis 17. Juli 1956. Freiberg 1956

Festschrift zum Schul- und Heimatfest der Gemeinde Berthelsdorf/Erzgebirge 1881—1956 vom 7. bis 9. Juli 1956. Berthelsdorf 1956

FIEDLER, H. J.; HOFMANN, W.: Standortskundlicher Exkursionsführer „Tharandter-Grillenburger Wald". Dresden 1976

FIEDLER, H. J.; HOFMANN, W.; PIETRUSKY, R.: Periglaziale Deckschichten und Böden auf Kreidesedimenten des Sächsischen Erzgebirges. Archiv Acker- und Pflanzenbau u. Bodenkunde 22 (1978) 4, S. 211—221

FIEDLER, H. J.; RICHTER, B.: Einfluß einer Phosphatdüngung auf die Wasserqualität des bewaldeten Einzugsgebietes „Wernersbach" im Tharandter Wald. Archiv Acker- und Pflanzenbau u. Bodenkunde 25 (1981) 9, S. 543 bis 550

FIEDLER, H. J.; SCHMIEDEL, H.: Beitrag zur Kenntnis der Böden des Tharandt-Grillenburger Waldes. I. Allgemeine Standörtliche Grundlagen. Jb. Staatl. Mus. Mineral. Geol. Dresden 1962 (1963), S. 125—145

FIEDLER, H. J.; SCHMIEDEL, H.: Beitrag zur Kenntnis der Böden des Tharandt-Grillenburger Waldes. II. Die Bodenbildung im Bereich von Quarzporphyr und Grauem Gneis. Jb. Staatl. Mus. Mineral. Geol. Dresden 1963 (1963), S. 9—37

Freibergs Berg- und Hüttenwesen. Freiberg 1893

FRENZEL, A.: Mineralogisches Lexikon für das Königreich Sachsen. Leipzig 1874

GÄTZSCHMANN, M. F.: Beiträge zur Geschichte des Freiberger Zinnbergbaues. Berg- u. hüttenmännische Ztg., Freiberg 1844

GALINSKY, G. (Hrsg.): Reymann — Fotodokumentaristen der Bergstadt Freiberg 1865—1945. Leipzig 1985

GALINSKY, G.; STENZEL, R.: Freiberg. Leipzig 1978

GAUTSCH: Die alten Burgen und Rittersitze um Freiberg, 2. Reinsberg. Mitt. Freiberger Altertumsverein (1877) 17, S. 1306—1320

GEBHARDT, K.: Die Ortsnamen des mittleren Erzgebirges. Diss. Leipzig 1967

Gedenkstätten des antifaschistischen Widerstandskampfes und der Opfer der faschistischen Barbarei im Kreis Freiberg. Freiberg 1981

GÖRNER, H.: Die Parochie Erbisdorf mit Brand, Oberzug und St. Michaelis im 19. Jahrhundert. Brand 1899

GOTTE, W.: Ein Beitrag zur Kenntnis der Freiberger Gneiskuppel. In: Stille-Festschrift. Stuttgart 1956, S. 371—378

GRUNER, H.: Über berühmte Mineralfundpunkte im Freiberger Bergrevier. I. Neue Hoffnung Gottes Fundgrube zu Bräunsdorf. Der Aufschluß 21 (1970), S. 116—119

GÜHNE, A.: Untersuchung einer spätmittelalterlichen Anlage bei Wingendorf, Kr. Flöha. Ausgrabungen und Funde 23 (1978) 1, S. 38—42

GÜHNE, A.: Ein Glasschmelzplatz des 13. Jahrhunderts im Tharandter Wald,

Gemarkung Grillenburg, Kr. Freital. Ausgrabungen und Funde 28 (1983) 1, S. 30—36

HÄNTZSCHEL, W.: Die Gliederung und Altersstellung der Crednerien-Schichten bei Niederschöna und Dippoldiswalde. Zschr. deutsche geol. Ges. 86 (1934) 10, S. 650—662

HAHN, A.; NEEF, E.: Dresden. Berlin 1984 (Werte unserer Heimat 42)

HARTMANN, F.: Krummenhennersdorf in 8 Jahrhunderten. Krummenhennersdorf 1956

HAUPT, W.: Sächsische Münzkunde. Berlin 1974 (Beiheft 10 der Arbeits- und Forschungsberichte zur Sächs. Bodendenkmalpflege)

HEINICKE, P.; METZGER, A.: Die Silberzeche Zenith zu Oberschöna bei Freiberg. Freiberg 1878

HEISE, F.; POENICKE, G. A.: Album der Schlösser und Rittergüter im Königreiche Sachsen. IV. Section. Erzgebirgischer Kreis. Leipzig o. J. (um 1900)

HEMPEL, W.: Verbreitungskarten sächsischer Leitpflanzen. Ber. Arbeitsgem. sächs. Botaniker, N. F. 11 (1981) 2, S. 101—184

HENZE, M.: Die Lückenbebauung in Freiberg. Diss. Techn. Univ. Dresden 1964

HERRMANN, W.: Der Zeitpunkt der Entdeckung der Freiberger Silbererze. In: Freiberger Forsch.-H. D 2. Berlin 1953, S. 7—22

HERRMANN, W.: Die Entwicklung der Stadt Freiberg im 12. und 13. Jahrhundert. Sächs. Heimatblätter 10 (1964) 3, S. 189—201

HERRMANN, W.: Kulturgeschichte Freibergs in der ersten Blütezeit des Bergbaus. Sächs. Heimatblätter 16 (1970) 1, S. 6—14

HEUKE, F.; TREPTOW, E.: Beiträge zur Freiberger Bergchronik die Jahre 1831 bis 1900 umfassend. Freiberg 1920

HEYDER, R.: Die Vögel des Landes Sachsen. Leipzig 1952

HEYDER, R.: Nachträge zur sächsischen Vogelfauna. Beitr. Vogelkunde 8 (1962) 1/2, S. 1—106

HEYDER, R.: Vorwerk Hohelinde und Siedlung Neuhohelinde. Erzgeb. Heimatblätter 3 (1981) 3, S. 68—71

HINGST: Die alten Burgen und Rittersitze um Freiberg. 5. Colmnitz. Mitt. Freiberger Altertumsverein 1881 (1882) 18, S. 1—42

Historischer Führer. Stätten und Denkmale der Geschichte in den Bezirken Leipzig—Karl-Marx-Stadt. Leipzig/Jena/Berlin 1981

HOFMANN, J.: Das Geröll eines Pfeifenquarzits aus dem Karbon von Karl-Marx-Stadt—Hainichen (Meßtischblatt Freiberg/Langhennersdorf). Bergakademie 14 (1962) 2, S. 69—70

HOFMANN, J.: Zur Petrotektonik des Graugneiskomplexes von Freiberg. Leipzig 1965 (Freiberger Forsch.-H. C 191)

HOFMANN, J.: Petrographische und lithostratigraphische Stellung der Gneise des Osterzgebirges. Berlin 1974 (Freiberger Forsch.-H. C 292)

HOFMANN, J.; LORENZ, W.: Saxothuringikum des Erzgebirges im Gebiet der ČSSR und DDR. Anteil DDR: Kristallin des Osterzgebirges. In: Exkursionsführer 22. Jahrestagung Ges. geol. Wiss. DDR, Teil B. Berlin 1975, S. 56—76

HUEBSCHER, H.-D.: Zur Ausbildung und zur tektonischen Situation des Quarzits von Oberschöna bei Freiberg (Sachsen). Geologie 13 (1964) 6/7, S. 750 bis 766

Hydrographisches Kartenwerk der DDR. Berlin 1966

JÄGER, C. A.: Chronik von Mohorn mit Grund. Oberschaar 1889

KÄSTNER, M.: Das Striegistal mit seinen neuen Wanderwegen. Mitt. Landesverein sächs. Heimatschutz 24 (1935) 5/8, S. 118—144

KÄSTNER, M.; SCHILLER, J.: Zwischen Chemnitz und Freiberg. I. Der Heimatboden und seine Besiedlung. Frankenberg 1928

Klima und Witterung im Erzgebirge. Berlin 1973 (Abh. Meteorol. Dienst DDR 104)

Klimatologische Normalwerte für das Gebiet der DDR. 1901—1950. 1. Lieferung Berlin 1955, 2. Lieferung Berlin 1961

KNEBEL, K.: Erster Großschirmaer Münzfund. Mitt. Freiberger Altertumsverein (1903) 39, S. 168—169

KNEBEL, K.: Das Münzbachtal. Mitt. Freiberger Altertumsverein (1908) 44, S. 7—46; (1910) 45, S. 26—43; (1911) 46, S. 37—64

KNEBEL, K.: Die Heertanne oder Heerfichte. Mitt. Freiberger Altertumsverein (1911) 46, S. 117

KNEBEL, K.: Das Saubachtal und seine Umgebung. Mitt. Freiberger Altertumsverein (1913) 48, S. 55—95

KRAFT, M.; TISCHENDORF, G.: Die Ergebnisse von Tiefbohrungen im Freiberger Lagerstättenbezirk. Zschr. angew. Geol. 6 (1960) 8, S. 375—383

KRENKEL, P.: Zu der Urkunde des Markgrafen Otto vom 2. August 1185. In: Freiberger Forsch.-H. D 11. Berlin 1955, S. 26—34

KRUG, G.: Die meißnisch-sächsischen Groschen. Berlin 1974 (Veröff. des Landesmus. f. Vorgeschichte Dresden 13)

KURZE, M.: Die tektonisch-fazielle Entwicklung im Nordostteil des Zentralsächsischen Lineaments. In: Freiberger Forsch.-H. C 201. Berlin 1966, S. 5—89

Land um die Augustusburg. Hrsg.: Rat des Kreises Flöha. Dresden 1953

LANGER, J.: Flurgeographische Untersuchungen über die ältesten Freiberger Besiedlungsverhältnisse. Neues Archiv sächs. Gesch. u. Altertumskunde 48 (1927), S. 185—225

LANGER, J.: Erzgebirgsfluren. Mitt. Freiberger Altertumsverein (1928) 58, S. 7—58

LANGER, J.: Heimatkundliche Streifzüge durch Fluren und Orte des Erzgebirges und seines Vorlandes. Schwarzenberg 1931

LANGER, J.: Hilbersdorf, ein ortsgeschichtliches Beispiel eines Freiberger Ratsdorfes. Mitt. Freiberger Altertumsverein (1933) 63, S. 12—71; (1934) 64, S. 10—62

LANGER, J.: Die Besiedlung der Freiberger Gegend um 1183. Mitt. Freiberger Altertumsverein (1934) 64, S. 5—9

LANGER, J.: Die Höhenschichten im Aufbau der Stadt und ihrer Landschaft. Mitt. Freiberger Altertumsverein (1935) 65, S. 21—27

LANGER, J.: Der Ausbau des ostdeutschen Kolonisationswerkes in der Freiberger Landschaft. Schwarzenberg 1936

LANGER, W.: Von der Tierwelt. In: Die Natur unserer Heimat. Karl-Marx-Stadt 1956, S. 39—55

LEHNHARDT, G.: Festschrift zum Schul- und Heimatfest in Kleinvoigtsberg, 1.—3. Juli 1939. Kleinvoigtsberg 1939

LEIPNER, K.: Die Münzfunde in Sachsen aus der Zeit der regionalen Pfennigperiode (12. u. 13. Jh.). Hamburg 1969

LEIPOLDT, J.: Geschichtliche Leitlinien der Besiedlung des mittleren Erzgebirges. Beitr. Heimatgesch. Karl-Marx-Stadt 12 (1965), S. 36—77

LENTSCHIG, S.; FIEDLER, H. J.: Beitrag zur Kenntnis der Böden des Tharandt-Grillenburger Waldes. III. Chemische und mineralogische Untersuchungen an Böden aus Quarzporphyr und Grauem Gneis. Abh. Staatl. Mus. Mineral. Geol. Dresden 12 (1967), S. 229—258

Lexikon Städte und Wappen der Deutschen Demokratischen Republik. Leipzig 1979
LÖSCHER, H.; FREYTAG, R. (Hrsg.): Wilhelm Dilichs Federzeichnungen erzgebirgischer und vogtländischer Orte aus den Jahren 1626–1629. Schwarzenberg 1928
LORENZ, W.; SCHIRN, R.: Mylonite, Diaphthorite und epigenetische Zinnmineralisation in der „Felsitzone" nordwestlich von Freiberg. In: Kurzreferate zur 28. Jahrestagung d. Geol. Ges. d. Wiss. d. DDR in Halle 1981. Berlin 1981, S. 31
MAGIRIUS, H.: Der Freiberger Dom. Weimar 1972
MEICHE, A.: Der alte Zellwald an der Freiberger Mulde. Ein Beitrag zur Geschichte der ostmitteldeutschen Kolonisation mit einer Nebenuntersuchung über die fränkische Hufe. Neues Archiv sächs. Gesch. u. Altertumskunde 41 (1923), S. 1–42
MEIER, M.: Die Bodenreform im Kreis Freiberg. Sächs. Heimatblätter 24 (1978) 5, S. 198–204
MERTENS, K.: Romanische Saalkirchen innerhalb der mittelalterlichen Grenzen des Bistums Meißen. Leipzig 1973 (Studien kath. Bistums- u. Klostergesch. 14)
MICHAELIS, R.: Der ehemalige Silberbergbau bei Hetzdorf, Grund und Mohorn am Tharandter Wald. Der Anschnitt 16 (1964) 1, S. 25–27
MISSBACH, K.: Herkunft und Trophäenqualität des Tharandter Muffelwildes. Beitrag Jagd- und Wildforsch., 6. Tagungsber. (1968) 104, S. 107–112
MOESTA, G.: Brüche und Porphyreffusionen im östlichen Erzgebirge. Zschr. deutsche geol. Ges. 80 (1929) Abh. 3, S. 343–408
MÜLLER, E. H.: Historisch-topographische-statistische Beschreibung der Bergstadt Brand mit ihren Umgebungen. Freiberg 1858
MÜLLER, H.: Die Erzgänge des Freiberger Bergreviers. Leipzig 1901 (Erläuterungen zur geol. Specialkarte des Königreichs Sachsen)
MÜLLER, P.: Erinnerungsstätten der Freiberger Arbeiterbewegung. Die Blende 4 (1958) 10, S. 146–150
MÜNCH, A.: Die Graptolithen aus dem anstehenden Gotlandium Deutschlands und der Tschechoslowakei. Berlin 1952 (Geologica 7)
NAUPERT, M.: Jahrhundertfeier der Schule Reichenbach und Heimatfest 2., 3. und 4. Juni 1934. Reichenbach 1934
Neue Sächsische Kirchengalerie. Ephorie Leisnig. Leipzig 1900; Ephorie Freiberg. Leipzig 1901; Ephorie Chemnitz I. und II. Leipzig 1902
OELSNER, O.: Die Lagerstätten des Freiberger Bezirks. Bergbautechnik 2 (1952) 12, S. 555–561
OTTO, G.: Zur kartographischen Darstellung der Niederschlagsverteilung im Maßstab 1:200000. Petermanns Geogr. Mitt. 113 (1969) 1, S. 72–80
PAECH, H.-J.: Frühmolassen des variszischen Tektogens. Anteil DDR: Hainichener Becken. In: Exkursionsführer 22. Jahrestagung Ges. geol. Wiss. DDR, Teil B. Berlin 1975, S. 33–40
PELZ, E.; BEYER, G.: Untersuchungen zur Diagnose und Wirkung von Rauchschäden in der Umgebung einer Bleihütte. Wiss. Zschr. Techn. Univ. Dresden 12 (1963) 1, S. 209–216
PIETZSCH, K.: Geologie von Sachsen. Berlin 1963
PRELL, H.: Die Schädigung der Tierwelt durch Industrieabgase. Tharandter Forstliches Jb. 87 (1936), S. 189–238
PRELL, H.: Rauchschäden bei den Tieren des Waldes. Wiss. Zschr. Techn. Hochschule Dresden 4 (1954) 3, S. 454–462
PRESCHER, H.: Die Niederschönaer Schichten der Sächsischen Kreide. Berlin 1957 (Freiberger Forsch.-H. C 74)

PRÜFER, F.: Hainichen und das Striegistal. Leipzig 1958 (Unser kleines Wanderheft 75)
RANFT, M.: Die Pflanzenwelt des Landschaftsschutzgebietes „Grabentour" im Kreise Freiberg. Sächs. Heimatblätter 16 (1970) 1, S. 29—32
RAUDA, W.: Lebendige städtebauliche Raumbildung. Berlin 1957 (betr. Freiberg, S. 167—184)
REINISCH, R.: Blatt Lichtenberg-Mulda, Nr. 99. 2. Aufl. Erläuterungen zur geologischen Karte Sachsens 1:25000. Leipzig 1927
RENTSCH, R.: Geschichte der Stadt Oederan. Oederan 1927
RENTSCH, R.; WENZEL, W.: Oederan am Abhange des Erzgebirges. Oederan 1914
RICHTER: Die alten Schmelzhütten in dem Freiberger Bergrevier. Freiberger Anzeiger u. Tageblatt 1885, Nr. 99, 100, 101 u. 104
ROTHE u. a.: 50Jahrfeier Freiwillige Orts- und Hüttenfeuerwehr Halsbrücke. Halsbrücke 1930
RÜDIGER, B.: Oderen Oederan. Werden und Entwicklung zur sozialistischen Stadt. Oederan 1977
RÜLKE, G.: Das Taufbecken des Diterich Rulcka und der Brigita von Honsberck. Mitt. Freiberger Altertumsverein (1936) 66, S. 64—71
SAUER, A.: Section Freiberg, Blatt 80. 2. Aufl. Erläuterungen zur geologischen Specialkarte des Königreichs Sachsen. Leipzig 1900
SAUER, A.; ROTHPLETZ, A.; GÄBERT, C.: Section Freiberg—Langhennersdorf, Blatt 79. 2. Aufl. Erläuterungen zur geologischen Specialkarte des Königreichs Sachsen. Leipzig 1906
SAUER, A.; STUTZER, O.: Sektion Brand—Oederan, Blatt 98. 2. Aufl. Erläuterungen zur geologischen Spezialkarte des Königreichs Sachsen. Leipzig 1910
SCHELLHAS, W.: Der Freiberger Erzbergbau. Ein Gang durch seine fast 800-jährige Geschichte. Sächs. Heimatblätter 3 (1957) 3, S. 202—215
SCHELLHAS, W.: Eine „Bergwercks-Academie" in Bräunsdorf bei Freiberg (Sa.)? In: Freiberger Forsch.-H. D 22. Berlin 1957, S. 157—185
SCHELLHAS, W.: Das älteste Stadtsiegel Freibergs und Sachsens (1227). Sächs. Heimatblätter 25 (1979) 4, S. 153—156
SCHEUMANN, K. H.: Studien über die sächsisch-thüringischen Zwischengebirge. Leipzig 1924 (Nachrichtenblatt Geol., Paläont. u. Mineral., K. F. Koehlers Antiquariat Leipzig 6)
SCHIECKEL, H.: Herrschaftsbereich und Ministerialität der Markgrafen von Meißen im 12. und 13. Jahrhundert. Untersuchungen über Stand und Stammort der Zeugen markgräflicher Urkunden. Köln/Graz 1956
SCHIEMENZ, H.: Die Herpetofauna der Bezirke Leipzig, Dresden und Karl-Marx-Stadt. Faun. Abh. staatl. Mus. Tierkunde Dresden 7 (1980) 22, S. 191—211
SCHIFFNER, C.: Alte Hütten und Hämmer in Sachsen. Bearb. von W. GRÄBNER. Berlin 1960 (Freiberger Forsch.-H. D 14)
SCHLEGEL, H. u. a.: 350 Jahre Hütte Halsbrücke. Halsbrücke 1962
SCHLESINGER, W. (Hrsg.): Handbuch d. hist. Stätten Deutschlands. Bd. VIII, Sachsen. Stuttgart 1967
SCHLÜTER, A.: Gedenkstätten der Freiberger Arbeiterbewegung. Freiberg o. J.
SCHLÜTER, A.; WÄCHTLER, E.: Der Freiberger Blutsonnabend am 27. Oktober 1923. Freiberg 1973
SCHMIEDEL, H.: Die geologischen und regional-standörtlichen Grundlagen der Pseudogley-Ausbildung und -verbreitung in Sachsen. Archiv Forstwesen 12 (1963), S. 174—210

SCHNEDELBACH, H.: Die Volksschule zu Seifersdorf in 2 Jahrhunderten. Festschrift zur 50-Jahrfeier der Volksschule am 15. Juli 1934. Seifersdorf 1934

SCHÖNHERR, C. A.: Chronik der Bergstadt Brand nebst ihrer Umgebung. Brand 1894

Schul- und Heimatfest Kleinvoigtsberg vom 7. bis 9. September 1963. Kleinvoigtsberg 1963

Schul- und Heimatfest Zug. 25. – 27. Juni 1955. Freiberg 1955

SCHUMANN, A.; SCHIFFNER, A.: Vollständiges Staats-, Post- und Zeitungslexikon von Sachsen. Bde. 1–18. Zwickau 1814–1833

SCHWAB, M.: Tektonische und vulkanotektonische Beobachtungen im Tharandter Wald (Sachsen). Hallesches Jb. mitteldeutsche Erdgeschichte 4 (1962), S. 69–81

SCHWABE, V.: Nachrichten über die kirchlichen Zustände der Schwesterparochien Kleinwaltersdorf und Kleinschirma im Jahre 1884 nebst kleiner Chronik beider Ortschaften. Freiberg 1885

SCHWABENICKY, W.: Die ältere Geschichte unserer Heimat. Zur Ur- und Frühgeschichte des Kreises Hainichen. Hainichen 1981 (Historische Serie des Kreises Hainichen 2)

SCHWENKE, A.: Das Amtsdorf Erbisdorf 1532 bis 1632 und die Geschichte des Freiwaldes und des Alten Hofes. Mitt. Freiberger Altertumsverein (1935) 65, S. 77–113

SCHWINKOWSKI, W.: Das Geld- und Münzwesen Sachsens. Neues Archiv sächs. Gesch. u. Altertumskunde 38 (1917), S. 140–181

SEYFERT, C. F.: Chronik von Oberbobritzsch, Sohra und Süßenbach. Freiberg 1882

SIEBER, S.: Um Aue, Schwarzenberg und Johanngeorgenstadt. Berlin 1972 (Werte unserer Heimat 20)

SIEGEL, W.: Wir Schmiedewerker. Betriebschronik des VEB Preß- und Schmiedewerke „Einheit", Brand-Erbisdorf 1764–1976. Brand-Erbisdorf 1979

STECHE, R.: Beschreibende Darstellung der älteren Bau- und Kunstdenkmäler des Königreichs Sachsen. 3. Heft: Amtshauptmannschaft Freiberg. Dresden 1884; 6. Heft: Amtshauptmannschaft Flöha. Dresden 1886

STEUDE, M.; HAUBOLD, H.: Schul- und Heimatfest 800 Jahre Reichenbach. Reichenbach 1958

TÄSCHNER, C.: Überblick über die Geschichte des Freiberger Stadtgebietes. Mitt. Freiberger Altertumsverein (1913) 48, S. 19–28

TÄSCHNER, C.: Freiberger Flurnamen. Mitt. Freiberger Altertumsverein (1915) 50, S. 44–55

TÄSCHNER, C.: Zur Geschichte der Freiberger Umgebung. Mitt. Freiberger Altertumsverein (1925) 55, S. 147–214

TÄSCHNER, C.; LANGER, J.: Geschichte der Freiberger Grundstücke. Mitt. Freiberger Altertumsverein (1935) 65, S. 39–66; (1936) 66, S. 5–51; (1938) 67, S. 5–47

1000 Jahre Großschirma mit Ortsteil Rothenfurth. Großschirma 1956

TIPPMANN, R.: Versuch einer Neudeutung der Besiedlungsverhältnisse im Gebiet Langenau–Oberschöna–St. Michaelis–Erbisdorf unter besonderer Berücksichtigung des Territoriums der Stadt Brand-Erbisdorf. Sächs. Heimatblätter 26 (1980) 5, S. 216–223

TISCHENDORF, G.: Paragenetische und tektonische Untersuchungen auf Gängen der fluorbarytischen Bleierzformation Freibergs, insbesondere im Halsbrücker Spat. Berlin 1955 (Freiberger Forsch.-H. C 18)

TREBRA, H. v.: Merkwürdigkeiten der tiefen Hauptstölln des Bergamtsreviers Freyberg. Dresden 1804

UFER, H.: Freiberg. 2. Aufl. Leipzig 1968 (Unser kleines Wanderheft 1)
UFER, H.; KASPER, H.-H.: Freiberg. 2. Aufl. Berlin/Leipzig 1979 (Tourist-Stadtführer); 1. Aufl. von UFER, 1976
UHLIG, J.: Die Gesellschaft des nackten Teichschlammes. 23. Ber. naturwiss. Ges. Chemnitz (1931), S. 50—66; Neudruck mit Ergänzungen 1939
ULBRICHT, W.: 700 Jahre Seifersdorf — Festschrift. Seifersdorf 1968
UNGER, M.: Stadtgemeinde und Bergwesen Freibergs im Mittelalter. Weimar 1963 (Abh. Handels- und Sozialgeschichte 5)
WÄCHTLER, E. u. a.: Bergakademie Freiberg. Festschrift zu ihrer Zweihundertjahrfeier. Leipzig 1965
WAGENBRETH, O.: Das Wasser und der Bergbau. Betrachtet am Beispiel des Freiberger Erzbergbaus. Heimatkundliche Blätter. Dresden (1957) 4, S.289 bis 298
WAGENBRETH, O.: Technische Kulturdenkmäler des Freiberger Bergbaus und Hüttenwesens. In: Freiberger Forsch.-H. D 70. Leipzig 1970, S. 71—90
WAGENBRETH, O.: Wo begann der Freiberger Bergbau? Sächs. Heimatblätter 16 (1970) 1, S. 1—5
WAGENBRETH, O.: Der Maschinendirektor Christian Friedrich Brendel und seine Bedeutung für die technische und industrielle Entwicklung im 19. Jahrhundert in Sachsen. Sächs. Heimatblätter 22 (1976) 6, S. 271—279
WAGENBRETH, O.: Der Rothschönberger Stolln und seine technischen Denkmale. Sächs. Heimatblätter 24 (1978) 6, S. 225—264
WAGENBRETH, O.: Wasserwirtschaft und Wasserbautechnik des alten Erzbergbaus von Freiberg/Sachsen. Stadt- u. Bergbaumus. Freiberg, Schriftenreihe (1980) 3, S. 3—23
WAGENBRETH, O.; HOFMANN, F.: Alte Freiberger Bergwerksgebäude und Grubenanlagen. Berlin 1957 (Freiberger Forsch.-H. D 19)
WATZNAUER, A.: Die erzgebirgischen Granitintrusionen. Geologie 3 (1954) 6/7, S. 688—706
WEG, O.: Die zwischengebirgische Prasinitscholle bei Hainichen—Berbersdorf. Leipzig 1931 (Abh. Sächs. geol. Landesamt 11)
Weißenborn in acht Jahrhunderten. Weißenborn 1963
WENDT, H.-J.: Steinkreuze und Kreuzsteine in Sachsen. II. Inventar Bezirk Karl-Marx-Stadt. Berlin 1979
WIENHOLZ, R.; HOFMANN, J.; KURZE, M.; WERNER, C.-D.: Geologischer Bau und Entwicklung im Grenzbereich Osterzgebirge/Zwischengebirge von Frankenberg—Hainichen. In: Exkursionsführer 26. Jahrestagung Ges. geol. Wiss. DDR. Berlin 1979, S. 14—23
WILSDORF, H.: Umrisse der alten bergmännischen Wasserwirtschaft auf dem Freiberger Bergrevier. In: Festschrift 100jähr. Bestehen Naturkunde-Mus. Freiberg. Freiberg 1964, S. 107—152
WILSDORF, H.; QUELLMALZ, W.: Bergwerke und Hüttenanlagen der Agricola-Zeit. Berlin 1971 (Georgius Agricola — Ausgew. Werke, Erg.-Bd. 1)
WITZSCH, R.: Zwischen Chemnitz und Freiberg. Ein Heimatbuch für Schule und Haus. II. Die Dörfer an der Striegis. Frankenberg 1929
WÜNSCHE, M.; NEUHOF, G.; OEHME, W.-D.; HAUBOLD, W.: Aufbau, Entwicklung, Gliederung und räumliche Verteilung der Böden im Raume Hetzdorf, Kreis Freiberg/Sa. In: Festschrift 100jähr. Bestehen Naturkunde-Mus. Freiberg. Freiberg 1964, S. 53—67
Zwischen Müglitz und Weißeritz. Berlin 1964 (Werte der deutschen Heimat 8)
Zwischen Tharandter Wald, Freital und dem Lockwitztal. Berlin 1973 (Werte unserer Heimat 21)

IV. Periodica

Deine Heimat. Kulturspiegel des Kreises Flöha. 1956.–1963
Die Blende. Heimatblätter für die Kreise Freiberg und Brand-Erbisdorf. 1954–1958
Die Fundgrube. Kulturspiegel des Kreises Freiberg. 1959–1961
Freiberger Bilder. Stadt- und Bergbaumuseum Freiberg. 1964–1970
Kalender für den Sächsischen Berg- und Hüttenmann. 1827–1938; 1852–1917 als Jahrbuch für das Berg- und Hüttenwesen im Königreiche Sachsen; ab 1918 als Jahrbuch für das Berg- und Hüttenwesen in Sachsen
Kulturspiegel der Stadt des „Klein-Erzgebirges" Oederan. 1973–1976
Mittheilungen von dem Freiberger Alterthumsverein/Mitteilungen vom Freiberger Altertumsverein mit Bildern aus Freibergs Vergangenheit/Mitteilungen des Freiberger Altertumsvereins 1862–1942
Schriftenreihe Stadt -und Bergbaumuseum Freiberg. 1973ff.

Nachtrag zum Literaturverzeichnis:

Hoth, K.; Lorenz, W. u. a.: Lithostratigraphische Gliederungsmöglichkeiten regionalmetamorphen Jungproterozoikums am Beispiel des Erzgebirges. Zschr. geol. Wiss. 7 (1979), S. 397–404
Kasper, H. H.; Wächtler, E. (Hrsg.): Geschichte der Bergstadt Freiberg. Weimar 1986
Wagenbreth, O.; Wächtler, E. (Hrsg.): Der Freiberger Bergbau – Technische Denkmale und Geschichte. Leipzig 1986

G. Verzeichnis der Bergbaunamen

H. Abbildungsverzeichnis

Bildnachweis: Archivfoto, Staatliche Kunstsammlungen Dresden, Münzkabinett (Textabb. 30); Barbara Bastian, Dresden (Textabb. 13, 14, 20, 24, 39, 40); Bergakademie Freiberg, Hochschulbildstelle (22, 23, 24); Institut für Denkmalpflege, Arbeitsstelle Dresden (12); Gunther Galinsky, Freiberg (alle übrigen)

Gestaltung der Abbildungsunterlagen: Andreas Becke, Freiberg (Abb. 3), Dipl.-Geogr. Joachim Bieler, Dresden (Übersichtskarte, Abb. 2, 19); Dipl.-Ing. Wolfgang Hähle, Dresden (Abb. 17, 25, 32, 33, 38, 42); Dr. Jochen Helbig, Dresden (Abb. 15, 18, 22, 26, 27); Bolislaw Richter, Dresden (Abb. 35); Dr. Otfried Wagenbreth, Freiberg (Abb. 6, 7, 10, 16); Siegfried Pertzsch und Heinz Schulze, Dresden (alle übrigen)

J. Namenverzeichnis

K. Sachverzeichnis

1

1 Freiberg Obermarkt, Rathaus

2

2 Stadtmauer mit Lazaretturm
3 Kornhaus, davor Gedenkstein für die Opfer des 27. Oktober 1923

4 Gewölbe Kirchgasse 11 (Bergarchiv)
5 Rathaus und östliches Freiberg mit Nikolaikirche und Donatsturm vom Petrikirchturm aus

3

4

5

6

7

6 Freiberg: Wasserberg
7 Brennhausgasse mit Haus Nr. 5

8/9 Bergmannsdarstellungen: Hornstraße 1; Portal Obermarkt 1

8

9

10 

11 

10 Schloß Freudenstein
11 Giebel vom Dom und Stadt- und Bergbaumuseum

12

12 Dom, Inneres nach SW

13

13 Postdistanzsäule Hornstraße

14

14/15 Bergakademie Hauptgebäude; Neue Mensa und Internat

15

16

17

18

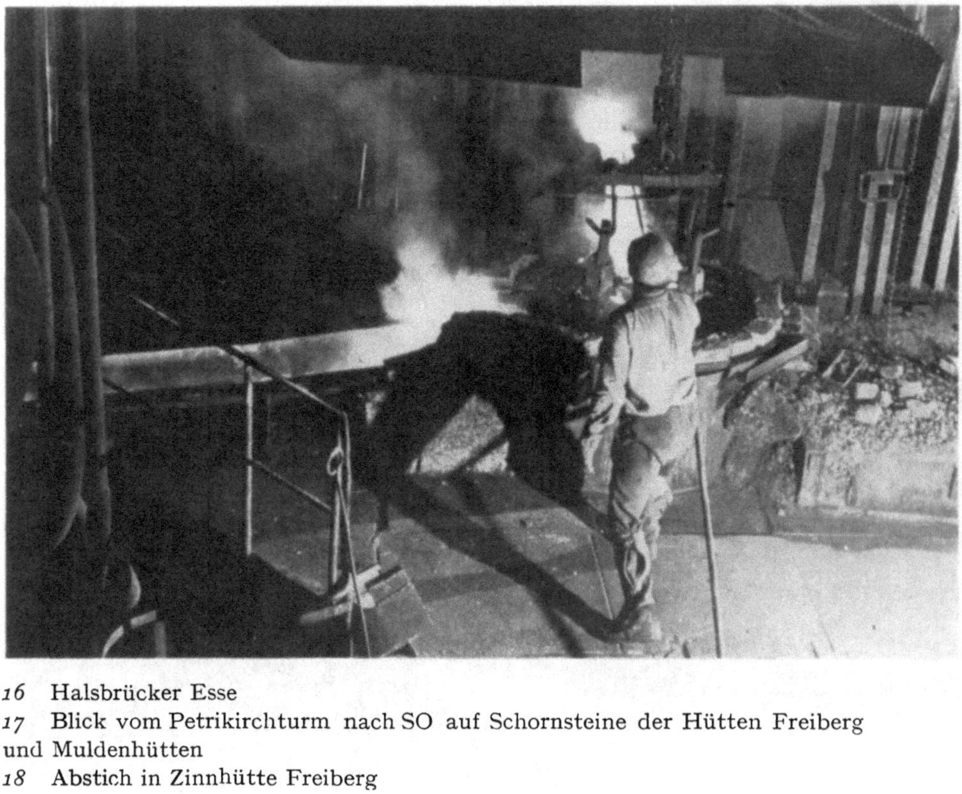

16 Halsbrücker Esse
17 Blick vom Petrikirchturm nach SO auf Schornsteine der Hütten Freiberg und Muldenhütten
18 Abstich in Zinnhütte Freiberg

19

20

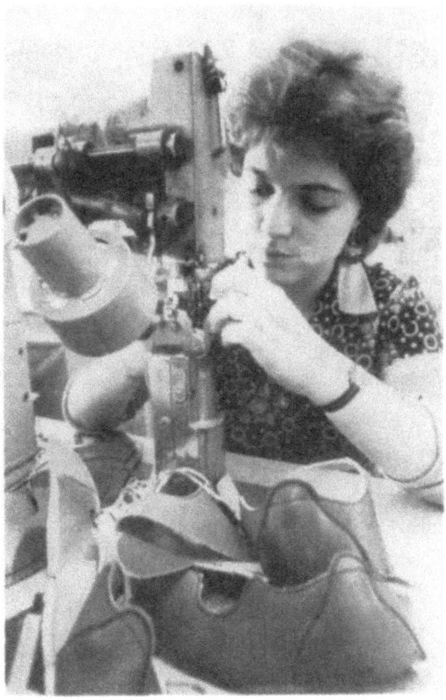

21

19—21 Freiberg: Alte Elisabeth; Halden an Reicher Zeche, im VEB Schuhfabrik Pionier

22

23

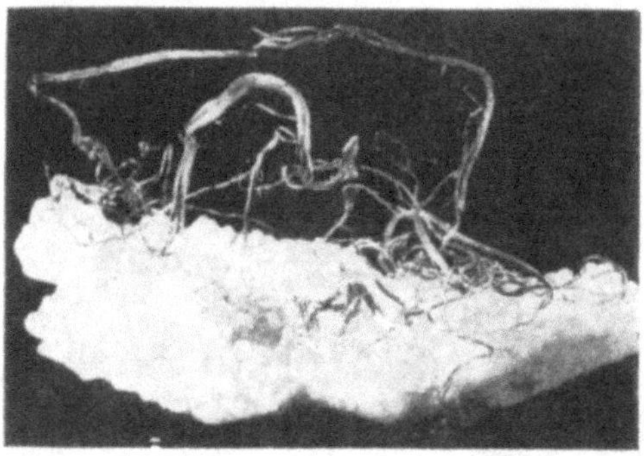

24

22 Mineralogische Sammlung der Bergakademie
23 Gediegen Silber von Grube Himmelsfürst
24 Gangstück Fluorbarytische Bleierzformation Grube Beihilfe in Halsbrücke

25

26

25 Brand-Erbisdorf: VEB Narva
26 Marktplatz

27

27/28 Zug: Kunstgraben; Huthaus Herzog-August-Grube

29/30 Halsbach: Ortsansicht; Alte Muldebrücke

28

29

30

31

32

31 Bobritzschtal im Bereich der Grabentour
32 Muldehang mit Conradsdorf

33

34

35

33 Oberbobritzsch nach NW
34/35 Niederbobritzsch: über Kleinkuppenland nach W; Küttnerbrücke

36

36 Mundloch Thelersberger Stolln bei Linda

37

37 Im Colmnitzbachtal

38

39

40

38 Naundorf von O
39 Oberschöna: Milchviehanlage
40 Oberschöna: Wäsche von Unverhofft Segen Gottes und Dorothea-Erbstolln

41

42

41 Oberschöna: Wegefarther Eisenbahnbrücke
42 Reichenbach mit Blick zum Bräunsdorfer Wasserturm (im Hintergrund rechts)

43

44

43 Blick von der Lindaer Höhe nach W
44 Oederan: Rathaus am Platz der Befreiung

45 

46 

45 Blick über Oederan zur Augustusburg
46 Frankenstein

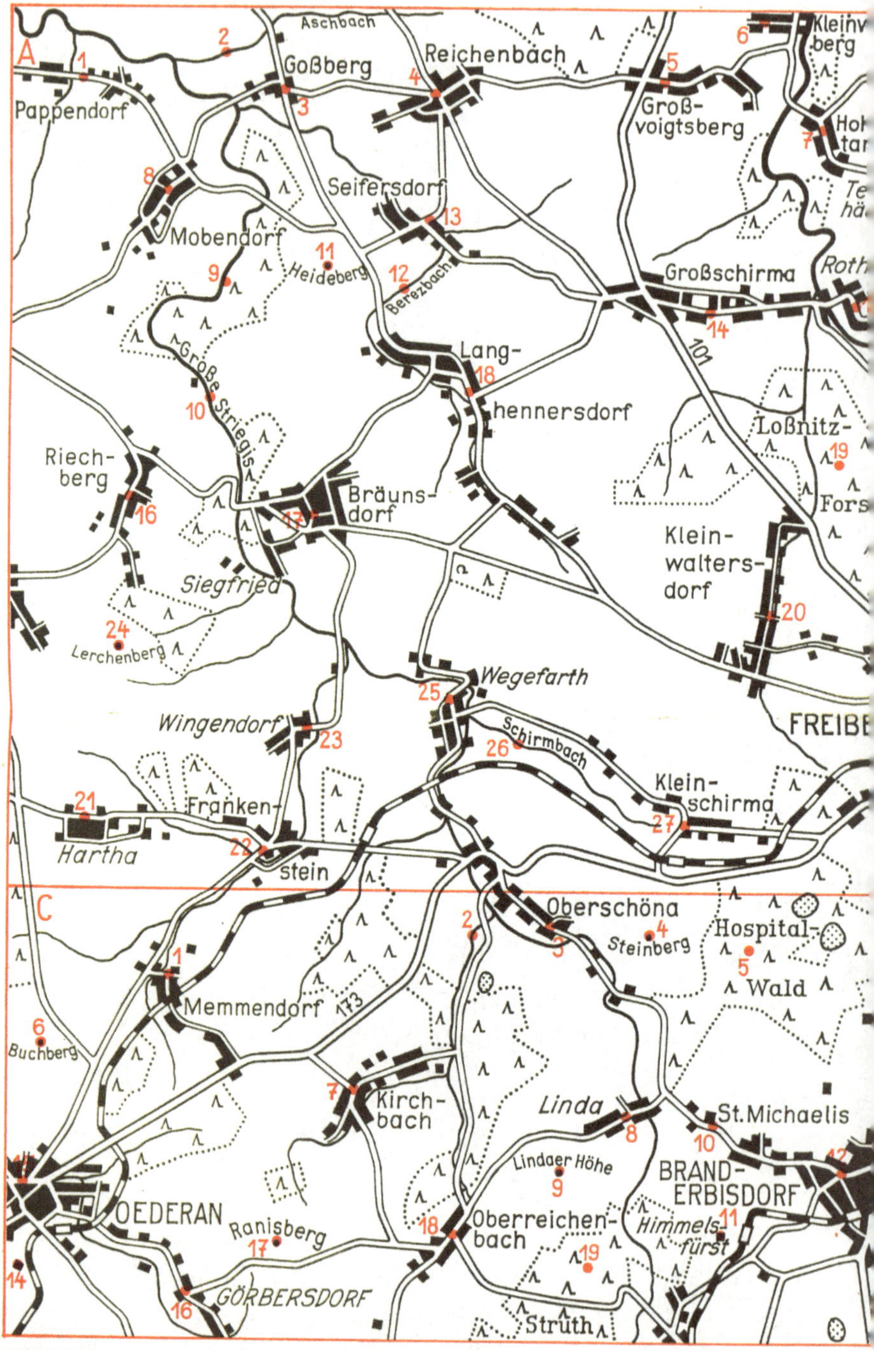

FREIBERG = *Stadt* *HALSBACH* = *Stadtteil* Zug = *Gemeinde* *Haida* = ...

Karte nach Übersichtskarte der DDR 1:200 000
zu „Freiberger Land“
WERTE UNSERER HEIMAT, Band 47

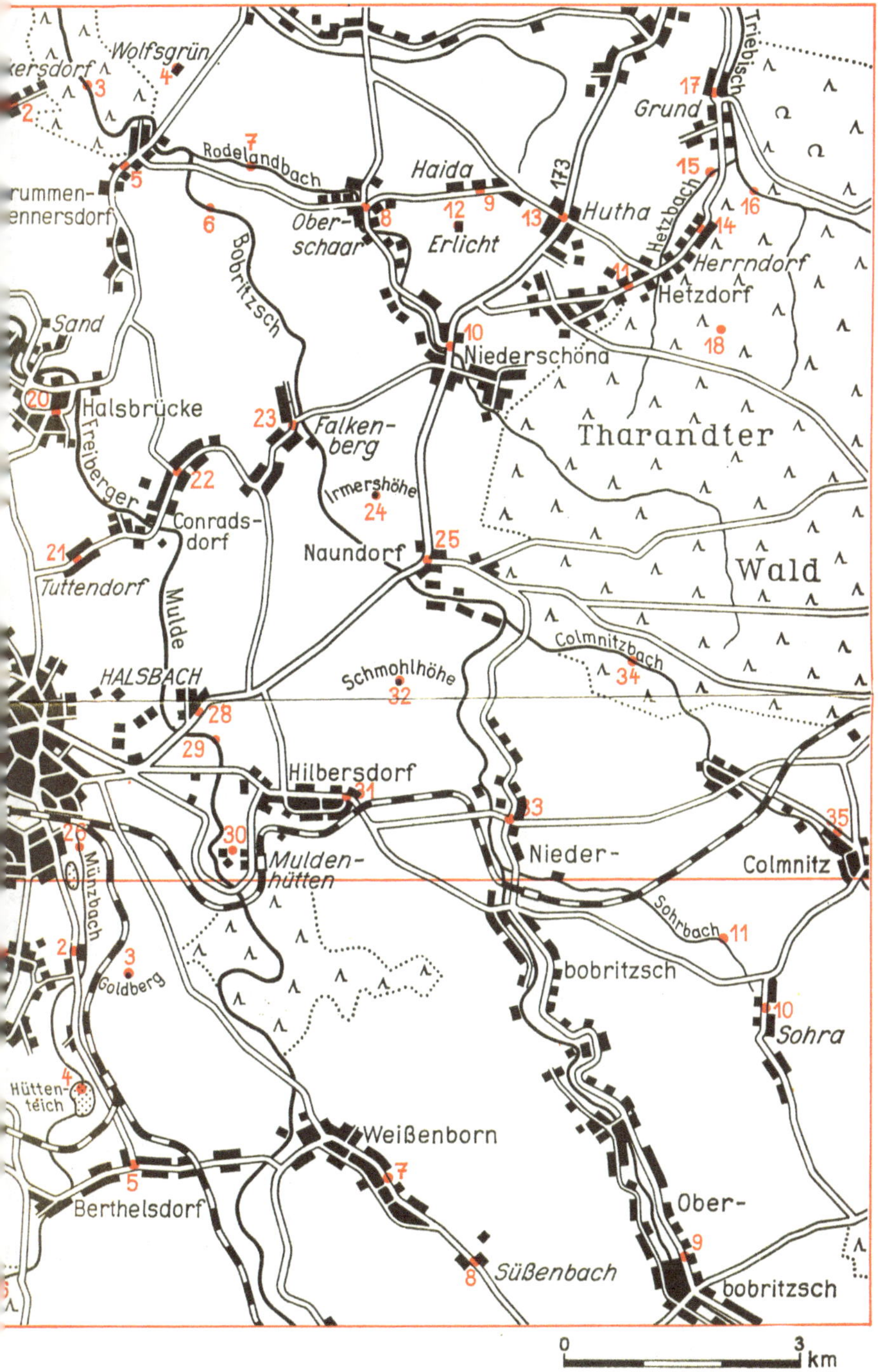

Erschienen im Akademie-Verlag Berlin
Lizenz-Nr. 202 · 100/8/3/86
Druck: VEB Druckhaus „Maxim Gorki“, Altenburg

Zeitfracht Medien GmbH
Ferdinand-Jühlke-Straße 7
99095 Erfurt, Deutschland
produktsicherheit@kolibri360.de